高 等 学 校 教 材

化学实验（下）

第二版

河北师范大学、 衡水学院、 邢台学院、 石家庄学院、 沧州师范学院合编

申金山　 马子川　 范小振　 主编

化 学 工 业 出 版 社

·北京·

《化学实验（下）》在介绍物理化学实验的目的和要求、基本技术与仪器的基础上，选择了 60 个实验项目，内容涵盖物理化学实验、量子化学实验、综合化学实验、研究设计性实验等，本书注重基本技能训练的同时，强化了专业技能训练，有利于培养学生的实验能力。

　　本书可作为高等师范院校及理工类院校化学类专业本科生的教材，也可供相关人员参考使用。

图书在版编目（CIP）数据

化学实验（下）/申金山，马子川，范小振主编 . —2 版 .
北京：化学工业出版社，2016.7（2023.7重印）
高等学校教材
ISBN 978-7-122-26840-2

Ⅰ . ①化⋯　Ⅱ . ①申⋯ ②马⋯ ③范⋯　Ⅲ . ①化学
实验-高等学校-教材　Ⅳ . ①O6-3

中国版本图书馆 CIP 数据核字（2016）第 082360 号

责任编辑：宋林青　　　　　　　　　　　文字编辑：刘志茹
责任校对：吴　静　　　　　　　　　　　装帧设计：王晓宇

出版发行：化学工业出版社（北京市东城区青年湖南街 13 号　邮政编码 100011）
印　　装：北京天宇星印刷厂
787mm×1092mm　1/16　印张 13¾　字数 346 千字　　2023 年 7 月北京第 2 版第 4 次印刷

购书咨询：010-64518888（传真：010-64519686）　　售后服务：010-64518899
网　　址：http://www.cip.com.cn
凡购买本书，如有缺损质量问题，本社销售中心负责调换。

定　　价：30.00 元

前言

　　《化学实验》（上、中、下）系列教材基于"高等学校基础课实验教学示范中心建设标准"和"厚基础、宽专业、大综合"教育理念的要求，在第一版基础上经充实、重组，重新编写而成。本套教材具有以下特点：

　　（1）层次化与整体性统一。教材将化学实验作为一门独立课程设置，其实验内容与教学进度独立于理论课，通过实验室常识、基本操作技术、实验项目等内容的分层次设计，构建一个成熟的、系统完整的实验教学新体系。

　　（2）经典性与时代性统一。教材在精选化学学科中一些经典实验内容的同时，选择一些成熟的、有代表性的现代教学科研成果，一方面加强学生实验技术与技能的训练；另一方面强化学生研究和创新能力的培养。

　　（3）知识性与实用性的统一。教材既涉及化学实验基础知识和操作训练，又涉及无机物制备、有机物合成、工业品质量检测、环境分析、天然产物提取等应用性内容。

　　（4）专业性与师范性的统一。体现师范院校的教师教育及化学学科专业性的特点，在注重化学学科的专业知识、专业技能训练的同时，强化专业知识和技能与其他相关学科知识与技能的联系，强化从专业学习到专业施教的过渡。

　　本套教材可供高等师范院校及理工科化学专业使用，由河北师范大学、衡水学院邢台学院、石家庄学院和沧州师范学院共同编写。参加下册编写的人员有武克忠、阮北、李晓艳、冯玉玲、申金山、于海涛、曾艳丽、郑学忠、韩占刚、刘辉、马子川、范小振、赵锋、李文燕、关亚楠、刘德龙、王力川、王庆飞、张慧姣、张艳峰、史兰香、张占辉、韩倩、段书德等。全书最后由申金山通读、定稿。

　　由于编者水平所限，本书难免有不足之处，希望读者批评指正。

编　者

2016 年 6 月

第一版前言

前言

　　根据教育部《高等学校基础课实验教学示范中心建设标准》和"厚基础、宽专业、大综合"教育理念的要求，我们经过大量的调查分析和反复讨论，并借鉴其他高校在化学实验教学改革方面的经验和教训，根据原有高师的无机化学、有机化学、分析化学、物理化学等几大实验的内在规律和联系，经过去粗取精、去旧取新，进行重组、交叉、融会、整合，形成一个包括基础实验、综合实验和研究设计实验三个层次的实验教学体系。

　　化学基础实验包括基础性的单元操作练习、基本操作训练和一些小型综合性实验以及多步合成实验。通过基础实验使学生掌握基本操作技术、熟悉实验仪器、学会实验方法，为综合实验准备条件、打好基础。综合实验的主要内容是将各分支学科重要知识有机结合在一起，使学生通过综合实验，不仅可以锻炼综合实验技能，而且可以受到科学研究的初步训练，培养科学思维能力。研究设计实验，按照设计实验题目，由教师指导学生自己查阅文献资料，设计实验方案，分析实验结果，得出最后结论。还可将科研成果吸收到教学中来，让学生尽早了解学科发展前沿，培养学生创造性思维和独立开展化学实验的能力。

　　本套教材由上、中、下三册组成，教学目标可以归纳为四个方面：使学生养成良好的实验室工作习惯和素养，掌握化学实验的基本操作技术和技能；验证和深化相应化学理论课程的内容；掌握基本的合成与制备、测量与表征方法；培养学生具备独立进行实验研究工作的初步能力。将本科生化学实验教学从一般的知识技能传输和验证性实验层次，提升到有目的地培养创新能力和实践能力的高度。

　　本教材具有以下特点：

　　（1）层次化与整体性统一。化学实验作为一门独立课程设置，其实验内容与教学进度独立于理论课，通过实验内容的分层次设计，构建一个系统、完整的实验教学新体系。

　　（2）经典性与现代性统一。教材精选了以往教学中的一些经典实验内容，选择了一些成熟的、有代表性的现代教学科研成果，一方面加强学生实验技术与技能的训练，另一方面强化学生研究和创造能力的培养。

　　（3）知识性与实用性的统一。教材既涉及化学实验基础知识和操作训练，又涉及无机物制备、有机物合成、工业品质量检测、环境分析、天然产物提取等应用性内容。

（4）学科特点与师范性的统一。 体现师范院校的教师教育及化学学科实践性的特点，注重学生创新精神和创新能力的培养。

本教材供高等师范院校及理工科化学专业使用。

本教材由河北师范大学、石家庄学院、保定学院、邢台学院和衡水学院教材编写组编写。 参加下册编写的有段书德、程敬泉、冯玉玲、韩占刚、刘辉、刘德龙、马子川、史兰香、申金山、武克忠、许明远、王力川、王庆飞、于海涛、郑学忠、张慧姣、张艳峰、赵建录。 全书最后由申金山通读、定稿。 刘翠格为本书的编写提供了宝贵的意见。

由于编者水平所限，本书难免会有不足之处，希望读者批评指正。

编者

2009 年 2 月

目录

第1章 物理化学实验的目的和要求

1.1　物理化学实验的目的

　　物理化学实验是本科化学类专业基础实验的重要组成部分，是通过获取化学体系的物理量及其变化的信息，借助数学工具研究化学体系的物理性质、化学性质及化学反应规律的一门实验科学。因其需要综合运用物理学原理，测量物理量的专门仪器和技术，处理信息的数学方法和手段，化学各学科的原理、研究方法及实验技术，所以说物理化学实验是一门理论性、实践性、技术性和综合性很强的实验课程，对培养学生的科学思维、综合分析问题、解决问题的能力等方面有着重要的作用。

　　物理化学实验的主要目的是：①使学生学习物理化学的研究方法，掌握物理化学的基本实验技术和技能，掌握重要的物理化学性能测定方法；②掌握常用仪器的构造、原理及使用方法，了解近代大型仪器的性能及其在物理化学中的应用；③通过实验操作、现象观察与记录、数据测量与处理、结果分析与归纳，培养学生的实践能力、观察能力、创新思维能力和进行初步实验科学研究的能力；④培养学生严肃认真、实事求是的科学态度和作风。

1.2　物理化学实验基本要求

　　（1）预习

　　实验前应认真阅读实验教材和物理化学理论课教材的相关内容，了解实验目的、原理和方法，并在专备的预习与实验记录本上撰写预习报告。预习报告内容包括：简明的实验原理和实验方法，扼要的测量系统或仪器测量原理以及实验操作步骤等，同时在实验记录本上设计出结构合理的数据记录表格。

　　（2）实验

　　① 进入实验室，在老师对所做实验讲解之后，检查核实实验所需的仪器和试剂是否齐全，熟悉仪器的操作方法，做好实验准备工作。

　　② 在教师的指导下，安装或连接仪器设备和线路，经教师检查后方能开始实验。实验过程中，需严格按照实验操作步骤及仪器操作规程进行。若仪器出现故障应及时报告，并在教师指导下进行处理。

　　③ 实验时，仔细观察实验现象，积极思考，要与物理化学理论课的基础知识相结合，找出实验现象所对应的化学本质。并将包括气压和室温在内的所有数据及时记录在实验记录

本上。记录数据要工整、字迹清晰。

④ 实验完毕，应先将实验数据交予指导教师检查同意后才能拆卸实验装置。

⑤ 实验结束后应清理实验台，洗净并核对仪器，若有损坏应自行登记。

（3）报告

撰写实验报告是化学实验课程的基本训练内容，有助于在实验数据处理、绘图、误差分析、逻辑思维等方面对学生进行训练，对学生今后撰写科研论文打下良好的基础。

实验报告的内容包括：实验目的、实验原理、仪器与试剂、实验操作步骤、数据处理、结果和讨论、思考题解答等。

实验目的、仪器与试剂、实验操作步骤等可以根据实际操作的情况简明扼要地书写，实验原理一项中应阐明实验的理论依据，并辅以必要的公式；数据处理一项要求用表格列出原始数据、计算公式，并注明公式所用的已知常数的数值，注意各数值所用的单位要统一。实验结果要用计算所得到的数据以图、表的形式表示；实验结果讨论一项可包括对实验现象的分析和解释，实验结果的误差分析，以及对实验方法提出的改进意见等；实验报告应对教材中的思考讨论题通过实验结果的分析、对比，通过同学们的交流与讨论，给出相应答案，提高对所做实验的认识。

第 ② 章

基本实验技术与仪器

2.1 测量与误差

2.1.1 测量的分类与测量误差的相关术语

在化学实验中，反映被测对象特征的物理量的量值都是通过测量得到的。所谓测量，就是用合适的仪器和方法，将某物理量与规定的作为标准单位的同类量或可借以导出的异类物理量直接或间接地进行比较，以取得该物理量的数据描述的过程。测量所得结果记录下来就称为实验数据，测量得到的实验数据必须包含测量值的大小和物理量的单位。在实际测量过程中，不论测量工作如何仔细、测量仪器如何准确、测量方法如何可靠，测量误差总是存在的，测量结果的量值分散性也是存在的。

(1) 测量的分类

① 直接测量与间接测量　测量分为直接测量和间接测量两类。

a. 直接测量。直接测量是指用计量仪器或标准器具直接与待测量进行比较的过程，其结果就是直接测量值。如用米尺测量长度，用温度计测量温度，用天平测量质量，用秒表测量时间等。在实验科学中，一个物理量是否能直接测量，取决于测量的手段和方法，随着科学技术的进步，能够直接测量的物理量将会越来越多。

b. 间接测量。间接测量是指在不能直接用计量仪器或标准器具测量待测量的情况下，根据待测物理量与某个（或某几个）可直接测量的物理量之间的函数关系求出待测量量值的过程，其结果就是间接测量值。例如测定某一气体摩尔质量 M 时，必须通过质量 m、压力 p、体积 V 及温度 T 这些物理量，根据 $M = mRT/pV$ 公式间接求出。间接测量所得结果（即间接测量值）的误差是由各直接测量值的误差决定的。

② 等精度测量和非等精度测量　按测量条件是否相同，测量分等精度测量和非等精度测量两种。

a. 等精度测量。等精度测量是指在恒定的测量条件下，对某一物理量进行的测量。即在整个测量过程中，所用的测量仪器、环境条件、测量人员都没有变化。等精度测量也可分为直接测量和间接测量两种。等精度测量的结果会有所不同，但不能说某次测量一定比另一次更精确，只能认为每次测量的精确度相同。

b. 非等精度测量。非等精度测量是指对某一物理量在不同的条件下，或使用不同的测量方法和仪器，或由不同的测量人员，或进行不同测量次数的测量。其目的是为了得到较高准确度的测量结果，同时也可以鉴别测量方法及仪器的测量准确度。简单地说，在多次重复测量时，只要实验条件中的任何一个发生变化，那么在这种情况下进行的测量便是非等精度测量。严格来讲，实验中保证实验条件完全相同进行多次重复测量是极其困难的。但是，当某一条件变化时，如果其对测量结果的影响确实不大，甚至可以忽略时，这种测量仍可视为等精度测量。

化学实验中大多采用等精度测量。特别需要指出的是：实验中的重复测量必须是对测量的整个操作过程的重复，而不仅仅是重复读数。

（2）测量误差

① 测量误差　测量误差的定义为："测得量值减参考量值"。其数学表达式为

$$\delta = 测得量值 - 参考量值 = x - \mu \tag{2-1}$$

式中，测得量值也可称为测得值，是表示测量结果的量值。参考量值也可称为参考值，可以是被测量的真值、一个给定的约定量值（即约定真值）或者是一个具有可忽略测量不确定度的测量标准赋予的量值（简称标准量值）。因此，根据测量误差定义中参考量值的含义，测量误差也可分别表示为

$$测量误差 = 测得量值 - 量的真值$$
$$测量误差 = 测得量值 - 约定量值$$
$$测量误差 = 测得量值 - 标准量值$$

有时将测量误差称为"绝对测量误差"或"绝对误差"，这样可以与"相对误差"相区别。相对误差是指测量误差除以被测量的参考量值。

$$\delta_r = \frac{\delta}{\mu} \times 100\% = \frac{x - \mu}{\mu} \times 100\% \tag{2-2}$$

② 测量结果　测量结果是指"赋予被测量的一组量值以及其他适用的相关信息"。测量结果首先要给出被测量的量值，其次要给出与被测量有关的相关信息。这里所说的相关信息主要是指被测量量值的测量不确定度，以及与不确定度有关的其他信息，如置信概率、自由度等。

一般情况下，测量结果通常表示为单个被测量的量值和测量不确定度。在某些特殊情况下，如果认为测量不确定度可以忽略不计，则测量结果可以只表示为单个被测量的量值。在许多领域中，这两种方式是表示测量结果的通用方式。

③ 测得量值（测得值）　测得量值是指"表示测量结果的量值"。对于 n 次重复示值测量，可以获得 n 个示值，每个示值都是独立的测得量值，这些测得量值可用来计算算术平均值和标准偏差。只要测量次数 n 选取合适，通常可获得较小的测量不确定度。

④ 量的真值（真值）　量的真值是指"与量的定义一致的量值"。真值可以是理论真值，如平面三角形内角和恒为 180°、同一量值与自身之差为零而与自身之比为一，此外还有理论设计值或理论公式表达值等。

⑤ 约定量值（约定值）　约定量值是指"为某种用途通过协议赋予某量的量值"。约定量值是真值的估计值。如计量学约定的基本单位（见表 2-1）。

表 2-1　国际单位制基本单位

量的名称	单位名称	单位符号	定义
长度	米	m	米是光在真空中(1/299 792 458)s 时间间隔内所经路径的长度
质量	千克	kg	千克等于国际千克原器的质量

量的名称	单位名称	单位符号	定义
时间	秒	s	秒是铯133原子基态的两个超精细能级之间跃迁所对应的辐射的 9 192 631 770 个周期的持续时间
电流	安[培]	A	安[培]是在真空中,截面积可忽略的两根相距为1m的无限长平行圆直导线内通以等量恒定电流时,若导线间相互作用力在每米长度上为2×10^{-7}N时的导线中的电流
热力学温度	开[尔文]	K	开[尔文]是水的三相点热力学温度的1/273.16
物质的量	摩[尔]	mol	摩[尔]是一系统的物质的量,该系统中所包含的基本单元数与 0.012kg 碳 12 的原子数目相等
发光强度	坎[德拉]	cd	坎[德拉]是一光源在给定方向上的发光强度,该光源发出频率为 540×10^{12} Hz 的单色辐射,且在此方向上的辐射强度为(1/683)W/sr

2.1.2 系统误差的分类

系统误差的定义为:"在重复测量时保持恒定不变或按可预见的方式变化的测量误差分量"。即在相同条件下,重复多次测量同一被测量,误差的量值保持不变或按某种可预见的方式有规律变化,其特点是,测量误差的数学期望即为系统误差。与量的真值一样,系统误差及其原因不能完全知道。系统误差按其是否随时间变化分为定值系统误差(亦称确定性系统误差)和变值系统误差(规律性系统误差)。

(1)定值系统误差

在测量序列中,误差的大小和符号保持不变,称为定值系统误差。很显然,定值系统误差使测量结果固定地偏向某一边,多次测量也不会将其抵消或减小。若用未经校零的检测仪器进行测量,每个测量值都含有量值不变的零点误差(见图 2-1a),例如电表内阻导致伏安法测电阻时产生的误差即属此类。定值系统误差不能用统计的方法发现和消除。正确使用测量仪器和化学试剂,合理运用化学反应和方法,定期对仪器进行检定是减小和消除定值系统误差的有效方法。

(2)变值系统误差

在多次重复测量同一量值时,由于在测量过程中,测量条件有变化,而使误差的绝对值和正负符号按一定规律变化的误差,叫作变值系统误差,也称规律性系统误差。它分为:①线性(累进)变化的系统误差(见图 2-1 b);②周期性变化的系统误差(见图 2-1c);③其他变化规律的系统误差(见图 2-1d)。

关于系统误差产生的原因已在本套教材《上册》3.1.2中进行了介绍。系统误差的发现可以主要通过仔细研究实验方法以及测量所依据的理论公式的完善性、校准仪器、分析每一步实验调整和测量是否符合要求等办法来实现。一般可采用以下几种方法。

①对照法 对照法发现或确定系统误差包括:实验方法对照、仪器对

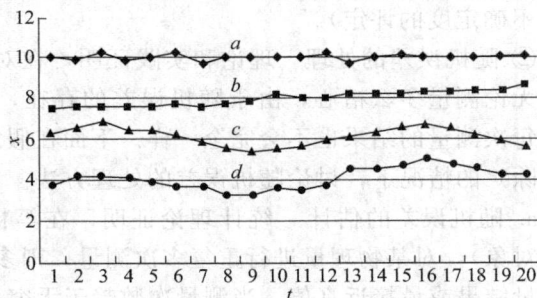

图 2-1 各种系统误差数据记录曲线

a—可能含有定值系统误差;b—含有线性变化的系统误差;
d—含有周期性变化的系统误差;d—含有其他变化规律的系统误差

照、换人测量对照，改变实验条件、测量方法和某些实验参数进行对照等方法。

② 理论分析法 理论分析法是指从理论上分析测量时所依据的理论公式所要求的条件在实验中是否已被满足；分析测量时使用的仪器所要求的条件是否达到，如仪器使用的环境温度要求是否达到；仪器调整中的铅直、水平状态是否得到保证。

③ 数据分析法 在相同条件下测得大量数据时，如果多次测量的结果不服从正态分布的规律，则说明实验中存在变化的系统误差。

2.1.3 测量误差的处理与估计

（1）直接测量误差

在实验测量中，系统误差有时是影响测量结果的主要因素，然而其对测量结果的严重影响往往并不能明显地显现出来。因此，发现系统误差、估计它对实验结果的影响，设法修正、减少或消除它的影响，是误差分析的一个重要内容。下面讨论不计随机误差时，系统误差的发现、消除及处理方法。

① 系统误差的处理 所谓系统误差的处理，也称系统误差的消除，是指把系统误差减小至某种程度，使之对测量结果的影响小到可以忽略不计的过程。系统误差的消除，有以下几个主要途径。

a. 消除系统误差产生的根源。如采用符合实际的理论公式，保证仪器装置调整良好并满足规定的使用条件等。

b. 选择适当的测量方法或在仪器设计上抵消系统误差的影响。

c. 找出修正值，对测量结果进行修正。如用标准仪器校准一般仪器，通过做出校准曲线进行修正；利用修正项对理论公式进行修正等。

（a）对于定值系统误差，要将其从测定结果中修正。设含有系统误差的测量值为 x，系统误差为 Δx，修正值为 $\Delta = -\Delta x$，则测量结果应修正为：

$$x_{修正} = x + \Delta$$

或

$$x_{修正} = x - \Delta x$$

例如用电子天平称量某物体的质量时，读数为 100.000g，若已知定值误差 Δx 为 -0.048g，则修正值 $\Delta = -\Delta x = +0.048$g。读数为 100.000g 时修正后的结果为

$$m_{修正} = 100.000g + \Delta = 100.048g$$

（b）对于变值系统误差，无法从测量结果中给予修正。可以先估计未定系统误差的最大误差限（或称极限误差），再求出由变值系统误差引起的不确定度分量的数值 u_B（见本节实验不确定度的评定）。

② 随机误差的处理 理论和实践证明，在对实验测量结果的系统误差进行修正或消除后，无论测量多么精心，由于随机误差的存在，在同一条件下，对某物理量进行多次测量时，每次测量的结果也不会完全一样。下面在假定没有系统误差或系统误差已修正（或已基本消除）的情况下，讨论随机误差的处理方法。

a. 随机误差的估计 统计理论证明，在等精度测量条件下（即同一仪器、相同条件、同一对象），对某物理量进行重复多次测量，则多次测得值的算术平均值即为该物理量的最佳测量结果或最接近真值。当测量次数趋于无穷多时，算术平均值就是真值。

有限次测量中，可用标准偏差表示一组测量数据的可靠程度。标准偏差 s 并不表示任何测量误差的实际大小，它只是表示这一组测得值中各个随机误差的统计平均结果。国际上将这种用统计学方法估算的标准偏差，称为"A类不确定度分量"，用 u_A 表示。A类不确定

度分量 u_A 的大小反映了这组数据的分散程度和随机误差可能出现的量值范围，u_A 越大，说明测量越不精密，数据越分散；反之 u_A 越小说明测量越精密，数据越集中。

有限次测量用算术平均值的标准偏差 $s_{\bar{x}}$ 作为 A 类不确定度分量值。

b. 算术平均值的标准偏差　由于算术平均值是多次直接测量的最佳值，它比任何一个测量值更接近真值。因此它的精密程度应高于任何一个测量值，即算术平均值之间的分散程度要比任一组测量列中各测量值之间的分散程度小得多。理论证明，算术平均值的标准偏差 $s_{\bar{x}}$ 是测量列的标准偏差 s 的 $\dfrac{1}{\sqrt{n}}$ 倍，即：

$$u_A = s_{\bar{x}} = \frac{s}{\sqrt{n}} \tag{2-3}$$

由上式可知，随着测量次数 n 的增加，算术平均值的标准偏差减小，即算术平均值更接近真值。但当 n 大于 10 以后，$s_{\bar{x}}$ 的减小趋于缓慢，因此单靠增加重复测量次数来减小随机误差的作用将受到限制，只有改进仪器、改善测量条件才是减小随机误差的根本。

（2）间接测量误差

如前所述，间接测量值是由一些直接测量值按一定的函数关系计算而得。在科学实验和生产实践中，由于受各种因素的影响和限制，某些物理量不能直接进行测量，或直接测量时难以保证测量精度，这时就要采用间接测量法。即先测量与被测物理量有已知函数关系的其他量，然后通过函数关系计算出被测物理量的数值。由于间接测量值是由各直接测量值按一定的函数求得的，因而它的误差性质与大小应由各直接测量值的误差性质与大小决定，并满足确定的函数关系，因此，间接测量结果的误差又称函数误差。

间接测量误差问题的实质是研究各直接测量量（或称输入量）的误差对待测量的影响，即误差的传递规律。

① 间接测量误差计算的基本公式

设待测量 y 与 n 个直接测量的物理量 x_1，x_2，$\cdots$，x_n 之间有如下函数关系

$$y = f(x_1, x_2, \cdots, x_n) \tag{2-4}$$

待测量 y 的误差可用偏微分求得

$$dy = \left(\frac{\partial f}{\partial x_1}\right)dx_1 + \left(\frac{\partial f}{\partial x_2}\right)dx_2 + \cdots + \left(\frac{\partial f}{\partial x_n}\right)dx_n \tag{2-5}$$

由于误差通常较小，把 dx_1、dx_2、$\cdots$、dx_n 看做直接测量量的误差 Δx_1、Δx_2、$\cdots$、Δx_n，dy 就是间接测量量的误差 Δy，$\left(\dfrac{\partial f}{\partial x_i}\right)$ 为各个误差的传递系数。故可以将上式变成

$$\Delta y = \left(\frac{\partial f}{\partial x_1}\right)\Delta x_1 + \left(\frac{\partial f}{\partial x_2}\right)\Delta x_2 + \cdots + \left(\frac{\partial f}{\partial x_n}\right)\Delta x_n \tag{2-6}$$

此式即为间接测量误差计算的基本公式。

② 间接测量中系统误差的计算

计算间接测量的系统误差时，首先应判断哪些属于定值系统误差，哪些属于变值系统误差。

a. 如果所有直接测量量的误差 Δx_1，Δx_2，$\cdots$，Δx_n 均为定值系统误差，可按间接测量误差计算的基本公式处理。

【例 2-1】 用流体静力称衡法测定固体密度的公式为 $\rho = m_1 \rho_0 / (m_1 - m_2)$。实验测得 $m_1 = 27.0573\text{g}$，$m_2 = 17.0314\text{g}$，实验温度为 13.5°C，查得 ρ_0（13.5°C）$= 0.999339\text{g} \cdot \text{cm}^{-3}$。实验

认定 m_1、m_2 的测量没有系统误差，但是发现测量温度计不准，有系统误差，温度的测量值偏高了 0.2℃，也就是实际温度为 13.3℃，而查得 ρ_0（13.3℃）$=0.999365\mathrm{g\cdot cm^{-3}}$，从而由温度不准引起的 ρ_0 的系统误差 $\Delta\rho_0=-0.000026\mathrm{g\cdot cm^{-3}}$，试求 ρ 的实际值应为多少？

解　先不考虑 ρ_0 的系统误差，计算出被测固体物质的密度 ρ 值为

$$\rho=\frac{m_1\rho_0}{m_1-m_2}=\frac{0.999339\times 27.0573}{27.0573-17.0314}=2.696956\,(\mathrm{g\cdot cm^{-3}})$$

ρ 的相对误差为

$$\frac{\Delta\rho}{\rho}=\frac{m_2}{m_1(m_1-m_2)}\Delta m_1+\frac{1}{m_1-m_2}\Delta m_2+\frac{\Delta\rho_0}{\rho_0}$$

因为实验认定 $\Delta m_1=\Delta m_2=0$，所以

$$\frac{\Delta\rho}{\rho}=\frac{\Delta\rho_0}{\rho_0}\rightarrow\quad \Delta\rho=\frac{\Delta\rho_0}{\rho_0}\rho$$

所以，

$$\Delta\rho=\frac{-0.000026}{0.999339}\times 2.696956=-0.000070\,(\mathrm{g\cdot cm^{-3}})$$

根据误差的定义，可得修正值

$$\Delta=-(-0.000070)=+0.000070(\mathrm{g\cdot cm^{-3}})$$

因此 ρ 的实际值为

$$\rho_{实际}=\rho+\Delta=2.696956+0.000070=2.69703(\mathrm{g\cdot cm^{-3}})$$

b. 如果所有直接测量量的误差 Δx_1，Δx_2，…，Δx_n 均为变值系统误差，则按均方根法计算，即

$$\Delta y=\pm\sqrt{\left(\frac{\partial f}{\partial x_1}\right)^2\Delta x_1^2+\left(\frac{\partial f}{\partial x_2}\right)^2\Delta x_2^2+\cdots+\left(\frac{\partial f}{\partial x_n}\right)^2\Delta x_n^2}\tag{2-7}$$

c. 如果直接测量量的误差中有 p 项为定值系统误差 Δx_1，Δx_2，…，Δx_p，另有 q 项为变值系统误差 Δx_{p+1}，Δx_{p+2}，…，Δx_{p+q}，则分别按代数和与均方根法计算，即

$$\Delta y=\left(\frac{\partial f}{\partial x_1}\right)\Delta x_1+\left(\frac{\partial f}{\partial x_2}\right)\Delta x_2+\cdots+\left(\frac{\partial f}{\partial x_p}\right)\Delta x_p\pm$$

$$\sqrt{\left(\frac{\partial f}{\partial x_{p+1}}\right)^2\Delta x_{p+1}^2+\left(\frac{\partial f}{\partial x_{p+2}}\right)^2\Delta x_{p+2}^2+\cdots+\left(\frac{\partial f}{\partial x_{p+q}}\right)^2\Delta x_{p+q}^2}\tag{2-8}$$

③ 间接测量随机误差的计算　间接测量随机误差的计算，主要是计算间接测量量 y 的标准偏差与 n 个直接测量量 x_1，x_2，…，x_n 的标准偏差之间的关系。设 n 个直接测量量的标准偏差分别 s_1，s_2，…，s_n，则 y 的标准偏差按下式计算

$$s_y=\sqrt{\left(\frac{\partial f}{\partial x_1}\right)^2 s_{x_1}^2+\left(\frac{\partial f}{\partial x_2}\right)^2 s_{x_2}^2+\cdots+\left(\frac{\partial f}{\partial x_n}\right)^2 s_{x_n}^2}\tag{2-9}$$

④ 间接测量综合误差的计算　若 n 个直接测量量 x_1，x_2，…，x_n 中有 p 项为定值系统误差，误差值分别为 Δx_1，Δx_2，…，Δx_p；有 q 项为变值系统误差，误差值分别为 e_1，e_2，…，e_q；有 r 项随机误差，标准偏差值分别为 s_1，s_2，…，s_r；$p+q+r=n$。则 y 的综合误差的计算公式如下

$$\Delta y=\sum_{i=1}^{p}\left(\frac{\partial f}{\partial x_1}\right)\Delta x_i\pm\sqrt{\sum_{j=1}^{q}\left(\frac{\partial f}{\partial x_{p+j}}\right)^2 e_j^2+\sum_{k=1}^{r}\left(\frac{\partial f}{\partial x_{p+q+k}}\right)^2 s_k^2}\tag{2-10}$$

（3）实验不确定度的评定

① 测量不确定度　测量的目的是获取被测量在测量条件下的真值。但是在实际测量时，

由于实验方法和计量器具的不完善，测量环境不稳定，实验者在操作和读取数值时不十分准确等原因，都将使测量值偏离真值。测量值偏离真值的程度，即准确度可用于表征测量结果的可靠性。然而，由于被测量的真值通常是未知的，因此，从理论上讲，测量误差也必然是未知的。为了更确切地表征实验测量数据，引入测量不确定度作为实验测量结果接近真值的量度。

测量不确定度用于表征测量结果的分散性和测量值可信赖的程度，它是被测量的真值包含在某个量值范围内的一种评定。即在一定的测量方法和条件下，通过实验或由其他依据，估计出测量结果对真值可能偏离的一个区间，而被测量的真值则以给定的置信概率被包含于这个区间之内。

测量不确定度若以标准偏差给出，则称为标准不确定度；若以标准偏差的倍数给出，称为扩展不确定度。

标准不确定度包括：a. A 类不确定度。在同一条件下多次测量，由一系列测量结果的统计分析评定的不确定度，简称 A 类不确定度，常记为 u_A；b. B 类不确定度。由非统计分析评定的不确定度，简称 B 类不确定度，常记为 u_B；c. 合成不确定度。某测量值的 A 类与 B 类不确定度按一定规则计算出的测量结果的标准不确定度，简称合成不确定度，常记为 u_C。

a. A 类不确定度 u_A　在相同条件下，对某被测量做了 n 次独立测量，得到的测量值分别为 x_1、x_1、$\cdots$、x_n，平均值为 $\overline{x}$，其标准不确定度为

$$u_A(\overline{x}) = s_{\overline{x}} = \frac{s}{\sqrt{n}} = \sqrt{\frac{1}{n(n-1)} \sum_{i=1}^{n} (x_i - \overline{x})^2} \tag{2-11}$$

根据误差理论的高斯分布，如果不存在其他误差影响，则测量值范围 $[\overline{x} \pm u_A(\overline{x})]$ 中包括真值的概率为 68.3%；如果扩展测量值范围为 $[\overline{x} \pm 1.96 u_A(\overline{x})]$，则其中包括真值的概率为 95%。

b. B 类不确定度 u_B　当误差的影响仅使测量值向某一方向有恒定的偏离，这时不能用统计的方法评定不确定度，这一类误差对实验测量结果的评定就是 B 类不确定度。

B 类评定，有的依据计量仪器说明书或鉴定书，有的依据仪器的准确度等级，有的则粗略地依据仪器分度值或经验。从这些信息中可以获得极限误差 Δ_s（或示值误差），则 B 类标准不确定度 u_B 为

$$u_B = k\Delta_s \tag{2-12}$$

式中，Δ_s 为未定系统误差的最大误差限；k 为对应分布的转换因子，未定系统误差呈正态分布时 k 取 0.5，呈矩形分布时 k 取 0.6，呈 U 形分布时 k 取 0.7。图 2-2 给出了未定系统误差的分布类型和转换因子的取值。不确定度分量 u_B 的物理意义表明，测量值的未定系统误差有 68.3% 的可能性落在 $\pm u_B$ 区间，或有 95% 的可能性落在 $\pm 2u_B$ 区间，或有 99.7% 的可能性落在 $\pm 3u_B$ 区间。

例如，若标称容量为 10mL 的 A 级移液管的最大允许误差限为 $\Delta_s = \pm 0.02$mL，则测量的不确定度（k 取值为 0.6）为 $u_B = 0.6 \times \Delta_s = 0.012$。量取某体积 V 的测量结果应表示为

正态分布：$k=0.5$，$u_B=0.5\Delta_s$

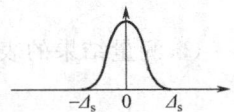

矩形分布：$k=0.6$，$u_B=0.6\Delta_s$

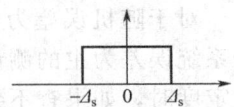

U 形分布：$k=0.7$，$u_B=0.7\Delta_s$

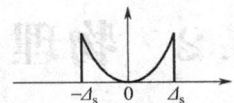

图 2-2　未定系统误差的分布类型和
转换因子的取值

$V \pm u_B = V \pm 0.012$。

c. 合成不确定度 u_C　测定某一物理量之后，要计算测得值的不确定度，由于其测得值的不确定度来源不唯一，所以要合成其标准不确定度。在相同条件下，对待测量进行多次测量时，待测量的标准不确定度 u_C 由 A 类不确定度和 B 类不确定度合成而得。由于各项误差的符号不一定相同，采用算术求和将可能增大合成值，因而采用平方和根法。所以有

$$u_C = \sqrt{u_A^2 + u_B^2} \tag{2-13}$$

② 直接测量结果的标准不确定度的评定　当无需或无法多次测量或仪器精密度差，只测量一次时，称为单次测量。对待测量进行单次测量时，待测量的标准不确定度一般是估计它的最大值，因为误差的来源很多，而各实验又有各自的特点，所以难以确定统一的规则。但是，至少也不能少于仪器的最小分度值的一半。

③ 间接测量结果的标准不确定度的评定　在许多实验和研究中，所得到的结果有时不是用仪器直接测量得到的，而是要把实验现场直接测量值代入一定的理论关系式中，通过计算才能求得所需要的结果，即间接测量值。由于直接测量值总有一定的不确定度，因此它们必然引起间接测量值也有一定的不确定度，也就是说直接测量不确定度不可避免地传递到间接测量值中去，从而产生间接测量不确定度。

设 n 个直接测量量分别为 x_1，x_2，$\cdots$，x_n，间接测量值 y 与各直接测量值有函数关系 $y = f(x_1, x_2, \cdots, x_n)$。若各直接测量值 x_i 的标准不确定度为 $u_{C(x_i)}$，则 y 的合成标准不确定度 $u_{C(y)}$ 为

$$u_{C(y)} = \sqrt{\left(\frac{\partial f}{\partial x_1}\right)^2 u_{C(x_1)}^2 + \left(\frac{\partial f}{\partial x_2}\right)^2 u_{C(x_2)}^2 + \cdots + \left(\frac{\partial f}{\partial x_n}\right)^2 u_{C(x_n)}^2} \tag{2-14}$$

（4）测量结果的表示

① 直接测量结果的表示　对于多次重复直接测量某待测物理量的测量结果应表示为如下形式

$$x_{测量} = \bar{x} \pm u_C = \bar{x} \pm \sqrt{u_A^2 + u_B^2} \tag{2-15}$$

当测量不能重复进行而只能直接进行一次时，合成不确定度中不应包含 A 类不确定度分量，而只是 B 类不确定度分量。即单次直接测量的结果应表示为

$$x_{测量} = x_{单次} \pm u_C = x_{单次} \pm \sqrt{u_B^2} \tag{2-16}$$

② 测量结果的表示　测量结果表示如下：

$$Y = y \pm u_{C(y)}（单位） \tag{2-17}$$

对于随机误差为主的测量情况，可以只计算 A 类不确定度，而略去 B 类不确定度；对于系统误差为主的测量情况，可以只计算 B 类标准不确定度为总的不确定度。计算 B 类不确定度时，如果查不到该类仪器的容许误差，可取 Δ 等于分度值。

2.2　物理化学实验数据的表达方式

物理化学实验乃至几乎所有的科学实验结果的表达方式主要有列表法、图解法和数学方程法 3 种。

2.2.1 列表法

(1) 列表

列表就是把实验数据按一定的规律整理后列成表格。通过列表一方面可以清晰、简明地显现实验变量之间的对应关系，有助于揭示变量之间的实验规律，进而有助于作图和求出函数关系；另一方面便于随时检查测定结果是否正确，及时发现并分析问题，有利于随时查对数据；再者还可以提高记录、处理实验数据的效率，减少或避免错误，随时发现和排除过失操作。

(2) 列表注意事项

① 列表应有表头，包括序号、名称。名称要简明、完整、达意。

② 表内应有标题栏或栏头（一般在表的行、列的第一栏），标题栏应注明实验变量（或物理量）的名称或符号和单位，例如变量是波长时可以写成 λ/nm。也可以用某物理量的数学函数表示，例如某栏若是压力的自然对数值，可以用 $\ln(p/\mathrm{MPa})$ 表示。

③ 栏头注明单位后，数据栏中不必重复书写单位。

④ 数据栏中的数值应为最简单的表示形式，公共的乘方因子应放在标题栏中注明。

⑤ 数据要正确反映测量结果的有效数字，每一列的数字要排列整齐，小数点应对齐。

⑥ 提供与表格内容有关的说明和参数，包括表格名称、主要测量仪器的规格（型号、量程及准确度等级等）、有关的环境参数（如温度、湿度等）以及其他需要引用的常量和物理量等。

⑦ 需要强调的是，如果是原始数据的记录列表，应该直接记录读数，不要作任何计算。在实验报告列表时，可于栏内作必要的计算和整理，并在表的下面注明数据计算方法和来源。

2.2.2 图解法

图解法是指通过作图的方法直观地表达实验所研究的变量间关系的变化规律，如极值、转折点、周期性、变化速率等，并可依图确定这些特征值。图解法是从事科学研究必备的基本技能，特别是在实验科学研究中尤为重要，它包括作图和解图两个环节。

(1) 作图

① 选取坐标纸。一般选用直角坐标纸，有时根据需要也可选用对数坐标纸、半对数坐标纸或三角形坐标纸（表达三组分体系相图时用）等。

② 坐标轴的选择和坐标轴的标度。a. 以横轴代表自变量，纵轴代表因变量，在轴的末端标以箭头代表正方向，箭头近旁注明物理量的名称（或符号）及其单位，两者用"/"号分隔。b. 坐标轴标度原则上应使坐标纸的最小分格对应于有效数字的最后一位可靠数字，即格值与数值精度相适应，数据中可靠的数字在图中亦是可靠的，数据中有误差的一位，在图中应是估计的；为便于迅速、简便地读取，标度数值一般选择1、2、5或其倍数。c. 选择图纸的大小、确定两坐标轴的标度和标值起点应以图形纵轴、横轴比例协调，布局合理为原则，使作出的图线对称地充满大部分坐标纸空间。

③ 描点与连线。用尖锐的铅笔把数据点在坐标纸上，并以×、+、□、△、＊等符号表示，这些符号所覆盖的面积应代表测量的精度，不同的符号用于区分不同的测量数组。连线时，一方面要尽可能地（但不强行）使曲线通过或接近各数据点，应使未能置于曲线上的数据点均匀分布在曲线的两侧，另一方面所画曲线应当光滑、流畅。

④ 图名与说明。曲线作好后，还应在图上注上图名（包括序号）、比例尺，并说明能够影响实验数据的主要实验条件和参数（包括温度、压力等），这些内容一般写在图的下方空白处。

（2）解图

解图是指根据由实验数据所绘制的曲线解析实验变量间的变化规律，并获取相关信息的过程。例如，利用曲线显示的实验变量间的定量关系，求取经验方程式，采用内插法求值；利用外推法获取那些不能或不易直接由实验测定的物理量值；通过曲线的极值、转折点、面积获取物质的理化参数。

2.3　温度控制与测量

2.3.1　温度与温标

（1）温度

温度是用来定量描述物体冷热程度的物理量，是宏观物质系统状态的特征属性之一，温度的高低反映了物质系统内部大量分子或原子平均动能的大小。温度这一概念是建立在热平衡基础上的，即两个物质系统此时处于同一热平衡状态。否则，两系统之间就会有热交换存在，热量将会由高温系统传输给低温系统。

（2）温标

温标是指温度数值的表示方法。温度并不能直接测量，但是物质系统的温度变化会引起某些物理量（如体积、电阻、热电动势、声速、磁场率等）的变化，因此可以通过测量这些物理量来达到测量温度的目的。为了保证温度数值的准确和统一，需要建立一个衡量温度的标准尺度，该标准尺度就是我们所说的温标。只有确立了准确、统一的温标，温度的计量才有实际意义。

温标的确立通常是将纯物质的某些物理量（如三相点、沸点、凝固点、超导转变点等）作为温度计量的固定点，并赋予某个确定的温度数值，然后选择一个随温度变化呈线性或一定函数关系变化的物理参量（如体积、电阻、热电动势、声速、磁场率等）作为温度指示的标志。固定点、标准温度计（测温物质）及内插公式便构成了温标的三要素。

温标的种类很多，目前在化学实验中常用的温标有热力学温标和摄氏温标。

① 热力学温标　热力学温标也称开尔文温标，是英国物理学家开尔文于 1848 年以热力学第二定律为基础所引出的与测温物质无关的温标。热力学温标是一种理想的绝对的温标，单位为 K，用热力学温标确定的温度称为热力学温度，用 T 表示。热力学温标定义为水的三相点热力学温度的 1/273.16，即在 610.62Pa 时纯水的三相点的热力学温度为 273.16K。

② 摄氏温标　摄氏温标是以水的冰点为 0℃，水的沸点为 100℃作为两个固定参考点，并将两者之间分成 100 等份。摄氏温标的单位为摄氏度，符号为℃。摄氏温标所确定的温度记为 t，它与热力学温度 T 的关系如下

$$t/℃ = T/K - 273.15 \qquad (2\text{-}18)$$

2.3.2　测温方法与温度计分类

按照测温时测量仪器的传感器（或温度计）与被测对象是否接触，可将测温方法分为接触测温法和非接触测温法。两种方法所用的温度计列于表 2-2 中，各种类型温度计测温范围、精度和特点列于表 2-3 中。

表 2-2　测温方法与温度计分类

测温方法	测温原理	温度计种类
接触式	导体或半导体的电阻随温度变化	铂电阻温度计,标准铂电阻温度计,高温铂电阻温度计,铑铁电阻温度计,二极管温度计,标准套管铂电阻温度计,工业铂电阻温度计
	塞贝克效应	标准化热电偶(B 型,E 型,J 型,K 型,N 型,R 型,S 型,T 型),金-铂热电偶,铂-钯热电偶,钨铼热电偶,镍铬-金铁热电偶,铠装热电偶
	单位温度变化引起物质体积的相对变化,即体积热膨胀式温度计	一等标准水银温度计,二等标准水银温度计,贝克曼温度计,电接点玻璃温度计,汞铊温度计,棒式玻璃液体温度计,内标式玻璃液体温度计,外标式玻璃液体温度计
非接触式	以黑体辐射定律为基础,根据热辐射体的辐射特性与温度之间的函数关系测量温度	光学高温计,红外温度计,亮度温度计,光电温度计

表 2-3　各种类型温度计测温范围、精度和特点

测温方式	传感器类型		测温范围/℃	精度/%	特点
接触式	热膨胀式	水银	$-50\sim650$	$0.1\sim1$	简单方便,易损坏,水银污染
		双金属	$-800\sim600$	1.5	抗震性好,读数方便,精度不高
		压力　液体	$-30\sim600$	1	强度大、不易破损、读数方便,但准确度较低、耐腐蚀性较差
		压力　气体	$-20\sim350$		
	热电偶	铂铑-铂	$0\sim1600$	$0.2\sim0.5$	种类多,适应性强,结构简单,使用方便、范围广,需注意寄生热电动势及动圈式仪表电阻对测量结果的影响
		其他	$-200\sim1100$	$0.4\sim1.0$	
	热电阻	铂	$-200\sim850$	$0.1\sim0.3$	测量精度和灵敏度较高
		铜	$-50\sim180$	$0.3\sim0.5$	测量精度和灵敏度适中
		热敏电阻	$-50\sim350$	$0.3\sim0.5$	体积小、响应快,灵敏度高,线性差,需注意环境温度的影响
非接触式	辐射温度计 光学温度计		$800\sim3500$ $700\sim300$	1 1	不干扰被测温度场,辐射率影响小,使用简便
	热探测器 热敏电阻探测器 光子探测器		$200\sim2000$ $-50\sim3200$ $0\sim3500$	1 1 1	干扰被测温度场,响应快,测量范围宽,适于测定温度分布,易受外界干扰,标定困难

2.3.3　水银温度计

水银温度计为热膨胀式温度计,即利用透明玻璃感温泡和毛细管内的水银随被测介质温度的变化而热胀冷缩来测量温度。实验室常用的水银温度计是由装有水银的感温泡、玻璃毛细管、刻度标尺和温标等部分组成。

标准水银温度计的测温范围是$-60\sim300℃$,分度值为 0.05℃或 0.1℃,由不少于 7 个不同量程的温度计配合组成。标准水银温度计用于校准其他水银温度计。

实验室常用的温度计为实验用玻璃水银温度计,测温范围是$-35\sim360℃$。若毛细管内充有惰性气体,以防止水银气化,并且为耐高温玻璃时,则测温范围可扩大到 600℃。

使用水银温度计时,要根据需要选择合适测量范围的温度计进行测量,不允许超量程使用温度计。测量时温度计的感温泡应与被测物体充分接触,但注意感温泡泡壁很薄,不要碰

破。用水银温度计测温时最好采用升温的方式，读数时视线应与温度计内的液面相平，避免视差。

2.3.4 贝克曼温度计

（1）贝克曼温度计的构造

贝克曼温度计（见图2-3）是移液式内标玻璃水银温度计，主要用于高精度测量温度差，又称为温差温度计。贝克曼温度计有两个储液泡，一个是下端感温泡，另一个是与之连通的接在毛细管上端构成回纹状的备用泡（也称水银储槽）。前者是温度计的感温部分，其水银量在不同温度间隔内能作增、减的调整；后者用来储存或补充感温泡内多余或不足的水银量。

贝克曼温度计有两个标尺，即主刻度尺和备用泡（水银储槽）处的副刻度尺。主刻度尺用来测量温度差，其示值范围为 0～5℃ 或 0～6℃，分度值为 0.01℃，可以估读到 0.001℃；副刻度尺表示温度计测量温差的大致范围，在调整主刻度尺测量的温度间隔时，以此作参考，其最大测量范围为 −20～125℃，分度值为 2℃。

贝克曼温度计的刻度有两种标法：一种是最小读数刻在

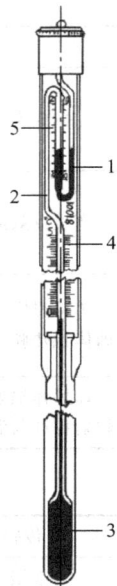

图 2-3 贝克曼温度计
1—备用泡（水银储槽）；2—毛细管；
3—感温泡；4—主刻度尺；
5—副刻度尺

刻度尺的上端，最大读数刻在下端，用来测量温度下降值，称为下降式贝克曼温度计；另一种正好相反，最大读数刻在刻度尺上端，最小读数刻在下端，称为上升式贝克曼温度计。在精密测量中，两者不能混用。现在还有更灵敏的贝克曼温度计，刻度标尺总共为1℃或2℃，最小的刻度为 0.002℃。

（2）贝克曼温度计的使用方法

① 先确定所使用的实际温度范围。例如测量水溶液凝固点的降低需要能读出 −5～1℃ 之间的温度读数；测量水溶液沸点的升高则希望能读出 99～105℃ 之间的温度读数；燃烧热的测定实验，室温时水银柱示值在 2～3℃ 最为适宜。

② 根据使用的实际温度范围，以及所调水银柱高度刻度的位置，估计水银柱升至毛细管末端弯头处的温度值。一般的贝克曼温度计，水银柱由刻度最高处上升至毛细管末端，还需要升高 2℃ 左右，根据这个估计值来调节感温泡中的水银量。例如，测定水的凝固点降低时，要将 1℃ 这个实际温度调节到示值范围为 0～6℃ 的贝克曼温度计刻度为 5℃ 的位置，那么毛细管末端弯头处的温度应相当于 3℃。

③ 用另一恒温浴，将其调至毛细管末端弯头所应达到的温度，把贝克曼温度计置于该恒温浴中，使感温泡和备用泡水银相连，恒温 5min 以上。

④ 取出温度计，用右手紧握它的中部，使其近乎垂直，用左手轻震右手小臂，这时水银柱即可在弯头处断开。温度计从恒温浴中取出后，由于温度差异，水银体积会迅速变化，因此，这一调节步骤要求迅速、轻柔，但不必慌乱，以免造成失误。

⑤ 将调节好的温度计置于预测温度的恒温浴中，观察其读数值，并估计量程是否符合要求。

（3）贝克曼温度计感温泡中水银量的调节

① 感温泡内水银量不足时的调节方法 当感温泡内的水银量不足时，将温度计倒置（感温泡向上），使水银从感温泡流向水银储槽（若水银不能流出，用手握住温度计顶端的保

护帽并轻轻敲击桌面，这样在震动和重力作用下，感温泡内的水银便会流出），两泡水银相接后，再倒转温度计（感温泡向下），水银便从水银储槽流入感温泡。当感温泡内的水银达到足够数量（从副刻度尺上估计出来）时，用手轻敲温度计的水银储槽处，使水银柱断开。

然后将温度计插入恒温槽内，检查水银面的高低。若水银面稍低于始点刻线时，可倒转温度计，使储槽内的水银撞击备用泡与毛细管的连接处，这样便会有微量水银冲入储槽上端的毛细管内，然后倒转温度计，使感温泡内的水银柱与此微量水银柱相连接。

② 感温泡内水银量过多时的调节方法　当感温泡内的水银量过多（水银柱超过下限温度点）时，将温度计倒置（感温泡向上），让水银从感温泡流向水银储槽，使两泡内的水银相接，待感温泡内水银减少到所需要的数量（从副刻度尺上估计出来）时，再将温度计倒转（感温泡向下），并用手轻敲温度计上部（水银储槽处），使水银柱断开。当水银面稍高于始点刻线时，可将感温泡内的多余部分水银倒回储槽内，并轻敲温度计上部，使毛细管内的水银与储槽内的水银分开，再将温度计插入恒温槽内，检查水银柱是否满足要求，这样进行反复多次调整，直到满足要求为止。

（4）贝克曼温度计使用注意事项

① 贝克曼温度计尺寸较大，价格较贵且由玻璃制成，易损坏，所以不要任意放置。实验中调节时要拿在手中，且拿的位置要在中间靠下，使用时安装在仪器上，不用时放在盒内。

② 调节时不能重击，以免毛细管震断。

③ 安装时不可夹得过紧，拆卸时要注意保护温度计。

2.3.5　温度控制与恒温装置

见第 3 章实验 1 恒温水浴的组装及其性能测试的实验原理。

2.4　气体压力测量技术

压力是描述系统宏观状态的一个重要参数，许多物理化学性质如熔点、沸点、蒸气压等都与压力密切相关。在化学热力学和化学动力学研究及工业生产中，压力也是一个很重要的因素。在一定条件下，测量压力还可间接得到温度、流量和液位等参数。因此，正确掌握测量压力的方法、技术具有重要意义。

在物理化学实验中，常常涉及高压、常压和真空系统。在不同的压力范围，测定压力的方法不同，所用仪器的精确度也不同。

2.4.1　压力的定义及习惯表示方法

（1）压力的定义及单位

压力是指垂直均匀作用在单位面积上的力，又称压强。在国际单位制中，计量压力值的单位为"牛顿/米^2"，即"帕斯卡"，其符号为 Pa，简称"帕"。还有一些极少使用的单位，如标准大气压（atm）、工程大气压（at）、巴（bar）、毫米水柱（mmH_2O）、毫米汞柱（mmHg）等。各种压力单位可以按照定义互相换算。

（2）压力的表示方法

由于地球上总是存在着大气压力，为了便于在不同场合表示压力的数值，所以习惯上采用不同的压力表示方法。

① 绝对压力　以 P 表示。指实际存在的压力，又叫总压力。

② 相对压力　以 p 表示。指绝对压力与用测压仪表测定的大气压力（P_0）的差值，又称表压力，即 $p = P - P_0$。

③ 正压力　绝对压力高于大气压力时的相对压力。

④ 负压力　绝对压力低于大气压力时的相对压力。简称"负压"，又名真空。差值的绝对值称为"真空度"。

实际应用中各种仪表设备都处于大气压力中，所以采用表压或真空度来表示压力大小的情况很常见。

2.4.2　常用测压仪表

测量压力的仪器称为气压计，常用的主要有 U 形压力计、弹簧式压力计、福廷式压力计及数字式压力测量仪等。

（1）液柱式 U 形压力计

液柱式 U 形压力计是根据流体静力学原理，把被测压力转换成液柱高度的测量仪器。它构造简单、使用方便，能测量微小压力差，测量准确度较高，且制作容易、价格低廉。但是它的结构不牢固，耐压程度较差，测量范围也较窄，一般所测压力不超过 0.3MPa。液柱式 U 形压力计由两端开口的垂直 U 形玻璃管及垂直放置的刻度标尺所构成，管内充以适量工作液体作为指示液，如图 2-4 所示。常用的工作液体为蒸馏水、水银和酒精。

液柱式 U 形压力计主要用作实验室中的低压基准仪表，以校验工作用压力测量仪表。由于工作液体在环境温度、重力加速度改变时会发生改变，对测量的结果常需要进行温度和重力加速度等方面的修正。

（2）弹簧式压力计

弹簧式压力计是利用各种不同形状的弹性元件在压力下产生变形的原理制成的压力测量仪表。这类仪表的特点是结构简单、结实耐用、测量范围宽，是压力测量仪表中相当重要的一种形式。物化实验室中接触较多的为单管弹簧管式压力计。这种压力计的压力由弹簧管固定端进入，通过弹簧管自由端的唯一带动指针运动，指示压力值，如图 2-5 所示。

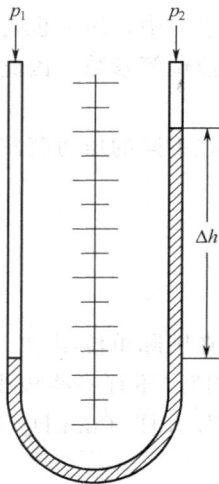

图 2-4　液柱式 U 形压力计

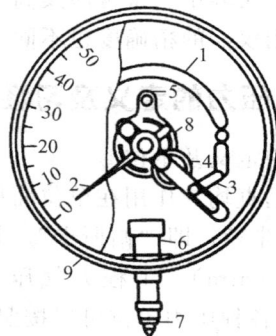

图 2-5　单管弹簧管式压力计

1—金属弹簧管；2—指针；3—连杆；4—扇形齿轮；
5—弹簧；6—底座；7—测压接头；8—小齿轮；9—外壳

使用弹簧式压力计应注意：①合理选择压力表量程，一般选择的量程在仪表分度标尺的 1/2～3/4 范围内；②使用环境温度一般不能超过 35℃，如超过应给予温度校正；③压力表应定期进行校验。测量时，压力表指针不应有跳动和停滞现象。

（3）福廷式压力计

① 福廷式压力计的构造 福廷式压力计是一种真空汞压力计，以汞柱来平衡大气压力，然后以汞柱的高度表示大气压力的大小，其构造如图 2-6 所示。气压计的外部是一根黄铜管，其上部刻有主标尺，并在相对两边开有长方形的窗孔，在窗孔内有一可上下移动的游标尺，这样可使读数精密度达到 0.1mm 或 0.05mm。黄铜管内部是一根一端封闭的装有水银的长玻璃管，玻璃管封闭的一端向上，管中汞面的上部为真空，管下端插在水银槽内。水银槽底是一个羚羊皮袋，由螺旋支持，转动此螺旋即可调节槽内水银面的高低。水银槽的顶盖上有一倒置的象牙针，其针尖即为黄铜标尺刻度的零点。

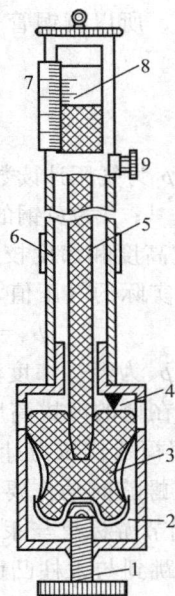

图 2-6 福廷式压力计

1—螺栓；2—羚羊皮袋；3—汞槽；
4—象牙针；5—玻璃管；6—温度计；
7—标尺；8—游标尺；
9—游标尺固定螺丝

② 福廷式压力计的使用方法

a. 缓慢转动调节螺旋，调节水银槽内水银面的高度，借助水银槽后面磁板的反光仔细观察，使水银面与象牙针尖刚好接触，然后用手轻轻弹一下黄铜管的上部，待汞柱液面正常后再次观察水银面与象牙针的接触情况，没有变化方可进行下一步的操作。

b. 转动游标尺调节螺旋，使游标尺上升，并使其高于水银面少许。然后慢慢调节游标尺底边及其后面金属片的底边，同时与水银面凸面顶端相切。这时观察者的眼睛应和游标尺前后两个底边的边缘在同一水平线上。

c. 调好游标尺后，读数时先从主标尺上读出靠近游标尺零线且在其下面的刻度值，即为大气压值的整数部分。再从游标尺上找出一根恰好与黄铜标尺上的刻度相重合的刻度线，其游标尺上刻度线的数值便是气压值的小数部分。

d. 测定结束后，将气压计底部螺旋向下移动，使水银面离开象牙针尖。记下气压计的温度和所附卡片上气压计的仪器误差值，进行校正。

③ 福廷式压力计的校正 由于气压计的刻度是以温度为 0℃、纬度为 45°和海平面高度为标准，而实际测定的条件不完全符合上述规定，同时仪器本身还有误差，因此气压计需进行仪器误差、温度、纬度和海拔高度等项校正。其校正方法如下。

a. 仪器误差的校正 仪器误差由仪器本身的不够精确所引起。每一个气压计在出厂时都附有校正卡片，气压的观察值应首先加上此项校正值。若仪器校正值为正值，则将气压计读数加校正值；若校正值为负值，则将气压计读数减去校正值的绝对值。气压计每隔几年需重新确定仪器的校正值。

b. 温度校正 温度的改变会引起汞和玻璃管体积的变化。由于盛汞的黄铜管截面积变化甚微，因此汞体积的改变主要集中在汞柱高度的方向上；且由于黄铜管壁厚与其长度相比甚微，因此黄铜管体积的改变也主要表现在其长度方向上，而气压计的主标尺又是直接刻在黄铜管上的，所以黄铜管长度的变化同时影响了刻度的准确性。气压的温度校正需按下式计算：

$$p_0 = \frac{1+\beta t}{1+\alpha t}p = \left[1 - t\left(\frac{\alpha-\beta}{1+\alpha t}\right)\right]p \tag{2-19}$$

式中，p 为气压计读数；t 为测量时的温度，℃；α 为水银在 0~35℃ 之间的平均体胀系数，0.0001818K^{-1}；β 为黄铜的线胀系数，0.0000184K^{-1}；p_0 为读数校正到 0℃ 时的数值。

c. 海拔高度和纬度校正　由于重力加速度随纬度和海拔高度而改变，因此会影响气压计的读数和实际的气压值，纬度和海拔高度的影响可按下式校正：

$$p_s = p_0(1 - 2.6\times10^{-3}\cos2\theta)(1 - 3.14\times10^{-7}h) \tag{2-20}$$

式中，p_s 为经过纬度和海拔高度项校正后的大气压数值；θ 为气压计所在地的纬度；h 为气压计所在地的海拔高度。

④ 使用福廷式压力计时的注意事项

a. 调节螺旋时动作要缓慢，不可旋转过急。

b. 在调节游标尺与汞柱凸面相切时，应使眼睛的位置与游标尺前后下沿在同一水平线上，然后再跳到与汞柱凸面相切。

c. 发现槽内水银不清洁时，要及时更换水银。

(4) 数字式压力计

数字式压力计由于读数方便，无汞污染的隐患，便于自动记录与通信，所以是物理化学实验中常用的压力计之一。它利用金属和半导体的物理特性，直接将压力转换为电压、电流信号或频率信号输出，或是通过电阻应变片等将弹性体的形变转换为电压、电流信号输出。代表性产品有压电式、压阻式、振频式、电容式和应变式等。

① 数字式压力计的分类　数字式压力计按功能可分为如下几类，如表 2-4 所示。

表 2-4　DP-A 数字式压力计分类

型号	测量范围/kPa	分辨率/kPa	主要用途
DP-AF	0~-101.3	0.01	负压及真空的测量
DP-AG	101.3±30	0.01	绝对压力的测量或实时显示大气压力
DP-AYW(S)	101.3±30	0.01	显示实验室环境压力及温度（湿度）数据
DP-AW	0~10	0.001	微小压差的测量

② 数字式压力计的使用方法　DP-A 数字式压力计仪器面板如图 2-7 所示。

DP-A 数字式压力计使用方法如下。

a. 气密性检测　根据仪器量程缓慢减压到一定数值，观察显示值变化情况。若 1min 内显示值稳定，表明检测系统无泄漏。反复检测 2~3 次后方可正式测量。

b. 采零　使压力计通大气，按采零键，以消除仪器系统的零点漂移，此时显示屏显示为"0000"。

c. 测试　仪器采零后接通被测系统，显示屏显示数值即为被测系统与外界大气压的差值。仪器默认压力单位为 kPa。

d. 关机　先将被测系统与大气相通，再关闭仪器电源开关。

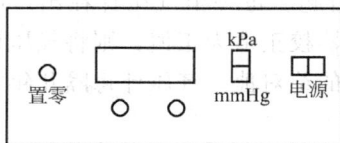

图 2-7　DP-A 数字式压力计仪器面板示意图

2.4.3 高压钢瓶及其使用

在实验中，常会使用各种气体钢瓶。气体钢瓶是储存气体和液化气体的高压容器。它是在受压状态下工作的，因此了解高压气瓶的有关知识和使用安全注意事项，是安全的必要保证。

(1) 气体钢瓶的标记

高压钢瓶容积一般为 40~60L，最高工作压力为 15MPa，最低的也在 0.6MPa 以上。在钢瓶的肩部用钢印打出下述标记：

制造厂	制造日期
气瓶型号、编号	气瓶质量
气体容积	工作压力
水压实验压力	水压实验日期及下次送验日期

为了避免各种钢瓶使用时发生混淆，在使用气体钢瓶前，要按照钢瓶外表油漆颜色、字样等正确识别气体种类，切勿误用，以免造成事故。表 2-5 中介绍了各种气体钢瓶的标志。

表 2-5　常用气体钢瓶标志

钢瓶名称	瓶身颜色	标字颜色	腰带颜色
氧气瓶	天蓝色	黑色	
氮气瓶	黑色	黄色	棕色
氢气瓶	深绿色	红色	红色
压缩空气瓶	黑色	白色	
纯氩气瓶	灰色	绿色	
二氧化碳瓶	黑色	黄色	黄色
液氨瓶	黄色	黑色	
氯气瓶	草绿色	白色	
氦气瓶	棕色	白色	
石油气体瓶	灰色	红色	

(2) 气体钢瓶减压阀的使用

使用气体钢瓶中的气体时，需通过减压阀使气体压力降低至实验所需范围，再经过其他控制阀门输入使用系统。

最常见的减压阀为氧气减压阀，简称氧压表。氧气减压阀的外观及工作原理如图 2-8 和图 2-9 所示。氧气减压阀的高压腔与钢瓶连接，钢瓶内储存气体的压力可由高压表读出；低压腔为气体出口，并通往使用系统，气体出口压力通过低压表指示，并可通过调节螺杆来控制。使用时先打开钢瓶总开关，然后顺时针转动低压表压力调节螺杆，使其压缩主弹簧并将阀门打开，高压气体即可由高压室经阀门节流减压后进入低压室。当达到所需压力时，停止旋转低压表压力调节螺杆。停止用气时，逆时针转动低压表压力调节螺杆，使主弹簧恢复自由状态，阀门封闭。减压阀都装有安全阀，它是保护减压阀并使之安全使用的装置，也是减压阀出现故障的信号装置。当压力超过许可值或减压阀发生故障时，安全阀会自动开启放气。氧气减压阀严禁接触油脂，以免发生火灾。停止工作时，应将减压阀中的余气放净，然后拧松调节螺杆，以免弹性元件长久受压变形。减压阀应避免撞击振动，不可以与腐蚀性物质相接触。

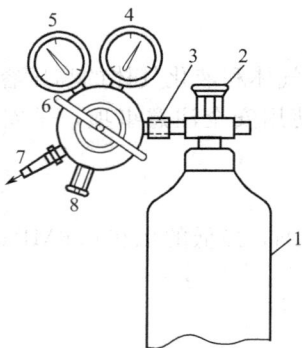

图 2-8　安装在气体钢瓶上的减压阀示意图

1—钢瓶；2—钢瓶开关；3—钢瓶与减压表连接螺母；

4—高压表；5—低压表；6—低压表压力调节螺杆；

7—出口；8—安全阀

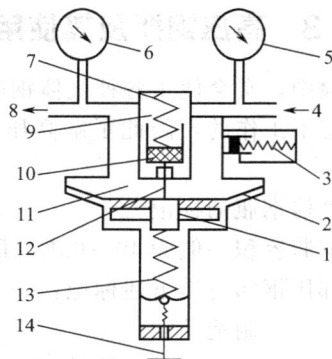

图 2-9　减压阀工作原理示意图

1—弹簧垫块；2—传动薄膜；3—安全阀；

4—进口（接气体钢瓶）；5—高压表；6—低压表；

7—压缩弹簧；8—出口（接使用系统）；9—高压气室；

10—活门；11—低压气室；12—顶杆；13—主弹簧；

14—低压表压力调节螺杆

有些气体，例如氮气、空气、氩气等永久性气体，可以采用氧气减压阀。但还有一些气体，如氨等腐蚀性气体，则需要用专用的减压阀。市面上常见的有氮气、空气、氢气、氨气、乙炔、丙烷、水蒸气等专用减压阀。这些减压阀的使用方法与氧气减压阀基本相同，但专用减压阀一般不用于其他气体。

（3）钢瓶的使用与注意事项

① 钢瓶应存放在阴凉、干燥、远离热源的地方。可燃性气瓶应与氧气瓶分开存放。

② 钢瓶搬运时，钢瓶帽要旋上，轻拿轻放，避免撞击、摔倒和激烈振动。

③ 使用时应装减压阀和压力表。各种减压阀中，只有 N_2 和 O_2 的减压阀可相互通用，其他的只能用于规定的气体，不能混用，以防爆炸。

④ 不要让油或易燃有机物沾染在气瓶上（特别是气瓶出口和压力表上）。不可用棉麻等物堵漏，以防燃烧引起事故。

⑤ 不可将钢瓶中的气体全部用完，一定要保留 0.05MPa 以上的残留压力。可燃性气体 C_2H_2 应剩余 0.2～0.3MPa，H_2 应保留 2MPa，以防重新充气时发生危险。

⑥ 开启总阀门时，不要将头或身体正对总阀门，防止万一阀门或压力表冲出伤人。

⑦ 使用中的气瓶应每三年送检一次，充腐蚀性气体的钢瓶每两年检查一次，不合格的气瓶不可继续使用。

2.5　电化学测量技术及仪器

电化学测量技术在物理化学实验中占有很重要的地位，常用来测量电解质的电导、原电池电动势等参量。电化学测量技术内容非常丰富，除了传统的电化学研究方法外，目前利用光、电、声、磁、辐射等实验技术来研究电极表面，逐渐形成了一个非传统的电化学研究方法的新领域。

作为基础实验，本章主要介绍传统的电化学测量与研究方法，只有掌握了传统的基本方法，才有可能正确理解和运用近代研究方法。

2.5.1 电导的测量

电导这个物理化学参量不仅反映出电解质溶液中离子的状态及其运动的许多信息，而且由于它在稀溶液中与离子浓度间的简单线性关系，常广泛应用于分析化学和化学动力学领域中。

（1）电导（电导率）概述

能导电的物体称为导体。导体主要有两类：一类是电子导体，如金属、石墨及某些金属的化合物，它们是靠自由电子在电场作用下的定向移动而导电的；另一类是离子导体，电解质溶液或熔融的电解质等，这类导体依靠离子在电场作用下的定向迁移而导电。

对于电解质溶液中的离子，习惯上用电导（G）来表示其导电能力。G 越大，其导电能力越强。G 是电阻的倒数，单位为西门子，用 S 或 Ω^{-1} 表示。

$$G = \kappa \frac{A}{l} \tag{2-21}$$

式中，l 为两电极间的距离，m；A 为电极面积，m^2；κ 为比例系数，称为电导率，其值为电阻率的倒数。

定义电导池常数 K_{cell}：

$$K_{cell} = \frac{l}{A} \tag{2-22}$$

则

$$\kappa = K_{cell} G \tag{2-23}$$

通常将一个电导率已知的电解质溶液注入电导池中，测其电导 G，根据上式即可求出 K_{cell}。

（2）电导（电导率）的测量

① 惠斯顿交流电桥法　电导是电阻的倒数，因此由实验测量电解质溶液的电导，实际是测量其电阻。然后求算电导的值。测量溶液的电阻时不能用直流电源，因为直流电通过电解质溶液后将由于电解作用改变电解质溶液的浓度和性质。因此一般把待测溶液放入电导池，再将其连接在惠斯顿交流电桥的线路中（见图 2-10）。

因为使用的是交流电源，电流方向的迅速改变可以消除电极的极化作用。测定时，接通电源，选择一定的电阻 R_3，移动接触点 b，直至 a、b 间的电流近于零，即 B 指零，这时电桥处于平衡状态。此时表明 a 和 b 两点电位相等（$E_a = E_b$），根据欧姆定律，则有：

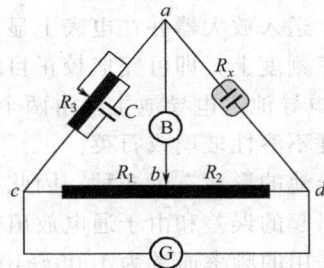

图 2-10　惠斯顿测电导原理

G—交流电源（交流电源的频率一般采用 1000Hz）；
R_1、R_2—已知的标准电阻；R_3—可调的电阻器；
R_x—待测溶液的阻值；B—示零装置；
C—与电阻 R_3 并联的一个可变电容
（用于抵消电导池电容）

$$\frac{E_a - E_c}{R_3} = \frac{E_d - E_a}{R_x} \tag{2-24}$$

$$\frac{E_b - E_c}{R_1} = \frac{E_d - E_b}{R_2}$$

因为 $E_a = E_b$，所以

$$\frac{R_x}{R_3} = \frac{R_2}{R_1} \tag{2-25}$$

可从上式求出电阻 R_x 值，$G = 1/R_x$ 便是待测电解质溶液的电导。

难溶盐（如 $PbSO_4$、$BaSO_4$、$AgCl$ 等）的溶解度就是通过惠斯顿交流电桥法测定其电导值，进而推算出其溶解度值。

② 电导仪测量电解质溶液电导　电解质溶液的电导测量除了可用交流电桥法外，目前多数采用电导仪进行测量。它的特点是：测量范围广、快速直接读数、操作方便。如果配合自动电子电势差计一起使用，还可以对电导的测量自动记录。

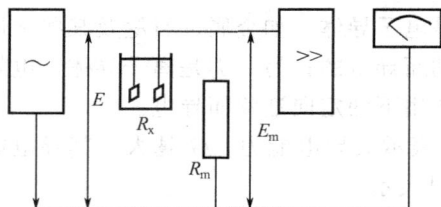

图 2-11　电导仪的测量原理示意图

电导仪的测量基于电阻分压的不平衡测量原理，如图 2-11 所示。稳压器输出稳定的直流电流供给振荡器和放大器，使其在稳定状态下工作。振荡器的输出电压不随电导池电阻 R_x 的变化而变化，因此为电阻分压回路提供了一个稳定的标准电压 E。电阻分压回路由电导池电阻 R_x 和测量电阻 R_m 串联组成。E 则加在该回路 AB 两端，产生一个测量电流 I_x。根据欧姆定律可知：

$$I_x = \frac{E}{R_x + R_m} = \frac{E_m}{R_m} \tag{2-26}$$

故有：

$$G_x = \frac{1}{R_x} = \frac{1}{R_m} \times \frac{E_m}{E - E_m} \tag{2-27}$$

式中，E_m 为测量电阻 R_m 两端的测量电压。

为提高测量准确度，电路中设有校正电路，当开关拨至校正端时，从分压器上取出 E 的分压，送入放大器并在电表上显示出来，调节振荡电路中的输出幅度调节器，使电表指针指在校正刻度上，即可完成校正目的。

③ 电导池　电导池主要由两个并行设置的电极构成，电极间充以被测溶液，其材质一般为高度不溶性玻璃或石英。

电导池的形式有很多种，因此为了精密地测量溶液的电导值，选择电导池时应考虑由于极化所引起的误差和由于通电放出热量而使电解质变热这两个因素。为了减小测量误差，交流电桥采用的频率通常为 1000～4000Hz，因此要求被测溶液的电阻不能太大，一般应小于 $5 \times 10^5 \Omega$，如果电阻过大，则交流电桥的不平衡信号很难检出。但是，被测溶液的电阻也不能太低，一般溶液的电阻要大于 100Ω。对于某一给定的电导池，要求被测体系溶液的最高阻值和最低阻值之比最好不大于 50∶1。

为了减小极化作用，溶液的电导在 $0.005 \sim 150 m\Omega^{-1}$，即电阻在 $6.67 \sim 2.2 \times 10^6 \Omega$ 时，必须用铂黑电极测量，镀了铂黑的电极能极大地增加电极的表面积，而使相应的电流密度减小，同时又因为铂黑的催化作用，也降低了活化超电势，因此使用铂黑电极可以减小电极极化；而电导低于 $5\mu\Omega^{-1}$ 时，此时极化不严重，可直接用光亮电极；如溶液电导高于 $150 m\Omega^{-1}$ 时，由于电阻极小，则需要增加两极之间的距离和缩小两极间的孔径。

2.5.2　电动势与电极的测量

准确测定电池电动势是电化学研究中最基本、最重要的测量之一，利用电池电动势数据可以计算相应化学反应的热力学常数，如反应平衡常数等；计算电解质溶液的活度和活度系数；确定溶液的 pH 值，并可用 $E\text{-}pH$ 图研究水溶液中许多系统的氧化还原能力及离子价态的稳定条件等。

（1）电池电动势测量的基本原理

电池电动势的测量必须在可逆条件下进行，否则所得的电动势就没有热力学价值。所谓可逆条件，一是要求电池本身的电池反应可逆，二是在测量电池电动势时，电池几乎没有电流通过，即测量回路中电流趋近于 0。为了实现此目的，需在外电路上加一个方向相反而数值与待测电池的电动势几乎相等的外加电动势，以对抗测量电池的电动势，使外线路中没有电流通过（即外电阻无限大）。这种测定电动势的方法就称为对消法或补偿法，如图 2-12 所示。

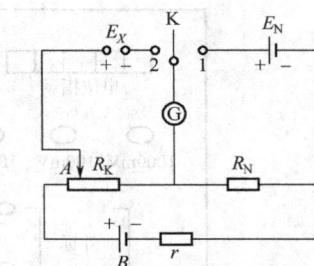

图 2-12　电动势测量原理示意图

E_N—标准电池，它的电动势值已经精确知道；E_X—被测电动势；G—灵敏检流计；R_N—标准电池的补偿电阻，其大小是根据工作电流来选择的；R_K—被测电动势的补偿电阻；r—调节工作电流的变阻器；B—电源用电池（3V 的直流电）；K—转换开关（其中 E_X、E_N 与 B 正负极反向。相当于在工作电池的外电路上又加了一个方向相反的电位差）

图 2-12 分为两个部分，①工作电流回路，用来调节工作电流的大小；②测量回路，用来测量未知电池的电动势。测量时，首先将开关 K 合在 1 的位置，调节 r 使检流计示零。此时 R_N 两端的电势值恰好等于标准电池的电动势 E_N。即有：

$$I = \frac{E_N}{R_N} \tag{2-28}$$

工作电流调好后，将转换开关 K 合至 2 的位置，同时移动滑线电阻 A 使 G 再次指零。设滑动触头 A 在可调电阻 R 上的电阻值为 R_K，则有：$E_X = IR_K$，将上式代入其中，得：

$$E_X = \frac{E_N}{R_N} R_K \tag{2-29}$$

所以当标准电池电动势 E_N 和标准电池的补偿电阻 R_N 的数值确定后，只要确定读出 R_K 的值，就能测出未知电池的电动势 E_X 了。

应用对消法测量电动势的优点有很多。①因为测量回路与工作电流回路之间无电流通过，因此，被测电动势不会因为接入电势差计而发生任何变化。②不需具体测定出工作电流的数值，只要测得 R_N、R_K 即可。③测量结果是极为准确的，因为 R_K、R_N 还有标准电池都可以达到较高的精度。

（2）数字电位差计

EM-3C 型数字式电子电位差计，采用数字显示，利用对消法测量原理，内置了可代替标准电池的精度极高的参考电压集成块，作为比较电压。仪器线路设计采用全集成器件，待测电动势与参考电压经过高精度的仪表放大器比较输出，达到平衡时即可知待测电动势。

仪器要求电源电压 190～240V，50Hz，环境温度-20～40℃，量程 0～1.5V，分辨率为 0.01mV，仪器面板如图 2-13 所示。

EM-3C 型数字式电子电位差计使用方法及注意事项如下。

① 打开电源开关，两组 LED 显示即亮。预热 5min。

② 将面板右侧功能选择开关置于"外标"挡。红黑线接在"外标"接口上，并且红黑线短接。左侧位开关全部拨至零，按下红色的"校正"按钮。使 LED 上右侧平衡指示显示为 0。

③ 将面板右侧功能选择开关置于"外标"挡。红黑线接在"外标"接口上，并且红黑

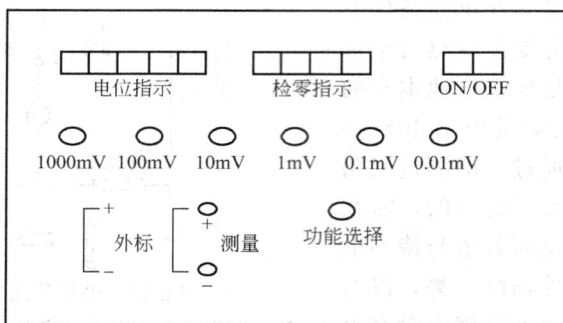

图 2-13 EM-3C 型数字式电子电位差计仪器面板示意图

线连接到仪器的基准上，左侧拨位开关拨位，使 LED 上的电动势指示数值和仪器上的基准数值相同（例如：仪器自身的基准数值为 1.24798V，则拨位开关拨位，将×1000mV 挡拨位开关拨到 1，将×100mV 挡拨位开关拨到 2，将×10mV 挡拨位开关拨到 4，将×1mV 挡拨位开关拨到 7，将×0.1mV 挡拨位开关拨到 9，将×0.01mV 挡拨位开关拨到 8，使电动势指示 LED 显示的数值为 1247.98mV），按下红色的"校正"按钮。使 LED 上右侧平衡指示显示为 0。

④ 将面板右侧功能选择开关置于"测量"挡。

⑤ 将测量线与被测电动势按正、负极性接好，一般黑线接负，红线接正。

⑥ 平衡指示 LED 显示的为设定的内部标准电动势值和被测定电动势的差值（例如：若显示 OUL，则表示设定的标准电动势值比被测电动势值大，此时需要调节拨位开关，使设定的内部标准电动势值减小。若显示－OUL，则表示设定的标准电动势值比被测电动势值小，此时需要调节拨位开关，使设定的内部标准电动势值增大）。

⑦ 将面板右侧功能选择开关置于"测量"挡。调节左边的拨位开关设定内部标准电动势值，直到平衡指示 LED 显示值在"00000"附近，等待电动势指示数码显示稳定下来，此即为被测电动势值。

注意："电动势指示"和"平衡指示"显示的值在小范围内摆动属于正常（摆动数值在±1数字之间）。

⑧ 测量结束，首先关闭电源开关，最后拔下电源线。

2.5.3 电极过程动力学实验方法

研究电极过程动力学的主要目的在于弄清影响电极反应速率的基本因素，从而有可能有效地按照人们的愿望去影响电极反应的进行方向与速率。电极过程动力学实验主要是测量电极反应的动力学参数和确定电极反应历程。电极过程动力学的实验方法很多，如循环伏安法、恒电流极化曲线法、线性电位扫描法、交流阻抗法等。由于计算机和电子技术以及应用软件的高速发展，上述较复杂的电极过程动力学实验方法现在可用一台仪器来完成，如 CHI660 电化学工作站。

（1）恒电流极化曲线的测量

在进行电化学测量以研究电极过程动力学时，所用电解池通常含有 3 个电极：工作电极、辅助电极和参比电极。当应用恒电流技术进行测量时，仪器可根据设定值控制流过工作电极和辅助电极间的电流大小，同时记录工作电极和参比电极之间的电位随时间的变化。这样，根据每一个极化电流密度 i 和测量出的相应电极电势 φ 数据，就可绘制出电流极化曲线，即 i-φ 曲线图。

（2）恒电位极化曲线的测量

恒电位法是将研究电极的电位恒定地维持在所需要的数值，然后测量该电位下对应的电流值。由于电极表面状态在未建立稳定状态之前，电流会随时间而改变，故一般测出来的曲线为"暂态"极化曲线。

① 恒电位法的分类　在实际测量中常采用的恒电位法有两种。

a. 静态法　将电极电位较长时间维持在某一恒定值，同时测量电流随时间的变化，直到电流值基本达到某一定值。然后改变不同的电位值，分别测量各个电极电位下的稳定电流值，即可获得完整的极化曲线。

b. 动态法　控制电极电位以一定的速率连续地改变（扫描），并测量对应电位下的瞬时电流值，并以瞬时电流与对应的电极电位作图，获得整个极化曲线。扫描速率（即电位变化的速率）应较慢，使所测得的极化曲线与采用静态法的接近。

比较上述两种测量方法，静态法测量结果较接近稳态值，但测量的时间较长，而动态法距稳态值相差较大，但测量的时间较短，故在实际工作中常采用动态法来进行测量。

② 恒电位仪　WHHD-2 型恒电位仪要求电源电压 220V，额定功率 90W，最大槽压 25V，电位量程 20~2V，电位扫描速率为 1~250mV·s^{-1}。

WHHD-2 型恒电位仪仪器面板包含显示区域、控制区域和三电极输出。显示区域的液晶屏幕可以显示当前的电位、电流以及控制和设置信息。红色的过载指示灯在仪器过载时会闪亮并伴有蜂鸣声提醒。在仪器过载时应及时调整设定或负载，必要时可及时关闭仪器，避免长时间过载对仪器造成损伤。控制区域包括 IR 补偿调节旋钮和开关，菜单/微调旋钮，输出调节旋钮和调零旋钮。IR 补偿调节旋钮和开关用于调节恒电位仪的 IR 补偿量和控制开关。菜单/微调旋钮可以按下和旋转，在测量状态下，按下旋钮调出设置菜单，转动旋钮可以微调输出量；在设置菜单下，旋转旋钮用于选择需要调节的选项，按下旋钮用于确认和回到测量界面。输出调节旋钮在测量状态下用于调节输出量，在设置界面可以调节要设置的内容。调节旋钮用于在电位为 0 的情况下将电流归零，如果电位为 0 时而电流不为 0，则可以通过调节调零旋钮将电流调节到 0。

WHHD-2 型恒电位仪使用方法。

a. 仪器接通电源后，调节输出调节旋钮和微调旋钮，使电位为 0，调节调零旋钮，使电流为 0。

b. 按下菜单/微调旋钮，即进入设置界面，可以选择恒定模式（恒电位或者恒电流）、输出模式（参比模式、假负载模式或者电解槽模式）、电位量程（20V，2V，或自动切换 AUTO）、电流量程（1A~2μA）。通过旋转菜单/微调旋钮选择要改变的选项，旋转输出调节旋钮来改变被选中的选项的内容。

c. 如果使用静态分析方法，则在设定好以上内容后选中"运行"，并按下菜单/微调旋钮，返回测量界面。此时旋转"菜单/微调"旋钮可以调节输出量，电位和电流则会发生相应的变化。

d. 如果要进行动态扫描分析，则在设置界面，选中"更多"并按下"菜单/微调"旋钮，进入扫描设置界面。在扫描设置界面，可以设置扫描方式（关闭，单次扫描，循环扫描）、起始电位（V）、终止电位（V）、扫描速率（mV/s）。设置完以上参数后，选中"运行"并按下"菜单/微调"旋钮返回测量界面，即开始动态扫描分析。在扫描的过程中，按下"菜单/微调"旋钮可以对扫描过程进行终止、暂停等操作。在扫描设置中，扫描方式

"关闭"表示不用扫描功能,"单次"表示从起始电位到终止电位进行一次扫描,循环扫描表示从当前电位开始,介于起始电位和终止电位之间的循环不断的扫描。

（3）电化学工作站（电化学测量分析仪）

随着数字和电子技术的高速发展,电化学测量仪器也不断发展。传统的由模拟电路恒电位仪、信号发生器和记录装置组成的电化学测量装置已被由计算机控制的电化学测量装置所替代。下面就以上海辰华仪器公司的 CHI600A 系列的电化学工作站为例,说明现代电化学测量仪器的原理和使用方法。

CHI600A 电化学测量分析仪内含快速数字信号发生器、高速数据采集系统、电位电流信号滤波器、多级信号增益、iR 降补偿电路以及恒电位部分和恒电流部分。电位范围为 ±10V,电流范围为 ±250mA,电流测量下限可达 50pA,信号发生器的更新速率为 5MHz,数据采集速率为 500kHz。交流阻抗的测量频率可达 100kHz,交流伏安法的频率可达 10kHz。

仪器由外部微机控制,且在视窗操作系统下工作,用户界面遵守视窗软件设计的基本规则,软件还提供帮助系统。不同实验技术间的切换十分方便,实验参数的设定是提示性的,可避免漏设和错设,且控制命令参数所用术语均为化学工作者熟悉和常用的。最常用的一些命令在工具栏上均有相应的快捷键,便于执行。仪器软件还提供方便的文件管理、全面的实验控制、灵活的图形显示和多种数据处理等功能。CHI600A 电化学工作站的具体功能可参见表 2-6。

表 2-6   CHI600A 系列电化学工作站功能一览表

功能	功能	功能
循环伏安法（CV）	线性电位扫描法（LSV）	交流阻抗测量（IMP）
阶梯波伏安法（SCV）	塔菲尔曲线（TAFFL）	交流阻抗-时间测量（IMPA）
计时电流法（CA）	计时电量法（CC）	交流阻抗-电位测量（IMPE）
差分脉冲伏安法（DPV）	常规脉冲伏安法（NPV）	计时电位法（CP）
差分常规脉冲伏安法（DNPV）	方波伏安法（SWV）	电流扫描计时电位法（CPCR）
交流伏安法（ACV）	二次谐波交流伏安法（SHACV）	电位溶出分析（PSA）
电流-时间曲线（I-t）	差分脉冲电流检测（DPA）	开路电位-时间曲线（OCPT）
差分脉冲电流检测（DDPA）	三脉冲电流检测（TPA）	恒电位仪
控制电位电解库仑法（BE）	流体力学调制伏安法（HMV）	旋转圆盘电极转速控制（0～10V）
扫描-阶跃混合法（SSF）	多电位阶跃法（STEP）	任意反应机理 CV 模拟器

CHI600A 电化学工作站使用的注意事项:

① 仪器的电源应采用单相三线,其中地线应与地连接良好;

② 电极夹头不能和同轴电缆外面一层网状的屏蔽层短路;

③ 仪器不宜时开时关,实验全部结束后再关机;

④ 仪器使用温度 15～28℃,此温度范围外也能工作,但会造成漂移和影响仪器寿命。

2.5.4 常用电极

在进行电化学实验与研究中,需要使用各种电极。如工作电极,是研究的对象。辅助电极,用于与工作电极形成电流回路。参比电极的电极电位比较稳定,作为基准,用于测量其他电极的电极电位。下面介绍几种实验室常用的电极。

（1）金属电极

这类电极的结构简单，只要将金属浸入含有该金属离子的溶液中便构成一个金属电极。可表示为 $M \mid M^{z+}(a)$。

电极反应为：$\qquad\qquad M^{z+}(a) + ze^- =\!=\!= M$

例如：$Zn(s)$ 插在 $ZnSO_4$ 溶液中构成的电极可表示为 $Zn(s) \mid Zn^{2+}(a)$，其电极反应为

$$Zn^{2+}(a) + 2e^- =\!=\!= Zn(s)$$

对于 Na、K 等金属，因为它们与水强烈作用，必须将其制成汞齐才能在水中形成稳定的电极。此外，许多金属表面容易被氧化、污染，在用金属制作电极时，应清洗金属表面，进行相应的活化处理。

（2）铂电极、铂黑电极

铂是惰性金属，将其浸入含有某种离子的不同氧化态的溶液中构成电极，铂金属只起导电作用。

在铂片上镀上一层颗粒度较小的黑色金属铂，因光线射入铂晶体经过不断反射后均被吸收而呈现黑色，故称为铂黑电极。铂黑电极能极大地增加电极的表面积，使相应的电流密度减小，又因为铂黑能吸附气体起到催化作用，故能降低活化超电势，减小电极极化。

实验室中一般采用电镀的方法为电极镀铂黑，其具体做法如下。

① 电镀前需对铂电极表面进行处理，先后用 NaOH 醇溶液、浓硝酸热处理以除去表面油污等杂质，然后用蒸馏水冲洗干净。

② 使用的镀液一般为含有 3%氯铂酸和 0.25%乙酸铅的水溶液，阴极电流密度约 $15mA \cdot cm^{-2}$，电镀 20min 左右。此过程可以辅以超声波振荡，这样可以提高电极性能并改善镀层与基底的黏结力。

③ 电镀结束后，将电极用蒸馏水仔细冲洗，然后置于 $1mol \cdot L^{-1}$ 的 H_2SO_4 中作为阴极电解 10～20min，电流密度 20～50$mA \cdot cm^{-2}$，以除去铂黑电极上吸附的氯气。

④ 电解后应再用蒸馏水洗涤，最后放入盛有蒸馏水的容器中备用。

（3）参比电极

① 标准氢电极　标准氢电极是把镀有铂黑的铂片浸入 $a(H^+)=1$ 的溶液中，并以 $p(H_2)=p^{\ominus}$ 的干燥氢气冲击到铂电极上，就构成了标准氢电极，其结构如图 2-14 所示。

标准氢电极结构可表示成：

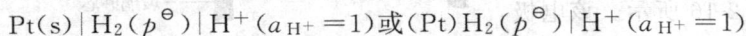

$Pt(s) \mid H_2(p^{\ominus}) \mid H^+(a_{H^+}=1)$ 或 $(Pt)H_2(p^{\ominus}) \mid H^+(a_{H^+}=1)$

电极反应为：$H^+(a) + e^- =\!=\!= \frac{1}{2}H_2(p)$

标准氢电极是国际上一致规定电极电势为零的电势标准。有时简称为氢电极。标准氢电极对氢气的纯度要求很高，并且氢离子的活度也必须十分精确。而且它十分敏感，一旦外界因素稍有变化，其电势也会变化，操作也相对复杂。

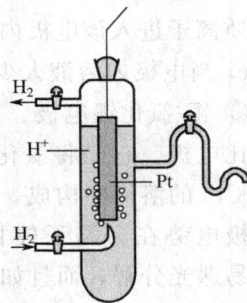

图 2-14　标准氢电极示意图

② 甘汞电极　甘汞电极具有装置简单，可逆性高，制作简单，使用方便，电势稳定等优点。一旦将它与标准氢电极相比较得出确定的电极电势的数值后，就可换算出相对于标准

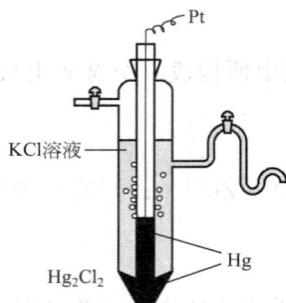

图 2-15 甘汞电极示意图

氢电极的该电极的标准电极电势，所以在实验室中常把它当作参比电极来使用。

甘汞电极的装置如图 2-15 所示，其构造形状很多，但不管是哪种形状，都是在玻璃容器的底部装入少量的汞，然后，再装入汞和甘汞的糊状物，注入 KCl 溶液，再将作为导体的铂丝插入容器的底部，就构成了甘汞电极。

甘汞电极可表示为：$Hg(l)|Hg_2Cl_2(s)|Cl^-(a)$ 或 $Hg(s),Hg_2Cl_2(s)|Cl^-(a)$

电极反应：$Hg_2Cl_2(s)+2e^- \Longrightarrow 2Hg(l)+2Cl^-(a)$

甘汞电极按 KCl 溶液的浓度可有：$0.1mol\cdot L^{-1}$、$1.0mol\cdot L^{-1}$ 和饱和式三种。不同浓度的氯化钾溶液 $\varphi^{\ominus}_{甘汞}$ 与温度的关系见表 2-7。

表 2-7　不同浓度的氯化钾溶液甘汞电极的 $\varphi^{\ominus}_{甘汞}$ 与温度的关系

氯化钾溶液浓度/ $mol\cdot L^{-1}$	电极电势 $\varphi^{\ominus}_{甘汞}$/$V(T/℃)$
饱和	$0.2412-7.6\times10^{-4}(T-25)$
1.0	$0.2801-2.4\times10^{-4}(T-25)$
0.1	$0.3337-7.0\times10^{-5}(T-25)$

虽然饱和甘汞电极电势有着相对较大的温度系数，但饱和 KCl 溶液浓度在温度固定时不易被改变，而且是很好的盐桥溶液，因此，实验室一般常用的是饱和甘汞电极。

使用甘汞电极时应注意：

a. 由于甘汞电极在高温时不稳定，故甘汞电极一般适用于 70℃ 以下的测量；

b. 甘汞电极不宜用在强酸、强碱性溶液中；

c. 如果被测溶液中不允许含有氯离子，应避免直接插入甘汞电极；

d. 应注意甘汞电极的清洁，不得使灰尘或其他杂质离子进入该电极内部；

e. 当电极内溶液太少时，应及时补充。

③ 银-氯化银电极　银-氯化银电极也是常用的参比电极。它是将氯化银涂在银的表面再浸入含有 Cl^- 的溶液中构成，如图 2-16 所示。该电极的电极电势在高温下较甘汞电极稳定。但 AgCl 固体易遇光分解，而且如果失水，AgCl 涂层也会脱落，故银-氯化银电极不易保存。

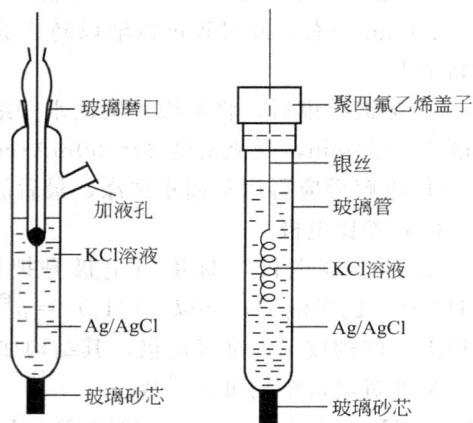

图 2-16　银-氯化银电极示意图

银-氯化银电极可表示为：$Ag(s),AgCl(s)|Cl^-(a)$

银-氯化银的电极反应为：$AgCl(s)+e^- \Longrightarrow Ag(s)+Cl^-(a)$

与甘汞电极类似，银-氯化银电极也可根据 KCl 溶液的浓度不同分类，表 2-8 列出了 20℃ 下 3 种不同银-氯化银电极的电极电势。

表 2-8　20℃下银-氯化银电极的电极电势

氯化钾溶液浓度/mol·L^{-1}	电极电势 $\varphi_{银-氯化银}$/V
饱和	0.1981
1.0	0.2880
0.1	0.2223

实验室制备银-氯化银电极的方法有很多，较为简便的方法是：取一根干净的银丝和铂丝，均插入 0.1mol·L^{-1} HCl 溶液中，外接直流电源和可调电阻进行电镀。在电流密度为 5mA·cm^{-2} 下电镀 5min，即可在阳极的银丝表面镀上一层 AgCl，用去离子水洗净电极后，将其置于指定浓度的 KCl 溶液中保存待用。

2.5.5　盐桥

在电池电动势测量中，为减小不同电解质溶液或同种但浓度不同的电解质接界处的液体接界电势，常以盐桥跨接。一般盐桥为 U 形管形状，放在两个溶液之间，以代替原来的两个溶液直接接触。盐桥管内是正、负离子运动速度相近的电解质浓溶液（一般用琼胶固定），例如饱和 KCl、NH_4NO_3 或 KNO_3 溶液。

选择何种电解质的盐桥，应视具体电池而定，一般要遵循以下原则。

① 溶液的正负离子的迁移数接近。

② 盐桥中电解质的浓度应尽可能大。

③ 溶液在电池中不发生化学反应，也不参加电极反应。如用 KCl 作电解质的盐桥，不能用于含有 Ag^+、Hg_2^{2+}、ClO_4^- 的溶液。

由于琼脂含有高蛋白，因此盐桥一般需要新鲜配制，具体方法如下：将 3g 琼脂溶于 97g 去离子水中，慢慢在水浴中加热，至完全溶解。再加入 30g KCl，充分搅拌。当 KCl 完全溶解后，趁热用滴管将此溶液装入洗净的 U 形玻璃管中，注意避免管内有气泡，并使管口平整。静置，待完全冷却凝固后，浸在饱和 KCl 溶液中待用。

2.6　电泳技术

2.6.1　概述

胶体是一种分散相粒子的尺寸在 1～1000nm 范围内的高度分散体系。胶体分为两类：一类是难溶物分散在分散介质中所形成的憎液性溶胶（即胶体），这类系统具有很高的表面自由能，聚沉后不能恢复原态，是热力学不稳定、不可逆的多相系统。另一类是大分子溶液，是大分子才能有的分子级分散的真溶液，因其粒径在溶胶大小范围，故显示出溶胶的一些特性，该类系统是热力学稳定的、可逆的均相系统，又称为亲液性溶胶。胶体化学主要研究对象是憎液溶胶。

胶体体系的一个重要的特性就是胶体质点表面带有电荷。胶体粒子的电动现象，就是胶体体系质点带电的一种直接表现。由于胶粒带电，而溶胶本身是电中性的，所以分散介质所带电荷必定与胶粒所带电荷是相反的。在外电场作用下，胶粒和分散介质分别向带相反电荷的电极移动，就产生了第一种的电泳电动现象和第二种的电渗电动现象，这两种现象均是由于在外电场的作用下，胶粒因为带电所引起的电动现象。在无外加电场作用的情况下，若使分散相粒子（如黏土粒子）在重力场作用下，由于胶体粒子密度与分散介质（如水）密度之间有一定密度差，而发生沉降，则在沉降管的两端产生电势差，即所谓的沉降电势。若带电的介质发生流动，则会产生流动电势，这是第四种电动现象。电泳、电渗、沉降电势和流动电势统称为电动现象。

在各种电动现象中，电泳是最为重要的一种。从电泳现象可以获得胶粒或大分子的结构、大小和形状等有关信息，因此人们对其研究得也最广泛。近几十年来，随着现代科学的发展，"电泳"这一术语已不再单指胶体系统中带电胶体粒子在直流电场中移动的现象，而是代表了一种分离和鉴定混合物中带电离子的方法或技术。目前，该技术已被广泛应用于蛋白质、氨基酸、核酸、嘌呤、嘧啶或其他有机化合物甚至无机离子等各领域中。

2.6.2　产生电动现象的本质原因

电动现象的存在，说明胶体质点在液体中是带电的，而质点表面的电荷的来源大致有以下几个方面。

（1）电离或解离

高分子电解质和缔合胶体的电荷，均因电离引起。如蛋白质分子中含有很多氨基和羧基，在某一特定的 pH 条件下，生成的 $-COO^-$ 和 $-NH_3^+$ 数量相等，蛋白质分子的净电荷为零，这时的 pH 值称为蛋白质的等电点（在 4.7 左右），呈中性。但在低 pH 值条件下，即 pH 值小于等电点时，带正电的氨基（$-NH_3^+$）占优势，所以蛋白质带正电；在高 pH 值条件下，pH 值大于等电点时，带负电的羧基（$-COO^-$）占优势，故蛋白质分子带负电。

无机胶体也有类似情况，如：硅酸胶粒的带电，是由于表面分子发生电离：

$$H_2SiO_3 \rightleftharpoons SiO_3^{2-} + 2H^+$$

H^+ 进入溶液，因而使硅酸胶粒带负电。

（2）离子吸附

有些物质，如石墨、纤维、油珠，在水中虽然不能解离，但它们可以从水中吸附 H^+、OH^- 或其他离子，从而使胶粒带电。根据所吸附离子的正、负，质点电荷也就有正有负。实验证明，由于阳离子水化能力比阴离子大得多，因此悬于水中的固体粒子更易吸附阴离子而带负电。而对于较难溶的晶体粒子构成的胶体，能与组成质点的离子形成不溶物的离子将优先被吸附。例如：用 $AgNO_3$ 和 KBr 反应制备 AgBr 溶胶时，AgBr 质点易于吸附 Ag^+ 和 Br^-，而对于 K^+ 和 NO_3^- 吸附极弱。

（3）晶格取代带电

晶格取代是一种比较特殊的情况，如黏土矿物在成矿时，有些 Al^{3+} 会被 Ca^{2+} 或 Mg^{2+} 取代，从而使黏土晶格带负电。

在水溶液中质点荷电的原因大致就是上述三个方面。

由于胶粒表面具有一定量的电荷，因整个体系是电中性的，所以在液相中必有与表面电荷数量相等而符号相反的离子存在，这些离子称为反离子。这些反离子在静电引力和热扩散两种效应的共同作用下，一部分被牢固地吸附在胶核表面（约一两个分子层厚），形成紧密层；其余的反离子则按一定的浓度梯度扩散地分布在紧密层之外，构成扩散层，即在两相界面上形成双电层结构。正是由于胶粒表面存在着双电层，在外加电场的作用下，固体分散相与分散介质之间将发生相对位移，固体胶粒带着紧密层中一部分反离子向电极的一极运动，而剩余另一部分反离子则向另一极运动，即产生电动现象。

2.6.3　电泳分类

通过电泳实验可以确定胶粒的电荷符号和粒子的电泳速率，测定电泳的仪器和方法大致有界面移动电泳、显微电泳、区带电泳等。毛细管电泳则是 20 世纪 80 年代以来发展很快的分析化学研究领域之一。

（1）界面移动电泳

这种经典的方法依赖于测量胶体分散系与其连续相之间的界面的移动速度。该方法测定的是许多离子的平均速度，是一种宏观方法。该方法的关键是获得清晰的界面。

常用的界面移动电泳仪的构造如图 2-17 所示。实验时，需先在漏斗中装上待测溶胶，然后小心打开底部活塞，使待测溶胶进入 U 形管中，当液面略高于左、右两活塞时即关闭底部活塞，并把多余溶胶吸走。在 U 形管中加入辅助液，并使两臂液面等高。之后接通电源，观察待测溶胶与辅助液之间的界面位置变化。

对于有色溶胶，可直接观察溶胶界面的移动，若是无色溶胶，可在溶液侧面用光照射，使其产生丁达尔现象，以判定胶粒的泳动方向。现代的改进装置是通过反射光跟踪界面的移动。界面移动电泳仪常用来测定蛋白质和其他亲液胶体的电泳。

（2）显微电泳

显微电泳（也称颗粒电泳）是通过显微镜来观察胶体粒子的电泳移动，在恒温时用显微镜确定单个粒子的位置，测定它走完某一路程时所需的时间。该方法简单、快速、胶体用量少，可以在胶粒所处的环境中测定电泳速度。但显微电泳只能测定显微镜下可以分辨的胶粒，一般在 200nm 以上，所以此法对在显微镜下能看到的质点（如悬浮体、乳状液等）比较适合。对于质点很小或带电的大分子，则需要采用界面移动电泳法。

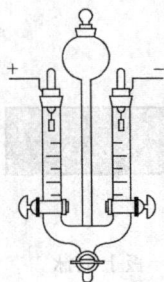

图 2-17　界面移动电泳仪

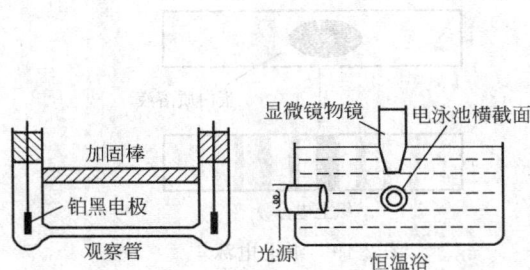

图 2-18　显微电泳仪

由图 2-18 显微电泳仪装置图，可以看出，观察管用玻璃制成，观察管的管径非常细，胶体用量少。当分散介质浓度低于 $10^{-2} mol\cdot L^{-1}$ 时，可选用惰性电极铂黑电极，铂黑电极表面积大，电流密度小，不容易被极化；若浓度较高，则可选用可逆电极，如 $Cu\text{-}CuSO_4$ 电极、$Ag\text{-}AgCl$ 电极。光源与显微镜目镜方向垂直。实验时观察一个粒子移动一定距离所需的时间，并据此计算电泳速度。在显微电泳的实验过程中还要考虑同时产生的电渗作用的影响。因为电泳池即观察管的内壁总是带电的，通电时管壁附近的液体必然产生电渗流动，而沿壁处的电渗现象会引起管内液体的对流，所以要在管径内找到一个电渗流和反向流正好抵消的静止层，只有在静止层内测出的电泳速度才是正确的。据计算，若电泳池的毛细管半径为 r，则从离毛细管内壁 $0.292r$ 处的地方至毛细管的中心都为静止层。

（3）区带电泳

区带电泳是将惰性的固体或凝胶作为预测样品载体（支持物），两端接正、负电极，在支持物上面进行电泳，从而将电泳速度不同的各组分分离，以达到分离不同组分的目的。

区带电泳实验简便、易行，样品用量少，分离效率高，是分析和分离蛋白质的基本方法。常用的区带电泳有纸上电泳、圆盘电泳和板上电泳等。

① 纸上电泳　纸上电泳是用惰性的滤纸作为胶体泳动时的支持物（载体），该方法不仅样品用量少（微量），而且可以避免电泳时扩散和对流的干扰，因此特别适合于混合物的分离和组分含量的测定。

实验时，先将一厚滤纸条在一定 pH 值的缓冲溶液中浸泡，取出后两端夹上电极，在滤纸中央滴少量待测溶液，电泳速度不同的各组分即以不同速度沿纸条运动。

经一段时间后，在纸条上会形成距起点不同距离的区带（见图 2-19），区带数即等于样品中的组分数。

② 凝胶电泳　近些年来，采用淀粉凝胶、琼胶、聚丙烯酰胺、醋酸纤维素等凝胶作为载体，以提高分辨能力，则称为凝胶电泳。由于凝胶具有三维空间的多孔性网状结构，故混合物中因分子大小和形状不同被分离时除了有电泳作用外，还附带有筛分作用，因而具有很高的分辨能力。例如，纸上电泳只能将血清分成五个组分，而用聚丙烯酰胺凝胶作的圆盘电泳可将血清分成 25 个组分。

目前凝胶电泳在医学和生物学上已被广泛应用。例如，琼脂多糖凝胶电泳，目前在许多医院中不仅可用来分离、检测血清蛋白，在生物化学中还可用于分离、鉴定和纯化 DNA 片段。

③ 板上电泳　如图 2-20 所示，将凝胶铺在玻璃板上，两端夹上电极，进行的电泳即称为平板电泳。这种区带电泳方法简便易行，分离效率高，目前已成为分析和分离蛋白质的基本方法。

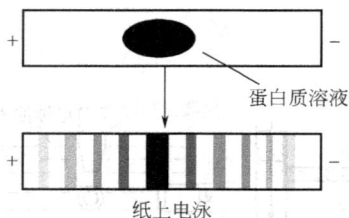

图 2-19　纸上电泳　　　　　　　　　　图 2-20　板上电泳

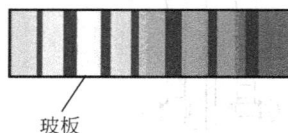

（4）毛细管电泳

毛细管电泳（CE）又称高效毛细管电泳（HPCE），是指离子或带电粒子以毛细管为分离室，以高压直流电场为驱动力，依据样品中各组分之间淌度和分配行为上的差异而实现分离的液相分离分析技术。该方法具有仪器简单、容易自动化、分析速度快、分离效率高、操作方便、消耗少等特点。

与传统电泳相比，毛细管电泳在技术上采取了两项重要改进措施：①采用 $25\sim100\mu m$ 内径的毛细管；②采用了高达数千伏的电压。

由于毛细管电泳设法使电泳过程在散热效率极高的毛细管内进行，从而可以引入高的电场强度，致使整个电泳过程的速率加快，分离质量得到显著提高。图 2-21 即为毛细管电泳仪工作示意图。

实验时，毛细管和电极槽内充有相同组分和相同浓度的背景电解质缓冲溶液，样品则从毛细管一端导入。当样品被导入后，施加高直流电压，样品中各组分向检测器方向移动，其

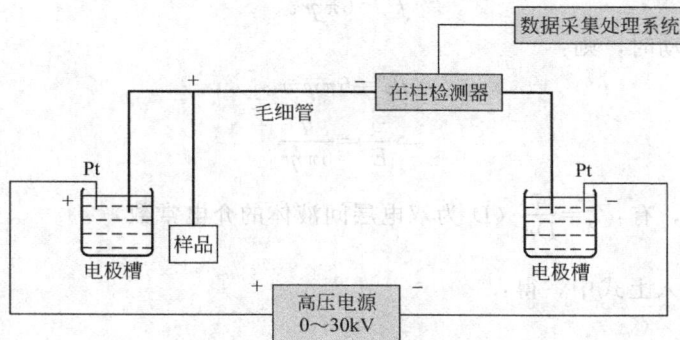

图 2-21　毛细管电泳仪工作示意图

迁移时间为：

$$t_m = \frac{L_t^2}{UV} \tag{2-30}$$

式中，L_t 为有效长度；V 为施加电压；U 为溶质总流速，该值等于电泳速度与电渗流速度的商。

可见，在毛细管长度一定，某时刻电压相同的条件下，迁移时间取决于电泳速度和电渗流速度，而两者均随组分的不同荷质比（粒子大小以及所带电荷）而异。所以，基于组分荷质比的差异就可以实现混合物的分离。

毛细管电泳有多种分离模式，根据分离原理的不同，毛细管电泳可分为：毛细管区带电泳、毛细管凝胶电泳、胶束电动力学毛细管色谱、毛细管等电聚焦电泳。这为样品分离提供了不同的选择机会。

目前，毛细管电泳技术在化学、环境科学、材料科学、分子生物学、医学、药学等领域都有较多应用。毛细管电泳技术可检测多种样品，如无机物、有机物、生物、中性分子、生物大分子等；也可用于分离分析多种组分，如核酸/核苷酸、蛋白质/多肽/氨基酸、糖类/糖蛋白、酶、碱、氨基酸、微量元素、小的生物活性分子等；或者进行 DNA 序列分析和 DNA 合成中产物纯度测定等。

2.6.4　利用电泳实验测定 ζ 电势

电泳技术除了可用于混合物中各组分的分离与鉴定，其最重要的应用是能较方便地测出 ζ 电势。ζ 电势（电动势）是指在外加电场作用下，固体分散相与分散介质之间发生相对位移的边界处与分散介质本体之间的电位差。ζ 电势反映了胶体质点表面带电的情况，与胶体系统的稳定性密切相关。因此，ζ 电势在胶体稳定性的理论和实际应用中占有十分重要的地位。可以不夸张地说，凡是与带电固体和液体表面有关的各种物理化学作用无不与 ζ 电势的大小和符号有关。

原则上胶体系统的任何一种电动现象都可以用来测定 ζ 电势，但最方便、最常用的是从电泳实验来测定。

设胶粒带电荷 q，在电场强度为 E 的电场中，则作用在胶体粒子上的静电力 f 为：

$$f = qE \tag{2-31}$$

若球形粒子的半径为 r，电泳速度为 v，介质黏度为 η，按 Stokes 定律，其摩擦阻力则为：

$$f' = 6\pi\eta r\upsilon \qquad (2\text{-}32)$$

当粒子恒速泳动时，则：

$$qE = 6\pi\eta r\upsilon \qquad (2\text{-}33)$$

$$\Rightarrow \frac{\upsilon}{E} = \frac{q}{6\pi\eta r} \qquad (2\text{-}34)$$

按静电学定律，有：$\zeta = \dfrac{q}{Dr}$（D 为双电层间液体的介电常数）

将 $\dfrac{\upsilon}{E} = \dfrac{q}{6\pi\eta r}$ 代入上式中，得：

$$\zeta = \frac{6\pi\eta\upsilon}{DE} \qquad (2\text{-}35)$$

实验时，只要测得加到电泳仪上的电压值 E、两极间的距离、电泳速度 υ 和介质的介电常数 D 和黏度 η，即可根据上式计算出一定条件下的 ζ 电位值。

2.7　热分析技术及仪器

热分析是在程序温度控制下测量物质的物理性质与温度关系的一类技术。这里所说的"程序温度控制"一般指线性升温或线性降温，当然也包括恒温、循环或非线性升温、降温。这里的"物质"指试样本身或试样的反应产物，包括中间产物。该方法的核心就是研究物质在受热或冷却时产生的物理和化学的变迁速率和温度以及所涉及的质量和能量变化。根据所测物质物理性质的不同，热分析技术可分为 10 多种，如表 2-9 所示。

表 2-9　热分析技术分类

物理性质	技术名称	简称	物理性质	技术名称	简称
质量	热重法	TG	力学特性	机械热分析法	TMA
	微商热重法	DTG		动态机械分析法	DMA
	逸出气检测法	EDG	声学特性	热发声法	
	逸出气分析法	EDA		热传声法	
温度	差热分析法	DTA	光学特性	热光学法	
焓	差示扫描量热法	DSC	电学特性	热电学法	
尺度	热膨胀法		磁学特性	热磁学法	

热分析是一类多学科的通用技术，应用范围极广。本章只简单介绍差热分析法（DTA）、差示扫描量热法（DSC）和热重法（TG）等基本原理和技术。

2.7.1　差热分析法（DTA）

（1）DTA 的基本原理

物质在受热或冷却的过程中，当达到某一温度时，常会发生熔化、凝固、晶型转变、分解、化合、吸附、脱附等物理或化学变化，而这些变化过程往往伴随着吸热或放热现象，其表现为样品与参比物之间有温度差。差热分析就是通过温差测量来确定物质的物理化学性质的一种热分析方法。进行差热分析时，选择一种相对热稳定的物质作为参比物（如 $\alpha\text{-}Al_2O_3$），将试样和参比物分别放入坩埚，置于电炉中程序升温，分别记录参比物的温度以及样品与参比物间的温差。以温差对温度作图就可以得到一条差热分析曲线。

若参比物和试样的热容相同，试样又无热效应时，则两者的温差近似为 0，此时得到一条平滑的基线。若随着温度的增加，试样产生热效应，而参比物未产生热效应，两者之间则会产生温差，在 DTA 曲线中表现为峰，峰顶向上的峰为放热峰，峰顶向下的峰为吸热峰。并且，温差越大，峰也越大，温差变化次数越多，峰的数目也多，所以根据各种吸热和放热峰的个数、形状和位置与相应的温度可定性地鉴定所研究的物质。此外，峰高、峰宽及对称性除了与测定条件有关外，往往还与样品变化过程的动力学因素有关，因此分析差热图谱可以得到物质变化的一些规律。

（2）DTA 的仪器构造

DTA 分析仪的种类很多，但一般都由下面几个部分组合而成，包括温度程序控制单元、可控硅加热单元、差热放大单元、信号记录单元（记录仪或微机）等。

① 温度程序控制单元和可控硅加热单元　温度控制系统由程序信号发生器、微伏放大器、PID 调节器和可控硅执行元件等几部分组成。程序发生器按给定的程序方式（升温、降温、恒温、循环）给出毫伏信号。若温控热电偶的热电势与程序信号发生器给出的毫伏值不同时，说明炉温偏离给定值。此偏差值经微伏放大器放大，送入 PID 调节器，再经可控硅触发器导通可控硅执行元件，调整电炉的加热电流，从而使偏差消除，达到使炉温按一定的速率升温、下降或恒定的目的。

② 差热放大单元　差热信号放大器用于放大温差电势，以便于记录。由于差热分析中温差信号很小，一般只有几微伏到几十微伏，因此差热信号需经差热放大单元放大后再送入微机中记录，以减小测量误差。

由于电路元件的特性不可能完全一致，因此当放大器没有输入信号电压时，仍有相当数量的输出电压，这称为初始偏差。此偏差可采用调零电路的方法予以消除，具体操作是：将差热放大器单元量程选择开关置于"短路"位置。转动调零旋钮，使差热指示电表在零位置。如果仪器连续使用，一般不需要每次都调零。

（3）实验操作条件选择

热分析是一种动态技术，许多因素对所得曲线均有影响，包括测试条件的选择和样品处理两大方面。所以具体操作时应综合考虑，以得到较好的测试条件。

① 样品的处理及用量　样品用量如果过大，易使相邻的两峰重叠，峰温位置也会随之改变。一般来说，应尽可能减少样品用量，最大至毫克级。样品的颗粒度应控制在 100～200 目。粒度大峰形较宽，分辨率也较差，特别是受扩散控制的反应过程与样品粒度的关系更大。粒度小有利于导热，但太小则会破坏样品的结晶度。参比物的颗粒及填装情况应与试样一致，以减少基线的漂移。

② 参比物的选择　要获得平稳的基线，参比物的选择至关重要。一般要求参比物在加热或冷却过程中不发生任何变化，且在整个升温过程中其比热容、热导率、粒度尽可能与样品一致或相近。

进行差热分析时，常用的参比物有 $\alpha\text{-}Al_2O_3$、煅烧过的 MgO 或石英砂。如果样品为金属，也可以用金属 Ni 粉作参比物。如果样品与参比物的热性质相差甚远，也可采用稀释样品的方法，常用的稀释剂有 SiC、Fe 粉、Fe_2O_3、玻璃珠、Al_2O_3 等。应注意选择的稀释剂不能与样品有任何化学反应或催化反应。

③ 压力和气氛的选择　气氛和压力可以影响样品化学反应和物理变化的平衡温度及峰

形，甚至导致不同的变化历程。因此，必须根据样品的性质选择适当的压力和气氛。如果有的样品易氧化，则需通入 N_2、Ar 等惰性气体，以防止样品的氧化。

④ 升温速率的选择　升温速率不仅影响峰温的位置，而且影响峰面积的大小。较慢的升温速率，基线漂移小，系统接近平衡状态，可以得到宽而浅的峰，相邻两峰能更好地分离，分辨率高，但测定时间长，需要仪器的灵敏度高；而在较快的升温速率下，基线漂移较大，峰面积变大，峰形尖锐，相邻两峰易重叠，分辨率下降。升温速率一般选择在 $5 \sim 12°C \cdot min^{-1}$ 为宜。

除上述因素外，还有很多因素，如坩埚的材料、大小和形状，炉子的形状、尺寸和加热方式，热电偶的材质以及热电偶在样品和参比物中的位置等都会影响 DTA 曲线。此外，样品支持器和均温块的结构和材质也是影响 DTA 曲线的因素之一。选用低热导率的材料（如陶瓷）制成的均温块对吸热过程有较快的分辨率，高热导率的材料（如金属）制成的均温块对放热过程有较好的分辨率。

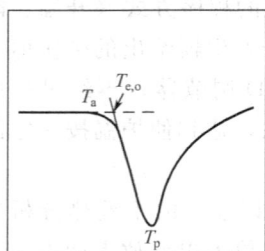

图 2-22　DTA 转变温度

（4）DTA 曲线转折点温度和峰面积的测定

① DTA 曲线转折点温度的确定　如图 2-22 所示，由每个 DTA 信号峰可得到下列几种特征温度：曲线偏离温度基线点 T_a；曲线的峰值温度 T_p；曲线陡峭部分的切线与基线的交点 $T_{e,o}$（外推始点）。其中，T_a 与仪器的灵敏度有关，灵敏度越高，T_a 越低。T_p 和 $T_{e,o}$ 的重现性较好，且 $T_{e,o}$ 最接近热力学平衡温度。

② DTA 曲线峰面积的确定　DTA 曲线的峰面积为反应前后基线所包围的面积，其值与物质发生物理或化学变化过程中的热效应成正比。

DTA 曲线峰面积的测量方法一般有以下几种。

① 市售差热分析仪附有积分仪，可以直接读数或自动记录差热峰的面积。

② 如果差热峰的对称性好，可做等腰三角形处理，用峰高乘以半峰宽（峰高 1/2 处的宽度）的方法求面积。

③ 剪纸称重法。若记录纸质量较高，厚薄均匀，可将差热峰剪下来，在分析天平上称其质量，其数值可代表峰面积。

④ 目前，新型的差热分析仪都有计算机程序控制和记录数据，并可用自带数据分析软件直接对信号峰积分，求出峰面积。

2.7.2　差示扫描量热法（DSC）

差示扫描量热法（DSC）是在程序控制温度下，测量输出物质和参比物的功率差与温度关系的一种技术。与差热分析相比较，该方法更易对热量进行定量的测定，获得较为准确的热效应值。

（1）DSC 的基本原理

DSC 和 DTA 的仪器装置相似，所不同的是样品和参比物分别有独立的加热元件和测温元件，并由两个系统进行监控。其中一个用于控制升温速率，另一个用于补偿样品和参比物之间的温差，如图 2-23 所示。

当样品在加热过程中由于热效应与参比物之间出现温差时，通过差热放大电路和差动热量补偿放大器，使流入补偿电热丝的电流发生变化。当样品吸热时，补偿放大器使样品一边

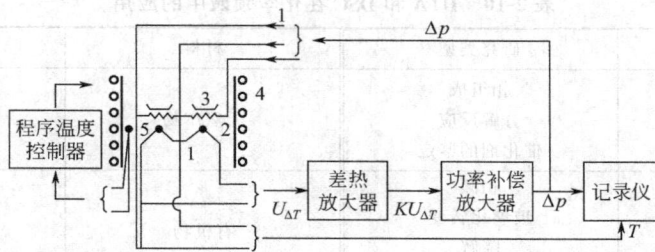

图 2-23　功率补偿式 DSC 原理示意图

的电流增大。若样品放热时，则使参比物一边的电流增大，直至两边热量平衡，并始终保持温差为 0。也就是说，试样在热反应时发生的热量变化，由于及时输入电功率而得到补偿，所以实际记录的是样品和参比物下面两只电热补偿的热功率之差随时间的变化关系（dH/dt-t）。如果升温速率恒定，记录的则是热功率之差随温度的变化关系（dH/dt-T），其峰面积 S 则正比于热熔的变化，即：

$$\Delta H_\mathrm{m} = KS \tag{2-36}$$

式中，K 为与温度无关的仪器常数。由此可以看出，如果事先用已知相变热的样品标定仪器常数，那么待测样品的峰面积 S 乘以仪器常数 K 就可得到 ΔH 的绝对值。因此，用 DSC 可以直接进行热量的测定，这也是此方法与 DTA 的一个重要区别。对于 DSC 仪器常数的标定，则可通过测定锡、铅、铟等纯金属的熔化过程，从其熔化热的文献值即可求得仪器常数 K。

（2）DSC 的仪器构造

现有的差示扫描量热仪的结构与差热分析仪结构相似，只增加了差动热补偿单元，其余装置皆相同。其仪器的操作也与差热分析仪基本一样，但需注意以下两点。

① 无论是差热分析仪，还是差示扫描量热仪在使用时，首先应确定测定温度，选择适合的坩埚。500℃以下用 Al 坩埚，500℃以上用 Al_2O_3 坩埚，还可根据需要选择 Ni、Pt 等坩埚。

② 被测样品若具有腐蚀性，或在升温过程中产生大量气体甚至爆炸，都不能使用差示扫描量热仪进行测定。

（3）DTA 和 DSC 应用讨论

从原则上讲，物质的所有转变和反应都有热效应，因而可以采用 DTA 或 DSC 检测这些热效应，不过由于灵敏度等种种因素的限制，不一定都能观测得到。DTA 和 DSC 的共同点是峰的位置、形状和峰的数目与物质的性质有关，故这两种方法均可以用来定性地鉴定物质。而 DSC 与 DTA 相比较，在进行定量分析时 DSC 则更优于 DTA，更易于作理论解释。此外，由于 DSC 仪器能使样品与参比物的温度始终保持一致，避免了参比物与样品之间的热传递，故 DSC 的分辨率更高，重现性也更好。但由于制造技术的问题，目前 DSC 仪测定温度只能达到 750℃左右，温度再高，只能用 DTA 了。DTA 则一般可用到 1600℃的高温，最高可达到 2400℃。

近年来，DTA 和 DSC 技术在化学领域和工业上得到了广泛的应用，用于石油产品、高聚物、络合物、液晶、生物体系、医药等有机和无机化合物的鉴定分析，成为研究相关问题的有利工具，其具体应用详见表 2-10 和表 2-11。

表 2-10　DTA 和 DSC 在化学领域中的应用

材料	研究类型	材料	研究类型
催化剂	相组成 分解反应 催化剂的鉴定	天然产物	转变热
聚合材料	相图 玻璃化转变 降解 熔化和结晶	有机物	脱溶剂化反应
脂和油	固相反应	黏土和矿物	脱溶剂化反应
润滑油	反应动力学	金和合金	固-气反应
配位化合物	脱水反应	铁磁性材料	居里点测定
碳水化合物	辐射损伤	土壤	转化热
氨基酸和蛋白质	催化剂	液晶材料	纯度测定
金属盐化合物	吸附热	生物材料	热稳定性 氧化稳定性 玻璃化转变测定
金属和非金属化合物	反应热		
煤和褐煤	聚合热		
木材和有关物质	升华热		

表 2-11　DTA 和 DSC 在工业领域中的应用

测定或估计	陶瓷	陶瓷冶金	化学	弹性体	爆炸物	法医化学	燃料	玻璃	油墨	金属	涂料	药物	黄磷	塑料	石油	肥皂	土壤	织物	矿物
鉴定	√		√	√	√	√		√		√		√		√				√	√
组分定量	√	√	√	√	√			√		√		√		√				√	√
相图	√	√	√			√													√
热稳定性			√	√	√							√		√				√	√
氧化稳定性			√	√	√		√				√			√					√
反应性			√	√															√
催化活性	√			√			√												√
热化学常数	√		√	√	√	√								√			√	√	√

2.7.3　热重分析（TG 和 DTG）

热重分析法是在程序控制温度下，测量物质质量与温度关系的一种技术。许多物质在加热过程中常伴随有质量的变化，测定这种变化过程有助于研究晶体性质的变化，如熔化、蒸发、升华和吸附等物理现象，也有助于研究物质的脱水、解离、氧化和还原等化学现象。

（1）TG 的基本原理与仪器

进行热重分析的基本仪器为热天平。热天平一般包括天平、炉子、程序控温系统、记录系统等部分，如图 2-24 所示。有的热天平还配有通入气氛或真空装置。

热重分析法通常可分为两大类：静态法和动态法。这两种方法的精度相近。静态法又可分为等压质量变化和等温质量变化两种。等压质量变化测定的是样品在恒定分压下样品质量变化与温度的函数关系。故以样品的质量变化为纵坐标，温度为横坐标可得等压质量变化曲

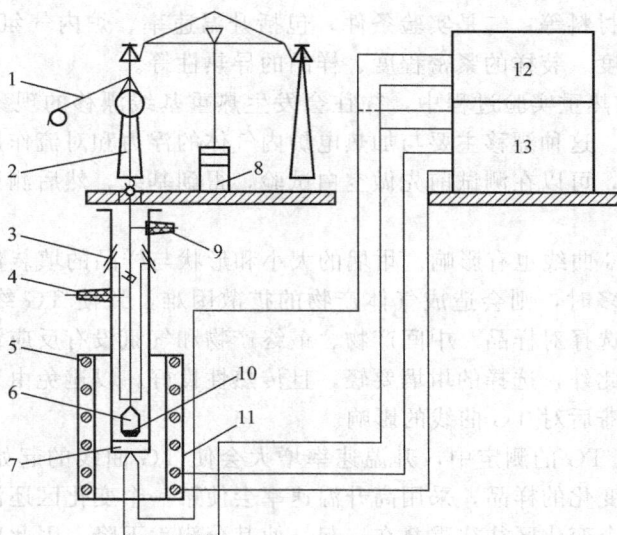

图 2-24　热天平原理示意图

1—机械减码；2—吊挂系统；3—密封管；4—出气口；5—加热丝；6—样品盘；7—热电偶；8—光学读数；
9—进气口；10—样品；11—管状电阻炉；12—温度读数表头；13—温控加热单元

线图。而等温质量变化测定的是样品在恒定温度下的质量变化与时间的函数关系。以样品的质量变化为纵坐标，时间为横坐标可得等温质量变化曲线图。动态法则是在程序升温的情况下，测定物质质量的变化对时间的函数关系。

在控制温度下，样品受热质量减轻，天平或弹簧秤向上移动，使变压器内磁场移动，输电功能改变。与此同时，加热电炉温度缓慢升高时热电偶所产生的电位差输入温度控制器，经放大后由信号接收系统绘出 TG 热分析图谱。

热重实验得到的曲线称为热重曲线（TG 曲线），如图 2-25（a）所示。它是以质量的变化数值为纵坐标，时间或温度为横坐标。若以物质的质量变化速率 dm/dt 对温度 T 作图，即得微分热重曲线（DTG 曲线），如图 2-25（b）所示。DTG 曲线上的峰代替 TG 曲线上的阶梯，峰面积正比于样品质量的减少量。DTG 曲线可以通过微分 TG 曲线得到，也可以用适当的仪器直接测得。对于某些受热过程，其 TG 曲线出现的台阶不太明显，利用 DTG 却能呈现明显的最大值，在此种情况下，DTG 更灵敏，能很好地显示出重叠反应，区分各个反应阶段。因此，DTG 曲线比 TG 曲线更具有优越性，它提高了 TG 曲线的分辨力。

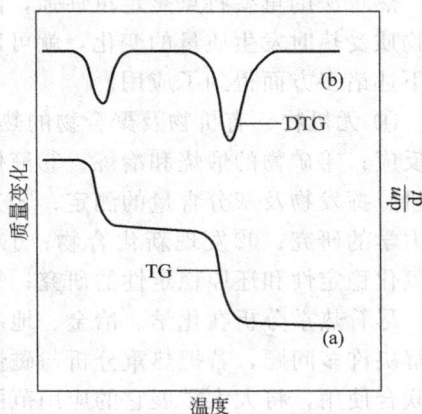

图 2-25　TG 及 DTG 曲线

（2）影响热重分析的因素

热重分析法具有样品不需预处理、分析不用试剂、操作和数据处理简单方便等优点，其唯一的要求就是：TG 曲线相邻的两个质量损失过程之间必须形成一个平台，且该平台越明显，计算误差越小。

热重分析的实验结果受到许多因素的影响，基本可分为三类：一是仪器因素，包括炉子的几何形状、坩埚的材料等；二是实验条件，包括升温速率、炉内气氛等；三是样品因素，包括样品的质量、粒度、装样的紧密程度、样品的导热性等。

① 仪器因素　在热重实验过程中，往往会发生热重基线漂移的现象，造成样品质量损失或质量增加的假象。这种漂移主要与加热电炉内气体的浮力和对流作用有关。为了消除或减小基线漂移的影响，可以在测试前先做空白试验，得到基线，然后测试样品时再作基线的校正。

坩埚和支架对 TG 曲线也有影响。坩埚的大小和形状与样品的填装量有关，若使用的坩埚深而大且样品量较多时，则会造成气体产物的扩散困难，致使 TG 终止温度向高温端偏移。选用坩埚时，应选择对样品、中间产物、最终产物和气氛没有反应活性和催化活性的材料作为坩埚的材料。此外，选择的坩埚要轻，且传热性良好，以避免由于气体产物的扩散困难和传热不畅造成的滞后对 TG 曲线的影响。

② 实验条件　在 TG 的测定中，升温速率增大会使 TG 曲线的起始温度和终止温度偏高。此外，对于多次变化的样品，采用高升温速率会使第一个变化区还没结束，第二个变化区已开始，相邻的两个变化区往往重叠在一起，使其分辨率下降。因此应根据实际情况选择适合的升温速率，通常的升温速率为 $5\sim10℃\cdot min^{-1}$。

实验气氛也对 TG 测定有显著影响。一般来讲，应选择对反应进程无影响的气氛。

③ 样品的影响　样品用量对 TG 测定影响较大。一般来讲，样品量的增加会使 TG 曲线向高温方向偏移和相邻质量变化过程的分辨率降低。因此，实验时应根据天平的灵敏度，尽量减小样品的用量。

由于样品的粒度能够影响热传导、气体的扩散，因此也是 TG 测试中非常重要的影响因素。若样品的粒度过大，将会影响热量的传递。而粒度过小，则会导致 TG 曲线上失重起始温度和终了温度降低，且反应区间变小。

（3）热重分析的应用

热重法的重要特点是定量性强，能准确测定物质的质量变化及变化的速率。可以说，只要物质受热时发生质量的变化，就可以用热重分析法来研究其变化过程。目前热重分析法已在下述诸多方面得到了应用。

① 无机物、有机物及聚合物的热分解；② 金属在高温下受各种气体的腐蚀过程；③ 固态反应；④ 矿物的煅烧和冶炼；⑤ 液体的蒸馏和汽化；⑥ 煤、石油和木材的热解过程；⑦ 含湿量、挥发物及灰分含量的测定；⑧ 升华过程；⑨ 脱水和吸湿；⑩ 爆炸材料的研究；⑪ 反应动力学的研究；⑫ 发现新化合物；⑬ 吸附和解吸；⑭ 催化活度的测定；⑮ 表面积的测定；⑯ 氧化稳定性和还原稳定性的研究；⑰ 反应机制的研究。

尽管热重分析在化学、冶金、地质和生物学等方面已有了广泛的应用，但它仍不能独立地解决许多问题，若把热重分析与磁性质、红外光谱、质谱、X 射线衍射、穆斯堡尔谱等方法联合使用，将大大扩展它的应用范围。

第3章 物理化学实验

实验1 恒温水浴的组装及其性能测试

【实验目的】

1. 了解恒温槽的构造及工作原理，初步掌握其装配和调试的基本技术。
2. 绘制恒温槽的灵敏度曲线，学会分析恒温槽的性能。
3. 掌握贝克曼温度计和接触温度计的调节及使用方法。

【实验原理】

物质的物理性质和化学性质，如折射率、黏度、蒸气压、表面张力、化学反应速率常数等，都与温度有关。许多化学实验都需在恒温的条件下进行。所以这就需要掌握一定的控温技术。温度的控制按其控温范围，大致可分为：高温控制（250℃以上）、中温控制（250℃～室温）和低温控制（室温～－269℃）。控温基本原理相同，只是工作介质和执行元件不同。

恒温装置按控温原理可分为：恒温介质浴（相变点温度）和电子器件控温（电子调节系统通过加热器或制冷器对工作状态进行自动控制）两类。

1. 恒温介质浴

恒温介质浴利用纯物质在相变时温度恒定这一原理来达到控温的目的。当纯物质处于相变平衡时，体系本身具有恒定的温度，尽管它与环境之间存在温差，但由于体系可向环境放出或吸收潜热，因此体系的温度仍能维持不变。若将研究对象置于处在相变平衡的介质浴中，就可获得一高度稳定的恒温条件。

常用于中温控制的恒温介质有：$Na_2SO_4 \cdot 10H_2O$（32.38℃）、沸点丙酮（56.5℃）、沸点水（100℃）、沸点萘（218.0℃）等；高温控制的介质有：沸点硫（444.6℃）等；低温控制的介质有：液氦（－269℃）、液氢（－253℃）、液氮（－196℃）、干冰-三氯乙烯（－78℃）、冰-水（0℃）等。在使用恒温介质浴时，应注意随时观察介质浴中是否有旧相的消失或新相的形成，若有，则平衡被破坏，温度不再恒定。恒温介质浴的优点是温度恒定，操作简便，但是温度不能随意调节且恒温对象必须浸没在恒温介质中。

2. 电子调节系统

用电子调节系统进行控温是目前普遍采用的控温装置，它具有控温范围宽、控温精度

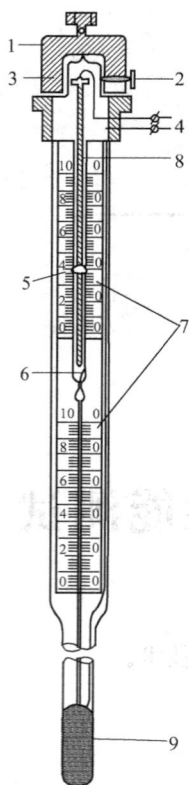

图 3-1　接触温度计

1—调节帽；2—固定螺丝；3—磁
铁；4—连接引线；5—标铁；
6—触针；7—刻度标尺；
8—螺丝杆；9—水银槽

高、温度可随意调节等优点。电子调节系统种类很多，但基本都是通过加热器或制冷器对工作状态进行自动控制。

恒温水浴槽是一种常用的可调节电子恒温装置。它通过电子继电器对加热器自动调节实现恒温的目的。当恒温水浴因热量向外扩散等原因使体系温度低于设定值时，继电器迫使加热器工作，直至体系再次达到设定温度后，自动停止加热。周而复始，使体系温度在一定范围内保持相对恒定。恒温水浴槽由浴槽、搅拌器、温度计、电加热器、接触温度计和继电器组成。浴槽内放入恒温介质，待恒温体系置于介质中。

（1）浴槽　通常采用玻璃槽以利观察，其容量和形状可视需要而定。物理化学实验一般采用 10L 的圆形玻璃缸，恒温介质可根据不同控温范围进行选择。在 0~80℃ 范围，介质用水，为了避免水蒸发，50℃ 以上的恒温水浴在水面上加一层液体石蜡。100℃ 以上，用液体石蜡、甘油或硅油。高温恒温介质可选用熔融盐等。

（2）感温元件　它是恒温槽的感觉中枢，是提高恒温槽精度的关键所在。感温元件的种类很多，如接触温度计、热敏电阻感温元件等。这里仅以接触温度计（又称为水银导电表）为例说明它的控温原理。当介质温度低于欲控制温度时，接触温度计把介质温度与欲控制温度的偏差信号传递给继电器，继电器起电加热器开关的作用，使加热器通电，介质开始加热。当介质温度等于控制温度时，温度偏差为 0，接触温度计又将这一信号传递给继电器，使加热器停止加热。接触温度计的构造如图 3-1 所示。其构造与普通温度计类似，但接触温度计上下两段均有刻度标尺 7，上段由标铁指示温度，它焊接上一根钨丝，钨丝下端所指的位置与上段标铁 5 上端面所指的温度相同（只是一个粗略的估计值）。它依靠顶端上部的调节帽内一块磁铁的旋转来调节钨丝的上下位置。当旋转调节帽 1 时，磁铁带动内部螺丝杆 8 转动，使标铁5 上下移动，进而调节钨丝的上下位置。当调节帽 1 顺时针旋转时，标铁 5 向上移动；逆时针旋转时，标铁向下移动。下面水银槽和上面螺丝杆引出两根线作为导电和断电用。当恒温槽温度未达到标铁上端面所指示的温度时，水银柱与钨丝触针不接触（加热器工作）；当温度上升并达到标铁上端面所指示的温度时，水银柱与钨丝触针接触，从而使两根导线连通，此时继电器不工作，使加热器处于断电状态。总之，接触温度计在恒温槽中的作用就是将恒温介质的温度信号转变为电信号，再由继电器发出电信号，控制加热器工作。

（3）晶体管继电器　利用接触温度计的"通"、"断"来控制继电器，在原理上似乎可行，但灵敏继电器的工作电流也需要数毫安，这样就容易在触针与水银面间产生电火花，水银被氧化而沾污毛细管，使水银柱上下移动不灵活，甚至使水银柱断开不能导电。为此，利用晶体管继电器，将接触温度计的两根导线接入晶体三极管的基极与发射极之间，由于基极电流甚小，不会因接触温度计的"通"、"断"电而在水银面上引起电火花，使水银面氧化，并且通过晶体管的放大作用可在集电极和发射极之间流过较大的电流而启动继电器。晶体管继电器电路如图 3-2 所示。

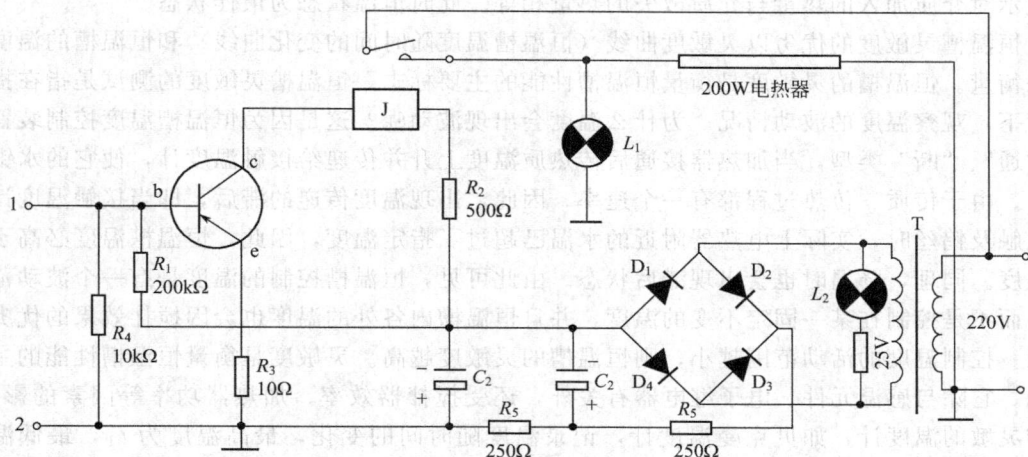

图 3-2 晶体管继电器电路

原理线路图分为两个部分，右侧为电源部分，包括：电源变压器 T，四个二极管组成桥式全波整流器，左侧为晶体管继电器部分，将接触温度计的两根导线分别接入晶体的基极（b）和发射极（e）间。其优点在于：由于基极电流甚小，因此不会因温度计的"通"、"断"（钨丝和水银柱连接或断开时）而在水银面上引起电火花使水银面氧化，并且通过晶体管的放大作用，可在集电极和发射极之间流过较大的电流而启动继电器。当接触温度计中水银柱与钨丝未接触时，1、2 断路，在回路中经电阻 R_1 和 R_4 的分流作用使基极有一定的电流，二极管的集电极电流使继电器工作，电加热器 W 通电加热，恒温槽升温。当温度达到欲控制温度，汞柱和钨针接触时，1、2 短路，此时基极电流为 0，则集电极电流很小，继电器将衔铁放开，电加热器停止加热，恒温槽温度下降，当水银柱与触针断开，集电极电流增大，继电器重新吸引衔铁，电热器重新加热（当继电器内部线圈有电流通过时，线圈所产生的磁场足以将衔铁吸下，触点 K 闭合）。总之，晶体继电器在恒温槽中起的作用是：接受接触温度计的电信号，并对其进行测量，然后发出电指令信号，指示加热器的工作情况，从而控制恒温槽的热平衡。

（4）温度计 常用 1/10 温度计作为观察温度用。为了测定恒温槽的灵敏度，常用贝克曼温度计。它也是水银温度计的一种，与一般温度计的不同在于，它除在毛细管下端有一水银球之外，在温度计的上部还有辅助水银储槽。贝克曼温度计的特点是，它的刻度精细到 0.01℃ 的间隔，用放大镜读数时可估计到 0.002℃。另外它的量程较短，一般只有 5℃，因而不能测定温度的绝对值，一般只用于测温差。要测不同范围内温度的变化，则需利用上端水银槽调节下端水银球中水银的量来达到标定温度。

（5）搅拌器 其作用是使介质各处温度均匀，减少介质的热惰性。搅拌器应满足使介质上下左右充分混合的要求。一般采用 40W 的电动搅拌器，用变速器来调节搅拌速率。

（6）加热器 一般采用电热器。它在恒温槽中的作用是对介质进行加热。电热器的功率根据恒温槽的容量、恒温温度以及与环境的温差大小来选择。例如：容量 20L、恒温 25℃ 的大型恒温槽一般需要功率为 250W 的加热器，为了提高恒温的效率及精度，有时还可采用两套加热器。开始时，用功率较大的加热器加热，当温度恒定时，再用功率较小的加热器来维持恒温。或者在加热器线路中并联一个调压器，根据需要调节加热器功率。继电器红灯亮为加热，绿灯亮为停止加热。在恒温时，调节调压器电压，当红灯亮的时间等于绿灯亮的时间表示对介质加入的热量与介质散失的热量相等。此时恒温状态为最佳状态。

恒温槽灵敏度的优劣以灵敏度曲线（恒温槽温度随时间的变化曲线）和恒温槽的温度分布来衡量。恒温槽的灵敏度是衡量恒温槽性能的主要标志。恒温槽灵敏度的测试是指在指定温度下，观察温度的波动情况。为什么温度会出现波动呢？这是因为恒温槽温度控制装置属于"通"、"断"类型，当加热器接通后传热质温度上升并传递给接触温度计，使它的水银柱上升。由于传质、传热过程都有一个速率，因此，出现温度传递的滞后，即当接触温度计的水银触及钨丝时，实际上电热器附近的水温已超过了指定温度，因此，恒温槽温度必高于指定温度。同理，降温时也会出现滞后状态。由此可见，恒温槽控制的温度是有一个波动范围的，而不是控制在某一固定不变的温度，并且恒温槽内各处的温度也会因搅拌效果的优劣而不同。控制温度的活动范围越小，则恒温槽的灵敏度越高。灵敏度是衡量恒温槽性能的主要指标。它除与感温元件、电子继电器有关外，还受搅拌器效率、加热器功率等因素的影响。用较灵敏的温度计，如贝克曼温度计，记录温度随时间的变化，最高温度为 t_1，最低温度为 t_2，恒温槽的灵敏度 t_E 为：

$$t_E = \frac{t_1 - t_2}{2}$$

灵敏度常常以温度为纵坐标，以时间为横坐标，绘制成温度-时间曲线来表示。在图3-3中，曲线（a）表示恒温槽灵敏度较高；（b）表示加热器功率太大；（c）表示加热器功率太小或散热太快。（b）、（c）灵敏度较低。

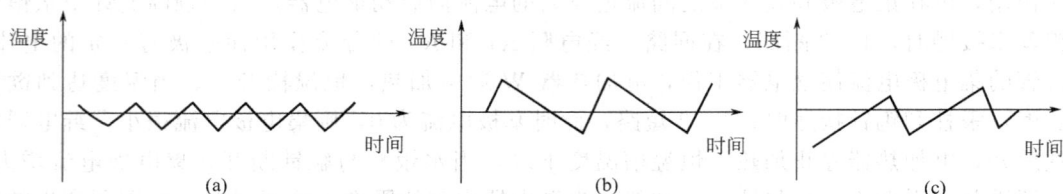

图 3-3　恒温槽灵敏度温度-时间曲线

要想提高恒温槽的灵敏度，可采取以下措施：①提高继电器对感温元件的信号反应灵敏度是提高恒温槽灵敏度的关键，即当感温元件下部的水银柱与上部的金属丝接触时，继电器迅速反应，并发出使加热器停止加热的指令；反之，应迅速发出使加热器开始工作的指令；②选择合适的搅拌速率；③加热器的功率要适中；④恒温槽的热容量要大些，传热质的热容量越大越好；⑤感温元件的热容尽可能小，感温元件与电热器间距离要近一些。

【仪器与试剂】

1. 接触温度计，贝克曼温度计，温度计（1/10℃），停表，搅拌器（功率40W或视需要而定），电子继电器，加热器（功率250W的电热丝或视需要而定）。

2. 玻璃缸（容量10L或视需要而定），烧杯（200mL）。

【实验步骤】

1. 将蒸馏水注入浴槽至容积的2/3处，按图3-4所示将接触温度计、电子继电器、电动搅拌器、电热器、温度计等安装好。

2. 观察接触温度计标铁上端面所指的温度和触针下端所指的温度是否一致。旋开接触温度计上部的调节帽紧固螺丝，旋转调节帽一周观察触针（或标铁）移动的度数。然后，旋转调节帽使标铁上端面所指的温度稍低于25℃处（通常低于0.2～0.3℃），固定调节帽。

接通电源，打开搅拌器开关并加热。当继电器指示停止加热时，注意观察1/10℃温度

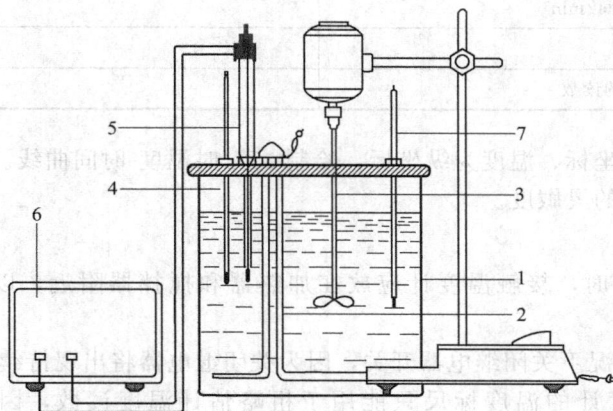

图 3-4 恒温槽装置图
1—浴槽；2—加热器；3—搅拌器；4—温度计；5—接触温度计；
6—恒温控制器；7—贝克曼温度计

计读数。例如，达到 24.2℃时，需重新调节接触温度计标铁，按标铁需要移动度数确定调节帽应扭转的角度，这样即可很快调节到 25℃。当 1/10℃温度计达 25℃时，使钨丝与水银处于刚刚接通与断开状态（这一状态可由继电器的衔铁与磁铁接通或断开判断，也可由电子继电器的红绿指示灯来判断，一般来说，红灯表示加热，绿灯表示加热停止）。然后固定调节帽，需要注意，在调节过程中，绝不能以接触温度计的刻度为依据，必须以 1/10℃的标准温度计为准。接触温度计所指的数，只能给一个粗略的估计。

3. 按上述步骤，将恒温槽重新调节至 30℃和 35℃。

4. 调贝克曼温度计：将贝克曼温度计的水银柱在 35℃时调节到刻度 2.5 左右，并安放在恒温槽中。贝克曼温度计调节方法一般采用恒温浴调节法。

（1）首先确定所使用的温度范围。

（2）根据使用范围，估计水银柱升至毛细管末端弯头处的温度值。

（3）将贝克曼温度计浸在温度较高的恒温浴中，使毛细管内的水银柱升至弯头，并在球形出口处形成滴状，然后取出温度计，将其倒置，使它与水银储槽中的水银连接。

（4）另一恒温浴，将其调至毛细管末端弯头所应到达的温度，把贝克曼温度计置于该恒温水浴中，恒温 5min 以上。

（5）取出温度计，用右手紧握它的中部，使其近乎垂直，用左手轻击右手小臂，水银柱即可在弯头处断开。

（6）将调节好的温度计置于欲测温度的恒温浴中，观察其读数值，并估计量程是否符合要求。

5. 恒温槽灵敏度的测定：待恒温槽已调节到 35℃并恒温后，观察贝克曼温度计的读数，利用停表，每隔 2min 记录一次贝克曼温度计的读数。测定约 60min，温度变化范围要求在 ±0.15℃之内。

改变恒温槽中加热器与接触温度计的相应位置，按同样方法测定恒温槽灵敏度。

6. 数据记录和处理

将操作步骤 5 中的数据记录到下表中。

时间/min	
贝克曼温度计读数	
改变位置后贝克曼温度计的读数	

（1）以时间为横坐标、温度为纵坐标，绘制 35℃时温度-时间曲线。

（2）计算恒温槽的灵敏度。

【注意事项】

1. 在组装恒温槽时，接触温度计应放在加热器和搅拌器附近，以便及时反映温度的波动。

2. 不可在供电情况下关闭继电器开关，因为关闭继电器将出现持续加热现象。

3. 因为接触温度计的温度标尺只能用于粗略估计温度读数，因此温度计读数应从 1/10℃温度计上读出。

【思考题】

1. 为什么开动恒温槽之前，要将接触温度计的标铁上端面所指的温度调节到低于所需温度处？如果高了会产生什么后果？

2. 对于提高恒温槽的灵敏度，可从哪些方面改进？

3. 如果所需恒定的温度低于室温，如何装配恒温槽？

实验 2 凝固点降低法测定相对分子质量

【实验目的】

1. 掌握一种常用的相对分子质量测定方法。

2. 通过实验进一步理解稀溶液理论。

【实验原理】

一定压力下，纯溶剂固、液两相平衡时的温度称为凝固点，记为 T_f^*。若加入少量非挥发性溶质而形成二组分稀溶液后，此时体系的凝固点记为 T_f，T_f 将低于纯溶剂的凝固点。这是稀溶液的依数性质之一。根据压力恒定时两相平衡温度与组成的关系（Gibbs-Helmholtz 方程）式可得：

$$\ln x_A = -\frac{\Delta_s^l H_m^*(A)}{R}\left(\frac{1}{T_f} - \frac{1}{T_f^*}\right) \tag{3-1}$$

式中，x_A 为稀溶液的摩尔分数；R 为气体常数。定义凝固点降低值 $\Delta T_f = T_f^* - T_f$。当 $x_A \rightarrow 1$ 时，令 $-\ln x_A \approx 1 - x_A \approx M_A b_B$，$T_f^* T_f \approx (T_f^*)^2$，求出：

$$\Delta T_f = \frac{R(T_f^*)^2 M_A}{\Delta_s^l H_m^*(A)} b_B \tag{3-2}$$

式中，M_A 为溶剂 A 的摩尔质量，$kg \cdot mol^{-1}$；$\Delta_s^l H_m^*(A)$ 是纯 A 的熔化热；b_B 是溶质的质量摩尔浓度。上式也可以写成

$$\Delta T_f = K_f b_B \tag{3-3}$$

这就是稀溶液的凝固点降低公式。其中，$K_f = \dfrac{R(T_f^*)^2 M_A}{\Delta_s^l H_m^*(A)}$，称为质量摩尔浓度凝固点降低

系数（freezing point lowering coefficients）。显然它仅与溶剂本性有关，对于溶质来说，决定 ΔT_f 大小的只是其数量而与其本性无关，当指定了溶剂的种类和数量后，凝固点降低值取决于所含溶质分子的数目，即溶剂的凝固点降低值与溶液的浓度成正比。

溶质的质量摩尔浓度 b_B 可表示为：

$$b_B = \frac{m_B / M_B}{m_A} \times 1000 \tag{3-4}$$

故式（3-3）可改成：

$$M_B = K_f \frac{1000 m_B}{\Delta T m_A} \tag{3-5}$$

式中，M_B 为溶质的摩尔质量，$g \cdot mol^{-1}$；m_B 和 m_A 分别表示溶质和溶剂的质量，g；K_f 为凝固点降低常数，$K \cdot mol^{-1}$。

若已知溶剂的 K_f 值，则可通过实验求出 ΔT_f 值，利用式（3-5）求出溶质的相对分子质量。需要注意，如溶质在溶液中发生解离或缔合等情况，则不能简单地应用式（3-5）加以计算。浓度稍高时，已不是稀溶液，致使测得的相对分子质量随浓度的不同而变化。为了获得比较准确的相对分子质量数据，常用外推法，即以式（3-5）中所求的相对分子质量为纵坐标，以溶液浓度为横坐标作图，外推至浓度为零而求得较准确的相对分子质量数值。

显而易见，全部实验操作归结为凝固点的精确测量。所谓凝固点是指在一定压力下，固液两相平衡共存的温度。理论上，在恒压下对单组分体系只要两相平衡共存就可达到这个温度。但实际上，只有固相充分分散到液相中，也就是固液两相的接触面相当大时，平衡才能达到。例如将冷冻管放到冰浴后温度不断降低，达到凝固点后，由于固相是逐渐析出的，当凝固热放出速率小于冷却速率时，温度还可能不断下降，因而使凝固点的确定较为困难。为此，可先使液体过冷，然后突然搅拌。这样，固相骤然析出就形成了大量微小的结晶，可保证两相的充分接触。同时，液体的温度也因凝固热的放出开始回升，一直达到凝固点，保持一会儿恒定温度，然后又开始下降［如图 3-5(a)］，从而使凝固点的测定变得容易进行了。纯溶剂的凝固点相当于冷却曲线中的水平部分所指的温度。

溶液的冷却曲线与纯溶剂的冷却曲线不同［见图 3-5(b)］，即当析出固相时，温度回升到平衡温度后，不能保持一恒定值。因

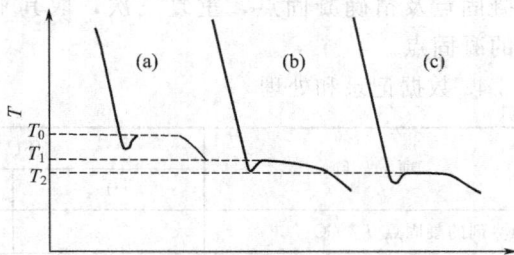

图 3-5 步冷曲线

为部分溶剂凝固后，剩余溶液的浓度逐渐增大，平衡温度也要逐渐下降。如果溶液的过冷程度不大，可以将温度回升的最高值作为溶液的凝固点。若过冷太甚，凝固的溶剂过多，溶液的浓度变化过大，所得凝固点偏低，必将影响测定结果［见图 3-5(c)］，因此实验操作中必须掌握体系的过冷程度。

【仪器与试剂】

1. 相对分子质量测定仪，恒温槽，磁力搅拌器，数字贝克曼温度计，压片机，温度计（0～100℃），洗耳球，移液管（25mL），停表。

2. 环己烷（A.R.），萘（A.R.）。

【实验步骤】

1. 按图 3-6 将仪器安装好。取自来水注入冰浴槽中（水量以注满浴槽体积的 2/3 为宜），

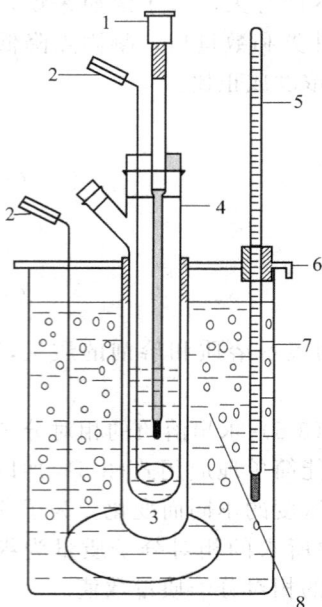

图 3-6 凝固点测定仪示意图
1—数字式贝克曼温度计；2—搅拌器；
3—空气管套管；4—凝固点管；
5—温度计；6—盖板；7—恒
温槽；8—寒剂

然后加入冰屑以保持水温在 3.5℃ 左右。采用环己烷作溶剂，萘作溶质。用连续记录时间-温度法（步冷曲线法），作图外推确定凝固点。

2. 纯溶剂环己烷的凝固点的测定：首先测定环己烷的近似凝固点，用移液管取 25mL 环己烷注入冷冻管并浸在水浴中（注意：勿使冷冻管外壁与外套管壁相接触），不断搅拌环己烷液，使之逐渐冷却。当有固体环己烷析出时，停止搅拌，擦去冷冻管外的水，移到作为空气浴的外套管中，缓慢搅拌环己烷液（注意：切勿使搅拌器与温度计或管壁相接触），同时观察数字贝克曼温度计读数。当温度稳定后，记下读数，此即为环己烷的近似凝固点。取出冷冻管，温热之，使环己烷的结晶全部融化。再次将冷冻管插到冰浴中，缓慢地搅拌，以每 1～2s 一次为宜，注意温度的变化。当温度计读数在近似凝固点以上 3℃ 时，开动停表，每 20s 记录温度一次，达到凝固点后每 2～3min 记录一次。做完一次以后，取出冷冻管用手温热之，使析出的结晶全部融化，按上述方法再测定两次。

3. 溶液凝固点的测定：取出冷冻管，用手温热之，使环己烷结晶融化。用压片机制成重约 0.2～0.3g 的萘片两片，精确称量至 0.002g。取一片由加样口投入冷冻管内的环己烷液中，防止黏着于管壁、温度计或搅拌器上。待溶质全部溶解后，依上述操作步骤测定溶液的近似凝固点及精确凝固点，重复三次，取其平均值。再加第二片，按同样方法，测另一浓度的凝固点。

4. 数据记录和处理

项　　目	环己烷		萘	
	1	2	1	2
纯溶剂的凝固点 T_f^*/℃				
纯溶剂凝固点平均值/℃				
溶液的凝固点 T_f/℃				
溶液凝固点平均值/℃				
ΔT_f/℃				
K_f/K·mol^{-1}				
室温 t/℃				
环己烷的相对密度 d_t				
m_A/g				
m_B/g				
M_B/g·mol^{-1}				
相对误差/%				

根据实验数据作时间-温度曲线（图 3-7），通过外推法确定 T_0、T_1、T_2，求 ΔT。用 $d_t = 0.7971 - 0.8879 \times 10^{-3} t$ 计算室温 t 时环己烷的密度，计算溶剂质量 m，用 T、m 值按式(3-5) 计算出相对分子质量。

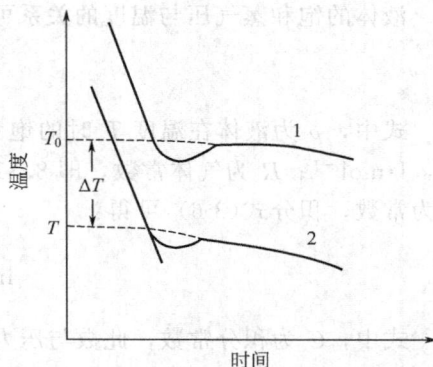

图 3-7 步冷曲线求 ΔT
1—溶剂步冷曲线；2—溶液步冷曲线

【注意事项】

1. 正确控制冰浴槽的温度。
2. 电磁搅拌速率均匀。
3. 防止反应太快。
4. 要合理控制过冷程度。

【思考题】

1. 凝固点降低法测相对分子质量的公式在什么条件下才能适用？
2. 当溶质在溶液中有离解、缔合和生成络合物的情况时，对相对分子质量测定值的影响如何？
3. 影响凝固点精确测量的因素有哪些？
4. 用凝固点降低法求物质的相对分子质量时，存在哪些系统误差？
5. 实验中深度过冷对实验结果有什么影响？溶质的量过多或太少对实验结果有何影响？
6. 搅拌速率不均匀，搅拌速率过快或过慢，对实验结果有什么影响？
7. 实验中如何控制冷却速率均匀？

实验3 纯液体饱和蒸气压的测定

【实验目的】

1. 明确纯液体饱和蒸气压的定义和气液两相平衡的概念，深入了解纯液体饱和蒸气压和温度的关系即克劳修斯-克拉贝龙方程式。
2. 用等压计测定不同温度下乙醇的饱和蒸气压。学会用图解法求被测液体在实验温度范围内的平均摩尔汽化热与正常沸点。
3. 初步掌握低真空实验技术，通过实验了解真空泵、气压计、等压计的构造和使用方法。

【实验原理】

在一定温度下，与液体处于平衡状态时的蒸气压力称为该温度下液体的饱和蒸气压。处于一定温度下密闭的真空容器内的液体，动能较大的分子可从液相跑到气相，动能较小的分子也可由气相返回液相。当这两个过程的速率相等时，即达到了动态平衡。此时气相中的蒸气密度不再改变，因而有一定的饱和蒸气压。

液体的蒸气压与温度有关，温度升高，由于有更多的高动能的分子能够由液面逸出，所以蒸气压增大；反之，温度降低，蒸气压减小。当蒸气压与外界压力相等时，液体便沸腾；当外压不同时，液体的沸点也就不同。蒸发 1mol 液体所需要吸收的热量，即为该温度下液体的摩尔汽化热。

液体的饱和蒸气压与温度的关系可用克劳修斯-克拉贝龙方程式来表示：

$$\frac{\mathrm{d}\ln p}{\mathrm{d}T}=\frac{\Delta H_\text{气}}{RT^2} \tag{3-6}$$

式中，p 为液体在温度 T 时的饱和蒸气压；T 为热力学温度；$\Delta H_\text{气}$ 为液体摩尔汽化热，$\text{J}\cdot\text{mol}^{-1}$；$R$ 为气体常数，即 $8.314\text{J}\cdot\text{mol}^{-1}\cdot\text{K}^{-1}$。在温度较小的变化范围内，$\Delta H_\text{气}$ 可视为常数，积分式(3-6) 可得：

$$\ln p=\frac{-\Delta H_\text{气}}{RT}+C \tag{3-7}$$

式中，C 为积分常数，此数与压力 p 的单位有关。

由式(3-7) 可知，若将 $\ln p$ 对 $1/T$ 作图应得一条直线，斜率为负值。这样就可以由图解法先求得直线斜率，再由斜率求得实验温度范围内液体的平均摩尔汽化热。当外压为 101.325kPa 时，液体的蒸气压与外压相等时的沸腾温度定义为液体的正常沸点。从图中也可求得其正常沸点。

【仪器与试剂】

1. 蒸气压测定装置，数字真空压力计，真空泵，烧杯（100mL），温度计（1/100℃），三通活塞，铁架，电炉，干燥瓶，电吹风器。

2. 纯水，无水乙醇（A.R.）或乙酸乙酯（A.R.）。

【实验步骤】

测定前须正确读取大气压数据。等压计如图 3-8 所示。Ⅰ球中储存液体，Ⅱ、Ⅲ管之间由 U 形管相连通。当Ⅰ、Ⅲ管之间只为液体蒸气，而且Ⅱ、Ⅲ管之间 U 形管中的液面处在同一水平时，表示两管间的液体蒸气压恰与管Ⅱ上方的外界压力相等。此时的温度和压力值，即是在该压力下液体的沸点，或者说此时由水银压力计读出的Ⅱ管上方的压力就是该温度下的饱和蒸气压。

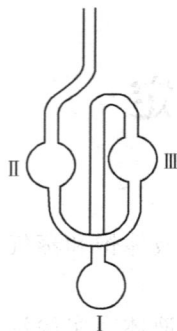

图 3-8 等压计

1. 将乙醇装入等压计

先将乙醇放入等压计Ⅱ、Ⅲ之间的 U 形管中，用电吹风的热风吹热等压计的Ⅰ球，使球内空气受热膨胀而被赶出。然后使受热部分均匀、迅速地冷却，此时因Ⅰ球内的气体冷却收缩而使乙醇被吸入Ⅰ球内。重复此操作使Ⅰ球内盛乙醇约为 2/3 即可。

2. 按图 3-9 装配仪器

安装仪器时，各接头处所用的橡皮管要短，最好使橡皮管内的玻璃管能彼此接触。还要注意防止系统漏气，三通活塞有一个孔与一个同大气相通的毛细管相连接，为必要时放入空气之用。

3. 系统检漏

缓慢旋转三通活塞，使系统通大气。开启冷却水，接通电源，使真空泵正常运转 4~5min 后，调节活塞使系统减压（注意：旋转活塞必须用力均匀、缓慢，同时注视真空计），至余压大约为 $1\times10^4\text{Pa}$ 后关闭活塞，此时系统处于真空状态。如果在数分钟内真空计示值基本不变，表明系统不漏气。若系统漏气则应分段检查，直至不漏气才可以进行下一步实验。

4. 除去Ⅰ球与管Ⅲ之间的空气并测定大气压下的沸点

检查漏气完毕后，接通冷凝管，旋转三通活塞，使体系与大气相通。开启电炉，加热并

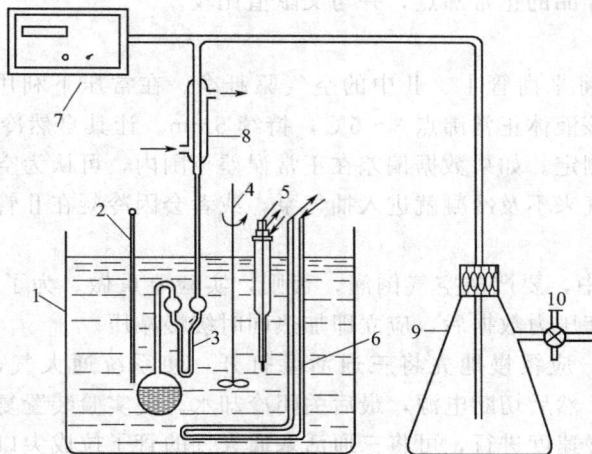

图 3-9　液体饱和蒸气压测定装置

1—恒温槽；2—温度计；3—等压计；4—搅拌器；5—接触温度计；6—加热器；

7—数字式真空压力计；8—冷凝管；9—缓冲瓶；10—三通活塞

搅拌，等压计一定要全部没入水中，直到等压计内乙醇沸腾约 3～5min，然后停止加热，不断搅拌。当温度降至一定程度，Ⅱ、Ⅲ管之间 U 形管液面达到同一水平时，立即记下此时的温度（即沸点），再从气压计上读出大气压力。

将大气压力下的沸点测出后，重复测定三次。结果在测量允许误差范围内，就可进行下面的实验。

5. 测定不同温度下乙醇的饱和蒸气压

测出大气压力下的沸点后，调节恒温槽的水温，使其比室温高 4～5℃，待温度恒定后，应立即旋转三通活塞，使储气瓶与真空泵相连。开动真空泵，小心旋转三通活塞，使系统与真空泵相通，缓慢抽气。减压至液体沸腾，然后停真空泵，缓慢旋转三通活塞使系统通入大气，增大系统压力，直到等压计管Ⅱ、Ⅲ间 U 形管两液面等高时，立即读出水浴温度及压力计中压力差，这就完成了一次 p、T 数值的测定。

调节恒温槽的水温每次升高 2℃，平衡管内液体又明显汽化，不断有气泡逸出。如上述再一次通气增压，当Ⅱ、Ⅲ管之间 U 形管液面等高时，又能测得一对 p、T 值。如此重复操作，逐渐升温，就可测得在不同沸点温度下相应的饱和蒸气压。待水浴温度升至 48℃ 左右，依次测得 5 个不同温度下乙醇的饱和蒸气压，实验结束。这时将三通活塞通大气。

6. 数据处理

（1）将实验数据列于下表。

室温：　　　　　℃；气压：

温　　　度			真空压力计读数	乙醇的饱和蒸气压	
℃	T	$1/T$	p/kPa	p/kPa	$\ln p$

注：Ⅰ球内乙醇蒸气压 p=大气压−真空压力计读数。

（2）作 $\ln p$-$1/T$ 图，由图中求出乙醇在实验温度范围内的平均摩尔汽化热和乙醇的正常沸点。由曲线求得样品的正常沸点，并与文献值比较。

【注意事项】

1. 测定前，必须将平衡管 I 、II 中的空气驱赶净。在常压下利用水浴加热被测液体，使其温度控制在高于该液体正常沸点 3～5℃，持续 5min。让其自然冷却，读取大气压下的沸点。再次加热进行测定。如果数据偏差在正常误差范围内，可认为空气已被赶净。注意切勿过分加热，否则蒸气来不及冷凝就进入抽气泵，或者会因冷凝在 II 管中的液体太多，而影响下一步实验。

2. 整个实验过程中，要严防空气倒灌，否则，实验要重做。为了防止空气倒灌，在每次读取平衡温度和平衡压力数据后，应立即加热同时缓慢减压。

3. 在停止实验时，应缓慢地先将三通活塞打开，使系统通大气，再使抽气泵通大气（防止泵中的油倒灌），然后切断电源，最后关闭冷却水，使实验装置复原。为使系统通入大气或使系统减压以缓慢速度进行，可将三通活塞通大气的管子拉成尖口。

4. 用此装置可以很方便地研究各种液体，如苯、二氯乙烯、四氯化碳、水、正丙醇、异丙醇、丙酮和乙醇等。

【思考题】

1. 在实验过程中如何防止空气倒灌？如果在等压计 I 球与 III 管间有空气，对测定沸点有何影响？其结果如何？怎样判断空气已被赶净？

2. 能否在加热情况下检查是否漏气？

3. 怎样根据压力计的读数确定系统的压力？

实验 4　恒温式氧弹量热计测定萘的燃烧热

【实验目的】

1. 通过萘的燃烧热的测定，了解氧弹量热计各部件的作用，掌握燃烧热的测定技术。

2. 了解恒压燃烧热与恒容燃烧热的差别及相互关系。

3. 学会雷诺图解法校正温度改变值。

【实验原理】

燃烧热是指 1mol 物质完全燃烧时所放出的热量。在恒容条件下测得的燃烧热称为恒容燃烧热（Q_V），恒容燃烧热等于这个过程的内能变化 ΔU；在恒压条件下测得的燃烧热称为恒压燃烧热（Q_p），恒压燃烧热等于这个过程的焓变 ΔH。若把参加反应的气体和反应生成的气体作为理想气体处理，则有下列关系式：

$$\Delta H = \Delta U + \Delta(pV)$$
$$Q_p = Q_V + \Delta nRT \tag{3-8}$$

式中，Δn 为产物与反应物中气体的物质的量之差；R 为气体常数；T 为反应的热力学温度。若测得某物质的恒容燃烧热或恒压燃烧热中的任何一个，就可以根据式（3-8）计算出另一个数据。必须指出，化学反应的热效应（包括燃烧热）通常是用恒压燃烧热效应 ΔH 来表示的。

测量化学反应热的仪器称为量热计。本实验采用氧弹量热计（又称氧弹卡计）测量萘的燃烧热，氧弹卡计的示意图见图 3-10。由于用氧弹卡计测定物质的燃烧热是在恒容条件下进行的，所以测得的为恒容燃烧热 Q_V。测量的基本原理是将一定量的待测物质在氧弹中完全燃烧，燃烧时所放出的热量导致卡计本身及氧弹周围介质（本实验用水）的温度升高。通过测定燃烧前后卡计（包括氧弹周围介质）温度的变化值，就可以求算出该样品的燃烧热。其关系如下：

$$\frac{m}{M_r}Q_V = W_卡 \Delta T - Q_{点火丝} m_{点火丝} \qquad (3-9)$$

式中，m 为待测物质的质量，g；M_r 为待测物质的相对分子质量；Q_V 为待测物质的摩尔燃烧热；$Q_{点火丝}$ 为点火丝的燃烧热，本实验采用的是镍丝，其值为 3.245kJ·g^{-1}；$m_{点火丝}$ 为点火丝的质量；ΔT 为样品燃烧前后量热计的温度变化值；$W_卡$ 为量热计（包括量热计中的水）每升高 1℃ 所需要吸收的热量，称为量热计的水当量，其值可以通过已知燃烧热的标准物（如苯甲酸，它的恒容燃烧热 $Q_V = 26.460 \text{kJ·g}^{-1}$）来标定，已知量热计的 $W_卡$ 值以

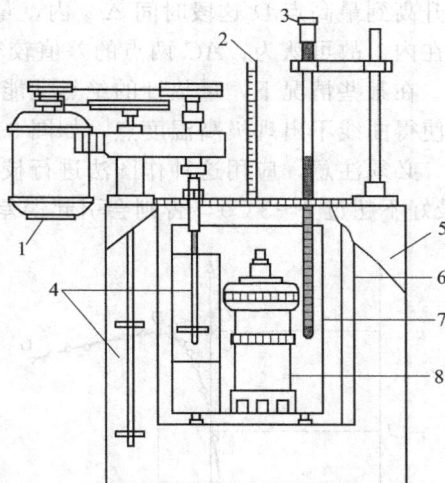

图 3-10　氧弹量热计示意图

1—电机；2—温度计；3—贝克曼温度计；
4—搅拌器；5—恒温水夹套；6—挡板；
7—盛水桶；8—氧弹

后，就可以利用式(3-9)通过实验测定其他物质的燃烧热。量热计的种类很多，本实验所用的氧弹量热计是一种环境恒温式的量热计。

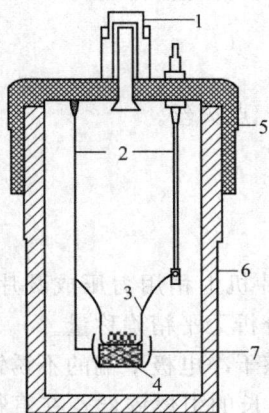

图 3-11　氧弹的构造

1—出进气孔；2—电极；3—点火丝；4—样品片；5—弹盖；6—弹体；7—金属皿

氧弹是用不锈钢材料特制的一种容器（图 3-11）。为了保证样品在其中能够完全燃烧，氧弹中需充以高压氧气（或者其他氧化剂），因此要求氧弹是密封的，并且耐高压、抗腐蚀。测定粉末样品时必须先将样品压成片状，以免充气时吹散样品或者在燃烧时飞散开来，而导致实验误差。本实验成功的首要条件是所测样品必须完全燃烧。其次，还必须使燃烧后放出的热量尽可能地全部传递给量热计本身和其中盛放的水，而几乎不与周围环境发生热交换。为了做到这一点，量热计在设计制造上采用了几项措施，例如在量热计外面设置一个恒温的套壳，量热计和套壳间设置一层挡屏，以减少空气的对流。另外，量热计壁高度抛光，可以减少热辐射。但是，热量的散失仍然无法完全避免，这可以是由于环境向量热计辐射进热量而使其温度升高，也可以是由于量热计向环境辐射出热量而使量热计的温度降低。因此燃烧前后的变化值不能直接准确测量，而必须经过作图法进行校正。

量热计与周围环境的热交换对温度测量值的影响可用雷诺（Renolds）温度校正图校正。具体方法为：称取适量待测物质，估计其燃烧后可使水温上升 $1.5 \sim 2.0$℃，预先调节水温使其低于室温 1.0℃ 左右。按操作步骤进行测定，将燃烧前后观察所得的一系列水温和时间关系作图，可得如图 3-12 的曲线。图中 H 点意味着燃烧开始，热传入介质；D 点为观察到的最高温度值；从相当于室温的 J 点作水平线交曲线于 I，过 I 点作垂线 ab，再将 FH 线和 GD 线分别延长并交 ab 线于 A、C 两点，其间的温度差值即为经过校正的 ΔT。图中 AA' 为开始燃烧到体系温度上升至室温这一段时间 Δt_1 内，由环境辐射和搅拌引进的能量所造成的升温，故应予以扣除。CC' 是由室

温升高到最高点 D 这段时间 Δt_2 内，量热计向环境的热漏造成的温度降低，计算时必须考虑在内。故可认为，AC 两点的差值较客观地表示了样品燃烧引起的升温数值。

在某些情况下，量热计的绝热性能良好，热漏很小，而搅拌器功率较大，不断引进的能量使得曲线不出现极高温度点，如图 3-13 所示。其校正方法与前述相似。

必须注意，应用这种作图法进行校正时，量热计的温度和外界环境的温度相差不宜太大（最好不超过 2～3℃），否则会引起误差。

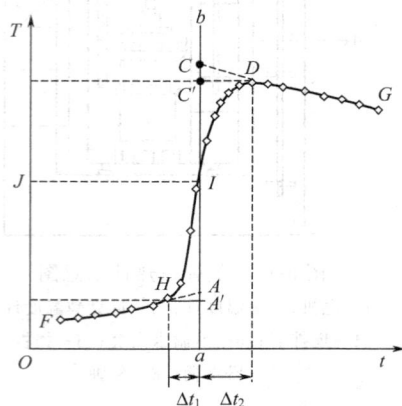

图 3-12　绝热较差的温度校正图　　　　图 3-13　绝热良好的温度校正图

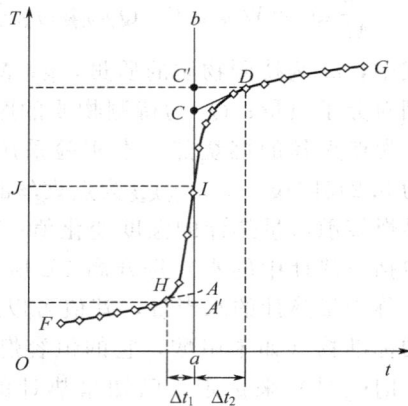

当然，在测量燃烧热过程中，对量热计温度测量的准确性直接影响到燃烧热测定的结果，所以本实验采用数字式精密温差测量仪来测量温度差。

【仪器与试剂】

1. 氧弹量热计，压片机，台秤，氧气钢瓶及减压阀，分析天平，点火丝。

2. 萘（A.R.），苯甲酸（A.R.）。

【实验步骤】

1. 测定量热计的水当量 $W_卡$ 值

（1）样品制作　用台秤称取大约 0.95g 的苯甲酸，在擦净的压片机上稍用力压成圆片。用镊子将样品在干净的称量纸上轻击两三次，除去表面粉末后再用分析天平精确称量。

（2）装样并充氧气　拧开氧弹盖，将氧弹内壁擦干净，特别要擦干净电极下端的不锈钢丝。搁上金属小器皿，小心将样品片放置在小器皿中部。剪取 18cm 长的引燃镍丝，在直径约为 3mm 的铁钉上，将引燃镍丝的中段绕成螺旋形，约 5～6 圈。将螺旋部分紧贴在苯甲酸片的表面，两端如图 3-11 所示固定在电极上。注意引燃镍丝不能与金属器皿相接触。用万用电表检查两电极间的电阻值，一般应不大于 20Ω。旋紧氧弹盖，卸下进气管口的螺栓，换接上导气管接头。导气管的另一端与氧气钢瓶上的减压阀连接。打开氧气钢瓶阀门，向氧弹中冲入 2 MPa 的氧气。旋下导气管，关闭氧气钢瓶阀门，放掉氧气表中的余气。将氧弹的进气螺栓旋上，再次用万用电表检查两电极间的电阻。如阻值过大或电极与弹壁短路，则放出氧气，开盖检查。

（3）测量　用案秤准确称取已被调节到室温±1.0℃ 的自来水 3kg 于盛水桶内。将氧弹放入水桶中央，装好搅拌电机，把氧弹两极用导线与点火变压器相连接，盖上盖子后，先将数字式精密温度测量仪的探头插入恒温水夹套中测出环境温度（即雷诺温度校正图中的 J

点），然后将其插入系统。开动搅拌电机，待温度稳定上升后，仪器每报警提示一次读一次数，记录 10 个数据。按下"点火"按钮，温度迅速上升，温度读数改为每隔 15s 一次，直至两次读数差值小于 0.005℃，读数间隔恢复为 1min 一次，继续 10～12min 后方可停止实验。按"结束"、"数据"按钮，导出并记录数据。

关闭电源后，取出数字式精密温差测量仪的探头，再取出氧弹，用卸压阀放出余气。旋开氧弹盖，检查样品燃烧是否完全。氧弹中应没有明显的燃烧残渣。若发现黑色残渣，则应重做实验。测量未燃烧的镍丝长度，并计算实际燃烧掉的镍丝长度。最后擦干氧弹和盛水桶。

样品点燃及燃烧完全与否，是本实验最重要的一步。

2. 萘的燃烧热测定

称取 0.5g 左右萘两份，按前述步骤进行压片、燃烧等实验操作两次。

实验完毕后，洗净氧弹，倒出卡计盛水桶中的自来水，并擦干待下次实验用。

3. 数据记录和处理

（1）以作图法求出苯甲酸燃烧热引起量热计温度变化雷诺温度校正图。计算量热计的水当量（$W_卡$），并求出两次实验所得水当量的平均值。

（2）以作图法求出萘燃烧热引起的量热计温度的变化值，并计算萘的恒容燃烧热（Q_V）（两次实验的平均值）。

（3）根据式(3-8)，由萘的恒容燃烧热（Q_V）计算萘的恒压燃烧热（Q_p）。

（4）文献值

名　　称	kcal·mol^{-1}	kJ·mol^{-1}	J·g^{-1}	测定条件
苯甲酸	−771.24	−3226.9	−26460	p^0,20℃
萘	−1231.8	−5153.8	−40205	p^0,25℃

【注意事项】

1. 压片前，先检查压片用钢模，如发现钢模有铁锈、油污和尘土等，必须擦净后方能进行压片。

2. 压片力度不能过大或过小，压片过松，会导致充氧时充散样品或在燃烧时飞散开，造成实验误差，压片过紧，燃烧不易完全。

3. 每次装置氧弹时，要将氧弹内壁擦干净，特别是电极下端的不锈钢接线柱更应擦干净。

4. 确保氧弹不漏气。

5. 注意冷却水的水流量。

6. 氧弹热量计是一种较为精确的经典仪器，在生产实际中仍广泛用于测定可燃物的热值。有些精密的测定，需对实验所用氧气的燃烧值作校正，因为氧弹中空气包含 N_2 氧化为 NO_2 产生的热量。为此，可预先在氧弹中加入 5mL 蒸馏水。燃烧后，将所生成的稀硝酸溶液倒出，再用少量蒸馏水洗涤氧弹内壁，一并收集到 150mL 锥形瓶中，煮沸片刻，用酚酞作指示剂，以 0.100mol·L^{-1} 的氢氧化钠标准溶液滴定。每毫升碱液相当于 5.98J 的热值。这部分热能应从总的燃烧热中扣除。

7. 实验点火失败，要检查量热计顶盖是否盖好，检查样品、点火丝以及棉线是否与电极接触良好。

8. 实验误差太大的原因，除称量、读数误差外，主要因素是样品是否燃烧完全。因为在直接测量的物理量中，温差的测量误差对实验结果的准确程度影响最大，如果样品燃烧不完全，则直接导致温差的测量误差。

【思考题】

1. 为什么实验测量得到的温度差值要经过作图法校正？

2. 若氧气中含有少量氮气是否会使实验结果引入误差？在燃烧过程中若引入误差该如何校正？

实验5　弱电解质和强电解质稀溶液的凝固点降低

【实验目的】

1. 测定弱电解质一氯代乙酸的解离度和强电解质盐酸的渗透系数。

2. 掌握一种凝固点降低值的测定方法——平衡近似法。

3. 加深对电解质溶液依数性的认识。

【实验原理】

对于理想稀溶液，溶液凝固点降低值 ΔT_f 与溶液质量摩尔浓度 b 间的关系是

$$b_B = \Delta T_f / K_f \tag{3-10}$$

式中，K_f 为凝固点降低常数。若溶质发生离解和缔合，式(3-10) 中的质量摩尔浓度应表示为溶质所有粒子（分子和离子）的浓度，即 1000g 溶剂中存在的所有分子和离子的物质的量。弱电解质 HA 的表观质量摩尔浓度为 b'_B，由于弱电解质的离解，如式(3-11)，溶液中溶质有 H^+、A^- 和 HA 三种粒子：

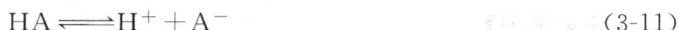

$$HA \Longrightarrow H^+ + A^- \tag{3-11}$$

H^+、A^- 和 HA 的离解平衡浓度分别为 $b'_B\alpha$、$b'_B\alpha$、$b'_B(1-\alpha)$，α 为弱电解质的离解度。溶液中溶质的总质量摩尔浓度 b_B 为：

$$b_B = b'_B(1-\alpha) + b'_B\alpha + b'_B\alpha = b'_B(1+\alpha) \tag{3-12}$$

在弱电解质的稀溶液中，弱电解质的总质量摩尔浓度与 ΔT_f 的关系应服从式(3-10)。将式(3-12) 代入式(3-10)，整理后：

$$\alpha = \frac{\Delta T_f}{b'_B K_f} - 1 \tag{3-13}$$

由 α 值便可求算弱电解质解离平衡常数 K_c：

$$K_c = \frac{[H^+][A^-]}{[HA]} = \frac{b'_B\alpha^2}{1-\alpha} \tag{3-14}$$

综上所述，通过测定弱电解质稀溶液的凝固点降低值 ΔT_f，可由式(3-13) 计算 α，由式(3-14) 求算 K_c。

强电解质在水中将完全离解成离子，若电解质分子离解成 ν 个离子，则表观质量摩尔浓度为 b'_B 的电解质稀溶液的凝固点降低关系式为：

$$\nu b'_B = \frac{\Delta T_f}{K_f} \qquad \frac{\Delta T_f}{\nu b'_B K_f} = 1$$

但对强电解质稀溶液的凝固点降低的实验测定证实：

$$\frac{\Delta T_f}{\nu b'_B K_f} \neq 1 \tag{3-15}$$

这是由于强电解质溶液中离子间相互作用显著而造成的。进一步的研究表明，强电解质溶液中溶剂的活度系数 $\nu_A \neq 1$。因而，凝固点下降公式的推导对强电解质稀溶液不适用（此推导中，假设 $\nu_A = 1$）。为了研究强电解质稀溶液的凝固点下降的规律，引入渗透系数 ϕ，令 ϕ：

$$\phi \equiv \frac{\ln \nu_A x_A}{\ln x_A} = 1 + \frac{\ln \nu_A}{\ln x_A} \tag{3-16}$$

由凝固点下降公式的推导可知，对稀溶液（非理想的）有

$$\ln \nu_A x_A = -\frac{\Delta H_f}{R T_f T_f^0} \Delta T_f$$

若 ΔT_f 很小，即 $\Delta T_f \approx T_f^0$，则有

$$\ln \nu_A x_A = -\frac{\Delta H_f}{R (T_f^0)^2} \Delta T_f \tag{3-17}$$

将式(3-17)两边除以 $\ln x_A$，得到

$$\phi \equiv \ln \nu_A x_A / \ln x_A = -\frac{\Delta H_f}{R (T_f^0)^2} \times \frac{\Delta T_f}{\ln x_A} \tag{3-18}$$

其中，

$$x_A = \frac{n_A}{n_A + \nu n_B}, \quad \frac{1}{x_A} = 1 + \frac{\nu n_B}{n_A}$$

$$-\ln x_A = \ln\left(1 + \frac{\nu n_B}{n_A}\right) \approx \frac{\nu n_B}{n_A} \tag{3-19}$$

$$\phi = \frac{\Delta H_f}{R (T_f^0)^2} \times \frac{\Delta T_f}{\dfrac{\nu n_B}{n_A}} \tag{3-20}$$

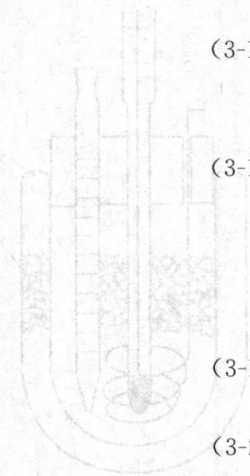

式中，n_A、n_B 表示溶剂和溶质的物质的量。若溶液浓度用质量摩尔浓度 b'_B 表示，溶剂的相对分子质量为 M_A，则

$$\frac{n_A}{\nu n_B} = \frac{1000}{\nu b'_B M_A}$$

代入式(3-20)，得：

$$\phi = \left(\frac{\Delta H_f}{R (T_f^0)^2} \times \frac{1000}{M_A}\right) \times \frac{\Delta T_f}{\nu b'_B} = \frac{\Delta T_f}{\nu b'_B K_f} \tag{3-21}$$

对理想溶液有 $\nu_A = 1$，$\phi = 1$，式(3-21)为 $\Delta T_f = b_B K_f$，即式(3-10)。

德拜-休克尔理论预见了电解质溶液中溶剂 $\phi \neq 1$，$\nu_A \neq 1$。对于只有一种强电解质的稀溶液，在 0℃ 的渗透系数 ϕ 为

$$\phi = 1 - 0.376 \sigma |Z_+ Z_-| \sqrt{I}$$

式中，Z_+、Z_- 分别表示电解质正、负离子电荷数；I 是离子强度；σ 是 K、α 的函数（K 与离子强度有关，α 为有效离子直径）。

$$I = 1/2 \sum b_i Z_i^2 \tag{3-22}$$

对浓度为 b'_B 的 1-1 型电解质溶液，有 $I = b'_B$，其

$$\phi = 1 - 0.376 \sigma \sqrt{b'_B} \tag{3-23}$$

对于水溶液，在 0℃时由 Macdougall 给出 K 值为

$$K = 0.324 \times 10^5 \sqrt{I} \tag{3-24}$$

对于小离子，有效离子直径近似为 3×10^{-8}，可以认为

$$K_\alpha \approx \sqrt{b'_B} \tag{3-25}$$

表 3-1 列出不同 K_α 时的 σ 值。

表 3-1　不同 K_α 时的 σ 值

K_α	0.20	0.25	0.30	0.35	0.40	0.45	0.50	0.55
σ	0.7588	0.7192	0.6712	0.6325	0.5988	0.5673	0.5376	0.5108

若已知 1-1 型电解质的浓度 b'_B，由式(3-25) 计算 K_α，从表 3-1 查出 σ 值，用式(3-23) 计算 ϕ 值。

本试验采用平衡法测定溶剂和溶质的凝固点。图 3-14 为平衡法测定凝固点的装置。首先，在杜瓦瓶内放入蒸馏水和一定量的蒸馏水碎冰，充分搅拌，直至相平衡。记录平衡温度为溶剂水的凝固点 T_f。然后加入溶质，与碎冰充分混合，至达平衡，记录平衡温度为溶液凝固点。用移液管取出 2～3 份溶液以分析确定平衡浓度。实验中最关键的操作是使体系充分混合，以达到体系各部分的温度及溶液浓度均匀一致。

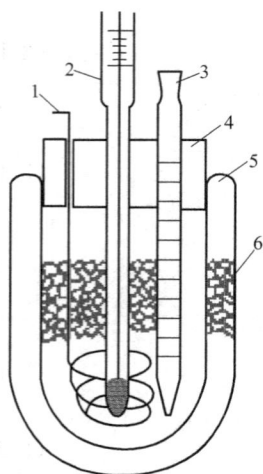

图 3-14　平衡法测定
凝固点的装置
1—不锈钢搅拌棒；2—贝克曼温
度计；3—移液管；4—塞子；
5—杜瓦瓶；6—碎冰

【仪器与试剂】

1. 杜瓦瓶，不锈钢搅拌棒，贝克曼温度计，1/10 温度计 （0 ~ 50℃），移液管 （10mL），锥形瓶 （250mL），烧杯 （400mL），磨口锥形瓶 （25mL），量筒 （100mL），普通冰水浴。

2. HCl（0.125mol·L^{-1}），一氯代乙酸 （0.25mol·L^{-1}），NaOH 标准溶液（0.1000mol·L^{-1}），酚酞指示剂，蒸馏水碎冰。

【实验步骤】

1. 配溶液

通过稀释 0.25mol·L^{-1} 一氯代乙酸溶液来配制 250mL 0.125mol·L^{-1} 一氯代乙酸溶液。

2. 纯溶剂 T_f^0 的测定

将盛溶液瓶和盛蒸馏水瓶放入普通冰水浴内 （或冰箱内）冷却。首先在凝固点降低装置中加入 50mL 冷蒸馏水，按图 3-14 组装凝固点测定装置，然后打开胶塞，将一定量的蒸馏水碎冰放进杜瓦瓶内。充分搅拌杜瓦瓶内容物，使体系达到相平衡（停止搅拌后若温度不变，则认为体系已达到平衡）。记录平衡时贝克曼温度计的读数 T_f^0。做平行实验 3 次，取平均 T_f^0。

3. 溶液 T_f 的测定

将杜瓦瓶内的水倒出。在杜瓦瓶内加入 50mL 0.125mol·L^{-1} 一氯代乙酸溶液，上下充分搅拌，使体系平衡，记录此时贝克曼温度计的读数 T_f。做平行实验 3 次，取平均值。

4. 溶液平衡浓度 b'_B 的测定

用移液管从杜瓦瓶中取出 10mL 溶液，放入干燥的已称量好的 25mL 磨口锥形瓶内。用移液管取液体时应注意，移液管插入杜瓦瓶的过程中，用洗耳球吹入空气，直到移液管插入杜瓦瓶底部，以防止少量碎冰进入移液管。

将装有溶液的锥形瓶放置一定时间，待其温度达到室温后精确称量。将溶液倒入 250mL 锥形瓶内，并用蒸馏水冲洗几次锥形瓶，冲洗液也倒入 250mL 锥形瓶中。以酚酞为指示剂，用 $0.1000mol \cdot L^{-1}$ NaOH 标准溶液滴定。

5. 按上述操作测定 $0.125mol \cdot L^{-1}$ HCl 溶液的凝固点和平衡浓度。

6. 数据处理和实验结果

(1) 将原始数据整理成表格。

(2) 计算一氯代乙酸溶液的 b'_B、ΔT_f、K_a。

(3) 计算盐酸溶液的 b'_B、ΔT_f。

(4) 利用式(3-23)计算得 ϕ 的理论值，并与实验测定值进行比较。

【思考题】

1. 不同浓度的一氯代乙酸的 α、K_c 测定值为什么有偏差？

2. 若分子间有缔合，如何测定分子的缔合度？

实验6　异丙醇-环己烷双液系相图

【实验目的】

1. 利用光学方法绘制恒压下异丙醇-环己烷双液系的沸点-组成相图。

2. 掌握用折射率确定二元体系的方法，确定其恒沸组成及恒沸温度。

3. 掌握阿贝折射仪的原理及使用方法。

【实验原理】

在常温下，两种液态物质以任意比例相互溶解所组成的体系称为完全互溶双液系。在一恒定压力下，表示溶液沸点与组成关系的图称为沸点-组成图，即所谓的相图。完全互溶双液系在恒定压力下的沸点-组成相图可分为三类：①溶液沸点介于纯组分沸点之间（图3-15）。例如苯-甲苯体系即属于此类，可以用蒸馏法将它们分离。②溶液存在最高沸点（图3-16）。图 3-16 表示与理想状态产生很大负偏差的情况，并且图中显示出在某个组成上，液相和气相的组成相同，该组成即称为共沸组成，共沸组成时体系的沸点为恒沸温度。此时溶液有最高恒沸点，即此时某浓度混合物的沸点上升到最高沸点，在纯组分的沸点之上。从分子的角度来看，这意味着溶剂与溶质间的吸引力比溶剂与溶剂间的吸引力强，所以溶剂分子不易离开液相进入气相，相应的平衡温度就要升高。此类体系如 HCl-H_2O、HNO$_3$-H_2O、HCl-

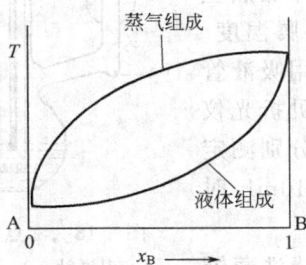

图 3-15　理想液态二元体系相图　　　　图 3-16　含最高恒沸点液态二元体系相图

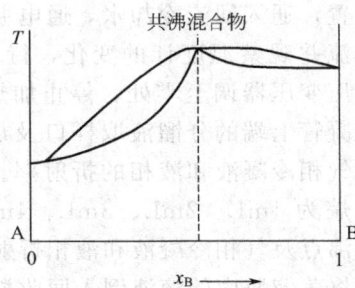

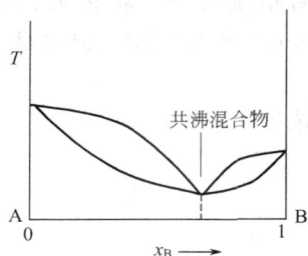

图 3-17　含最低恒沸点
液态二元体系相图

甲醚、丙酮-氯仿等。③溶液存在最低沸点（图 3-17）。图 3-17 也是一个非理想混合物，但它与理想状况产生正偏差，溶液有最低恒沸点，这时溶剂与溶质间的吸引力要比溶剂间的弱，如苯-甲醇、水-乙醇、水-异丙醇。

②、③类体系被称为具有恒沸点的双液系。它与图 3-15 的根本区别在于恒沸点时气液两相的组成相同，因此也就不能像①类那样通过反复蒸馏而使双液系的两个组分完全分离。对②、③类的溶液进行简单的反复蒸馏只能获得某一纯组分和组成为恒沸点相应组成的混合物。如欲获得两个纯组分，需采取其他方法。体系的最低或最高恒沸点即为恒沸温度，恒沸温度对应的组成为恒沸组成。异丙醇-环己烷双液系属于具有最低恒沸点的一类体系。

沸点-组成图的绘制可采用不同的方法。比如用化学分析方法分析某体系不同组成的溶液在沸腾时各组分的气液组成，从而可绘制出完整的相图。可以想象，对于不同的体系，由于组成不同，所用的化学分析方法就不同，绘制沸点-组成图的工作将十分复杂。特别是对于某些体系，由于缺乏准确、有效的化学分析方法，其相图的绘制就更为困难。物理学方法为相图的绘制提供了十分方便的实验手段，如光学方法。本实验所采用的折射率测定法，就是一种间接获取组成的办法，它具有简捷、准确的特点。

本实验利用回流及折射率测定法绘制相图。取不同组成的溶液，在沸点测定仪中回流，用温度计直接测定沸点，利用阿贝折光仪分别测定气相冷凝液和液相的折射率，然后由组成-折射率曲线确定气、液相组成，最后绘制相图。

【仪器与试剂】

1. 沸点测定仪，阿贝折光仪（包括恒温装置），移液管（1mL、10mL、25mL），吸液管，调压变压器，温度计（50～100℃）。

2. 异丙醇（A.R.），环己烷（A.R.）。

【实验步骤】

1. 已知浓度组成溶液的折射率的测定

取环己烷和异丙醇，分别配制成环己烷摩尔分数为 0、0.2、0.4、0.6、0.8、1 的六种组成的溶液，在 25℃ 和 30℃ 下，逐次用阿贝折光仪测定其折射率。绘制组成-折射率的关系曲线。

2. 溶液沸点及气、液相组成的测定

（1）取 25mL 异丙醇置于沸点测定仪的蒸馏瓶内。按图 3-18 连接好装置，通入回流冷却水，通电并调节变压器使液体加热至沸腾，回流并观察温度计的变化，待温度恒定，记录沸腾温度。然后将调压变压器调至零处，停止加热。充分冷却后，用吸液管分别从冷凝管上端的分馏液取样口及加液口取样，用阿贝折光仪分别测定气相冷凝液和液相的折射率。按上述操作步骤分别测定加入环己烷为 1mL、2mL、3mL、4mL、5mL、7mL、10mL 时各液体的沸点及气相冷凝液和液相折射率。

（2）将蒸馏瓶内的溶液倒入回收瓶中，并用环己烷清洗蒸馏瓶。然后取 25mL 环己烷注入蒸馏瓶内，按（1）的操作步骤进行。以后再分别加入异丙醇 0.2mL、0.3mL、0.5mL、1mL、

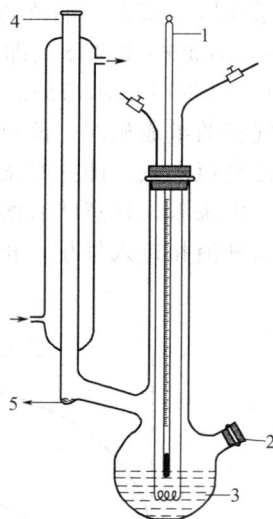

图 3-18　沸点测定仪
1—温度计；2—加液口；
3—电热丝；4—分馏液
取样口；5—分馏液

4mL、5mL，测定其沸点及气相冷凝液和液相折射率。

3. 仪器的使用

（1）阿贝折光仪的使用

① 将折光仪与超级恒温器相连接，调节好水温进行恒温并通入恒温水。

② 当温度恒定时，打开棱镜，滴一两滴丙酮在镜面上，合上两棱镜，使镜面全部被丙酮润湿再打开，用丝巾或镜头纸吸干，然后用重蒸馏水或已知折射率的试剂滴在标准玻璃块上来校正标尺刻度。

③ 测定时拉开棱镜，把欲测液体滴在洗净擦干了的下面棱镜上，待整个面上湿润后，合上棱镜进行观察。每次测定时两个棱镜都要啮紧，防止两棱镜所夹液层成劈状，影响数据重复性。如样品很容易挥发，可把样品由棱镜间小槽滴入。

④ 旋转棱镜，使目镜中能看到半明半暗现象。因光源为白光，故在界线处呈现彩色，旋转补偿棱镜使彩色消失，明暗清晰，然后再转动棱镜，使明暗界线正好与目镜中的十字线交点重合，从标尺上直接读取折射率，读数可至小数点后第四位。

（2）WYA 阿贝折光仪的使用

① 准备工作：每次测定之前必须将进光棱镜的毛面、折射棱镜的抛光面，用无水乙醇与乙醚（1∶1）的混合液和脱脂棉花或镜头纸轻擦干净，以免留有其他物质，影响测量准确度。

② 测定液体：将被测液体用干净滴管加在折射棱镜表面，并将进光棱镜盖上，用手轮锁紧，要求液层均匀，充满视场，无气泡。打开遮光板，合上反射镜，调节目镜视度，使十字线成像清晰，此时旋转折射率刻度调节手轮，在目镜视场中找到明暗分界线的位置，使分界线位于十字线的中心，再旋转色散调节手轮使分界线不带任何色彩，适当转动聚光镜，此时目镜视场下方显示的示值即为被测液体的折射率。

4. 数据记录和处理

（1）记录一　已知组成的异丙醇-环己烷溶液 25℃时的折射率

环己烷的摩尔分数	0	0.2	0.4	0.6	0.8	1
折射率						

（2）记录二　溶液沸点、折射率及组成

溶液沸点/℃								
气相冷凝液	折射率							
	组成							
液相	折射率							
	组成							
溶液沸点/℃								
气相冷凝液	折射率							
	组成							
液相	折射率							
	组成							

恒沸温度：　　　　　恒沸组成：　　　　　大气压：

（3）利用实验所获得的数据绘制异丙醇-环己烷的双液系的沸点-组成图。

【注意事项】

1. 阿贝折光仪必须在恒温后才能使用。
2. 沸点测定仪的三通磨口旋塞不能涂凡士林。
3. 加在电阻丝两端的电压不要超过 25V，特别注意不要短路。
4. 分馏液取样口、温度计、电阻丝插入口要有良好的气密性。
5. 避免加热用的电热丝与温度计相接触，以免发生爆裂。

【思考题】

1. 操作步骤中，在加入不同数量的各组分时，如发生了微小的偏差，对相图的绘制有无影响？为什么？
2. 为什么沸点仪三通磨口旋塞不能涂抹凡士林？
3. 为什么本实验要使用超级恒温槽？
4. 影响实验精度之一是回流的好坏，如何使回流进行得好？它的标志是什么？
5. 对应某一组分测定气相冷凝液和液相折射率，如因某种原因缺少其中某一个数据，应如何处理？它对相图绘制有无影响？
6. 正确使用阿贝折光仪应注意什么问题？
7. 沸点仪中的小球体积过大或过小对测量有何影响？
8. 设有一个二组分的共沸混合物，分馏是分离此二组分的合理方法吗？为什么？

实验7　Pb-Sn 二元金属相图

【实验目的】

1. 学会用热分析法测绘 Pb-Sn 二组分金属相图。
2. 掌握热分析的测量技术，了解控温仪的原理及使用。
3. 熟悉电位差计的使用。
4. 了解热电偶测量温度和进行热电偶校正的方法。

【实验原理】

相图是用于研究体系的状态随浓度、温度、压力等变量的改变而发生变化的图形，它可以表示在特定条件下体系存在的相数和各相的组成。对于一个两组分的多相平衡系统 $C=2$，由相律可知最大自由度（f）为 3（T、p 及 x），因此两组分系统相图的完整描绘需要 3 维空间。平面的图形比立体图更直观、简便，所以在实际应用中往往是固定 p 或 T（$f^*=2$），用平面直角坐标系绘制 T-x 图或 p-x 图来表示两组分系统的相平衡状态。在这种平面 p-x 图或 T-x 图中，$f^*=3-P$，当 $f^*=0$ 时，$P=3$，即最多允许三相平衡共存。对蒸气压较小的二组分凝聚体系，常以温度组成图来描述。

热分析法是绘制相图常用的基本方法之一。这种方法通过观察体系在冷却（或加热）时温度随时间的变化关系，来判断有无相变的发生。通常的做法是先将体系全部熔化，然后让其在一定环境中自行冷却，并每隔一定的时间（如 0.5min 或 1min）记录一次温度，以温度（T）为纵坐标，时间（t）为横坐标，画出称为步冷曲线的 T-t 图。图 3-19 中的曲线是二组分金属体系一种常见类型的步冷曲线。当体系均匀冷却时，如果体系不发生相变，则体系的温度随时间的变化将是均匀的，冷却也较快（图中 ab 线段）。若在冷却过程中发生了相变，由于在相变过程中伴随着热效应的发生，所以体系温度随时间的变化速度将发生改变，体系的冷却速度减慢，导致步冷曲线出现转折（如图中 b 点所示）。当溶液继续冷却到某一点时（如图中 c 点），由于此时溶液的组成已达到最低共熔混合物的组成，故有最低共熔混合物析出，在最低共熔混合物完全凝固以前，体系温度保持不变，因此步冷曲线出现平台（图中 cd 线段），当溶液完全凝固后，温度才会迅速下降（图中 de 线段）。

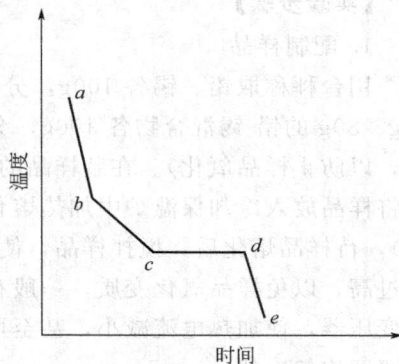

图 3-19　步冷曲线

由此可知，对于组成一定的二组分低共熔混合物体系来说，可以根据它的步冷曲线判断有固体析出时的温度和最低共熔点的温度。如果作出一系列组成不同的体系的步冷曲线，从中找出各转折点，即能画出二组分体系最简单的相图（温度-组成）。不同组成的步冷曲线对应相图的关系可从图 3-20 中看出。

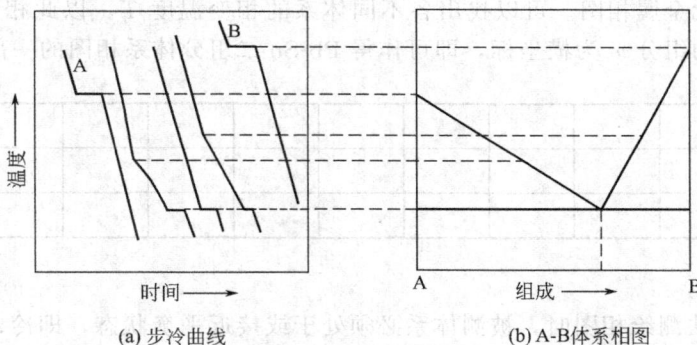

(a) 步冷曲线　　　　　　　(b) A-B体系相图

图 3-20　步冷曲线与相图

用热分析法测绘相图时，被测体系必须时时处于或接近相平衡状态。因此，体系的冷却速度必须足够慢，才能得到较好的结果。

体系温度的测量，可用水银温度计，也可以选用合适的热电偶。由于水银温度计的测温范围有限、精度又低而且易破坏，所以目前大都采用热电偶测量温度。用热电偶测温有许多优点，如灵敏度高、重现性好、量程宽等。而且由于它是将非电量转化为电量，故将它与电子电势差计配合使用，可自动记录温度-时间曲线。但是进行配合时，要注意热电偶热电势的数值及其变化的范围是否与电子电势差计量程相适应。通常电子电势差计量程为 $0\sim 10mV$，而热电偶热电势的数值和变化的范围均超过 $0\sim 10mV$，因此一般可采用对信号进行衰减的方法来匹配。但这样做的结果，将降低测量的精度。

本实验用镍铬-考铜热电偶作测温元件。

【仪器与试剂】

1. 可控升温坩埚炉，相图测定仪，立式冷却保温电炉，镍铬-考铜热电偶，样品管（$\phi 2.5cm\times 20cm$），玻璃套管（$\phi 0.8cm\times 22cm$）。

2. 铅（C.P.），锡（C.P.），石墨粉。

【实验步骤】

1. 配制样品

用台秤称取铅、锡各 100g，分别装入 2 个样品管中，再分别配制含锡量为 20g、40g、60g、80g 的铅-锡混合物各 100g，分别装入 4 个样品管中（在铅、锡样品上覆盖一层石墨粉，以防止样品氧化）。在装样品的同时，将热电偶热端的玻璃套管插入样品管中，然后逐个将样品放入冷却保温炉中加热熔化（或先在坩埚炉中加热熔化，再移入保温炉中进行冷却），待样品熔化后，搅拌样品，使它各处的组成和温度均匀一致。样品加热的温度不宜升得过高，以免样品氧化变质，一般在样品全部熔化后，再升高 50℃ 左右即可。然后调节调压变压器，使加热电流减小，甚至可调节到零，使电炉停止加热，让样品以每分钟 5～7℃ 的速度均匀冷却。

2. 测定步冷曲线

将样品管逐个放在坩埚炉中加热熔化，待熔化后用玻璃套管小心搅拌样品，然后再移入预先加热的冷却保温炉内使其均匀冷却。在玻璃套管中插入热电偶的热端，相图测定仪计算机自动记录步冷曲线，直到步冷曲线水平部分以下为止。

3. 数据记录和处理

作铅、锡二元金属相图。可以找出各不同体系的相变温度 T，以此相变温度 T 为纵坐标，相应各体系的组分 x 为横坐标，即可作得 Pb-Sn 二组分体系相图的一部分。

质量分数											
熔点/℃											
实验测定值/℃											

【注意事项】

1. 用热分析法测绘相图时，被测体系必须处于或接近平衡状态，即冷却进度要足够慢，同一样品不能随意变换冷却速度。

2. 体系加热熔化后，需搅拌均匀，否则较轻的组分浮于上部，浓度不均匀。

3. 所用热电偶必须插到样品中部，防止浮在样品上面或靠在样品管边上，使测得的温度不准。

4. 为了节省时间，不宜将样品升温过高，对于 Pb 含量为 10%～40% 的样品，当温度升至 230～250℃ 时，搅匀后即可测定冷却曲线，对于 Pb 含量为 60%～80% 的样品，当温度升至 320℃ 左右，搅匀后即可测定步冷曲线。

5. 测量时注意不要触碰热电偶及其套管。

6. 在取出和安放热电偶时应小心，不要用力过猛，防止弄断金属丝或造成金属丝短路。

7. 为了防止样品在加热时被空气氧化，在样品上可放一些光谱石墨粉。

【思考题】

1. 为什么在不同组分溶液的步冷曲线上最低共熔点的水平线段长度不同？

2. 实验用各样品的总质量为什么要求相等？如不相等有何影响？

3. 冷却速度对实验有何影响？

4. 过冷现象的存在对实验结果有何影响？

实验 8　表面张力的测定

【实验目的】

1. 掌握最大气泡压力法测定表面张力的原理和技术。

2. 通过对不同浓度乙醇溶液表面张力的测定，加深对表面张力、表面自由能、表面张力和吸附量关系的理解。

3. 通过吸附曲线的绘制，提高学生运用图解微分法解决问题的能力。

【实验原理】

界面化学是研究任意两相之间界面（interface）上发生物理化学变化过程的科学。界面上的分子所处的环境与体相中的分子不同，图 3-21 是气-液表面分子受力情况示意图，处在液体内部的分子 A，周围分子对它的吸引力是相等的，彼此之间互相抵消，所受的合力为零，因此 A 分子在体相内部移动时无需做功；处在表面层的分子 B 和 C 则不同，在 B 及 C 的上方是气体，由于单位体积内气体分子的数目远比液体内部的分子数目少，所以液体内部分子对处于表面的分子 B 及 C 的吸引力要大于气体分子对它的吸引力，因此 B、C 所受的合力不等于零，其合力垂直于液面而指向该液体内部，即液体表面分子受到向内的拉力。因此，在没有其他功存在时，所有液体都有自发缩小其表面积的趋势，促成液体的最小面积。要使液体的表面积增大，就必须反抗分子的内向力而做功，增加分子的势能。所以说分子在表面层比在液体内部有较大的势能，该势能就是表面自由能。通常把增大 $1m^2$ 表面所需的最大功 W，或增大 $1m^2$ 所引起的表面自由能的变化 ΔG，称为单位表面的表面能，其单位为 $J \cdot m^{-2}$；而把液体限制其表面扩展及力图使它收缩的单位直线长度上所作用的力，称为表面张力，其单位是 $N \cdot m^{-1}$。液体单位表面的表面能和它的表面张力在数值上是相等的。

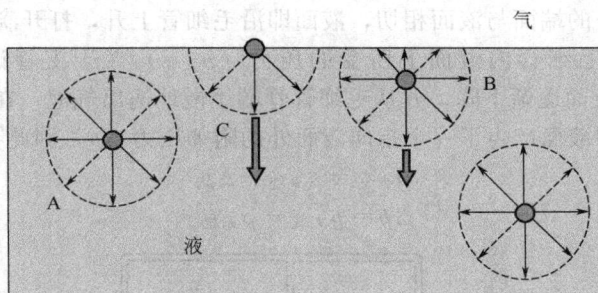

图 3-21　分子在液相表面和内部所受作用力示意图

在一定的温度与压力下，对一定的液体来说，扩展表面所消耗的表面功 δW 应与增加的表面积 dA 成正比。若以 σ 表示比例系数，则

$$\delta W = \sigma dA$$

根据热力学原理，在等温等压可逆的条件下

$$\delta W = (dG)_{T,p}$$

由上面两式可得

$$\sigma = \left(\frac{\partial G}{\partial A} \right)_{T,p} \tag{3-26}$$

式中，σ 称为界（表）面 Gibbs 自由能，简称界（表）面能。它是指在温度、压力和组

成一定的条件下，增加单位界（表）面时所引起系统 Gibbs 自由能的变化，其单位为 $J \cdot m^{-2}$（严格地说，这时的表面是指液体或固体与相应饱和蒸气构成的界面）。

液体的表面张力与温度有关，温度越高，表面张力越小。到达临界温度时，液体与气体不分，表面张力趋近于 0。液体的表面张力也与液体的纯度有关。在纯净的液体（溶剂）中如果掺进杂质，表面张力就要发生变化。其变化的大小，取决于溶质的本性和加入量的多少。

对纯溶剂而言，其表面层与内部的组成是相同的，但对溶液来说却是不同的。当加入溶质后，溶剂的表面张力要发生变化。根据能量最低原则，若溶质能降低溶剂的表面张力，则表面层中的溶质浓度应比溶液内部的浓度低。这种表面浓度与溶液内部浓度不同的现象叫做溶液的表面吸附。在一定的温度和压力下，溶液表面吸附溶质的量与溶液的表面张力和加入的溶质量（即溶液的浓度）有关，它们之间的关系可用吉布斯（Gibbs）公式表示：

$$\Gamma = \frac{c}{RT}\left(\frac{\partial \sigma}{\partial c}\right)_T \tag{3-27}$$

式中，Γ 为吸附量，$mol \cdot m^{-2}$；σ 为表面张力，$J \cdot m^{-2}$；T 为热力学温度，K；c 为溶液浓度，$mol \cdot L^{-1}$；R 为气体常数，$8.314\ J \cdot K^{-1} \cdot mol^{-1}$。$(\partial \sigma / \partial c)_T$ 表示在一定温度下表面张力随溶液浓度而变化的变化率。如果 σ 随浓度的增加而减小，即 $(\partial \sigma / \partial c)_T < 0$，则 $\Gamma > 0$，此时溶液表面层的浓度大于溶液内部的浓度，称为正吸附作用。如果 σ 随浓度的增加而增加，即 $(\partial \sigma / \partial c)_T > 0$，则 $\Gamma < 0$，此时溶液表面层的浓度小于溶液内部的浓度，称为负吸附作用。

从式（3-27）可看出，只要测得溶液的浓度和表面张力，就可求得各种不同浓度下溶液的吸附量 Γ。

在本实验中，应用浓度与折射率的对应关系进行溶液浓度的测定，应用最大气泡压力法进行表面张力的测定。

图 3-22 是最大气泡压力法测定表面张力的装置示意图。将待测表面张力的液体装于支管试管 2 中，使毛细管 1 的端面与液面相切，液面即沿毛细管上升，打开滴液漏斗 6 的活塞进行缓慢抽气，此时由于毛细管内液面上所受的压力（$p_{大气}$）大于支管试管中液面上的压力（$p_{系统}$），故毛细管的液面逐渐下降，并从毛细管管端缓慢地逸出气泡。在气泡形成过程中，由于表面张力的作用，凹液面产生了一个指向液面外的附加压力 Δp，因此有下列关系：

$$p_{大气} = p_{系统} + \Delta p$$

或

$$\Delta p = p_{大气} - p_{系统} \tag{3-28}$$

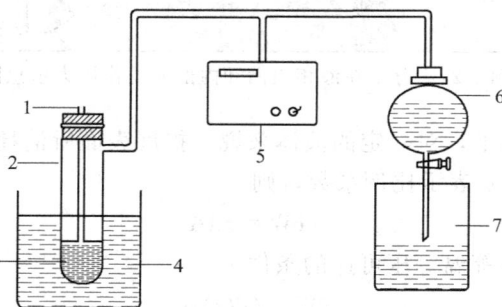

图 3-22　表面张力测定装置图

1—毛细管；2—支管试管；3—溶液；4—恒温水浴；5—数字
式压力计；6—抽气用滴液漏斗；7—烧杯

附加压力 Δp 与溶液的表面张力 σ 成正比，与气泡的曲率半径 r 成反比，其关系为

$$\Delta p = \frac{2\sigma}{r} \qquad\qquad (3\text{-}29)$$

若毛细管管径较小，则形成的气泡可视为球形。气泡刚形成时，由于表面几乎是平的，所以曲率半径 r 极大；当气泡为半球形时，曲率半径 r 等于毛细管半径 $r_{毛}$，此时 r 值为最小；随着气泡的进一步增大，r 又趋增大（如图 3-23 所示），直至逸出液面。

根据式(3-29) 可知，当 $r = r_{毛}$ 时，附加压力最大，Δp 为：

$$\Delta p = \frac{2\sigma}{r_{毛}} \qquad\qquad (3\text{-}30)$$

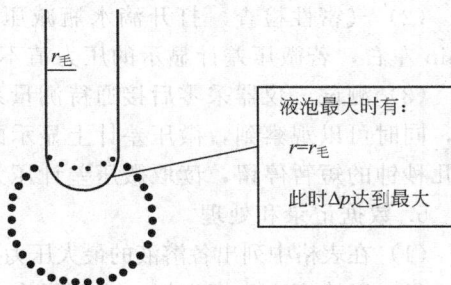

图 3-23　气泡形成过程

在实验中，若使用同一支毛细管和压力计，分别测定具有不同表面张力（σ_1 和 σ_2）的溶液时，可得下列关系：

$$\sigma_1 = \frac{r_{毛}}{2}\Delta p_1 \,;\; \sigma_2 = \frac{r_{毛}}{2}\Delta p_2$$

$$\sigma_1 = \sigma_2 \frac{\Delta p_1}{\Delta p_2} = K\Delta p_1 \qquad\qquad (3\text{-}31)$$

式中，K 称作仪器常数。如果用已知表面张力的液体作为标准，由实验测得其 Δp 值，就可求出仪器常数 K。然后只要用该仪器测定其他液体的 Δp 值，通过式(3-31) 计算，即可求得各种溶液的表面张力 σ。

【仪器与试剂】

1. 阿贝折光仪，恒温槽装置，滴液漏斗（250mL），支管试管（$\phi 2.5cm \times 20cm$），毛细管（0.2～0.3mm），酒精压力计，T 形管，烧杯（250mL），放大镜。

2. 重蒸馏水，无水乙醇（A.R.），丙酮（A.R.），待测乙醇水溶液样品（4～6 个）。

【实验步骤】

1. 工作曲线的绘制

用称量法配制 5%、10%、15%、20%、25%、30%、40%、50% 左右的标准乙醇溶液，并测定各溶液的折射率，作出浓度-折射率的工作曲线。

2. 仪器常数的测定

（1）仔细洗净支管试管和毛细管，然后按图 3-23 所示连接装置。在滴液漏斗中装满水，压力计中装入酒精。

（2）加入适量的重蒸馏水于支管试管中，调节毛细管的高低使其端面与液面相切。然后把支管试管浸入恒温槽（必须使毛细管处于垂直位置），在 20℃下恒温 10min。

（3）打开滴液漏斗活塞进行缓慢抽气，使气泡从毛细管口逸出。调节气泡逸出的速度，当速度不超过每分钟 20 个时，读取压力计 Δp 值。重复读数三次，取其平均值。

3. 待测样品表面张力的测定

（1）用待测溶液洗净支管试管和毛细管后，加入适量的样品于支管试管中。

（2）按仪器常数测定时的操作步骤，分别测定各种未知浓度酒精溶液的 Δp 值，并从工作曲线上找出其相应的浓度值。

4. 精密数字压力计使用方法

(1) 采零　每次测试前使数字压力计与大气相通，按下"采零"键，使仪器自动扣除传感器零压力值（零点漂移），此时显示器显示为"0000"，以保证所测压力值的准确度。

(2) 气密性检查　打开滴水瓶减压，当微压差计上显示一定压差值时，关闭开关，停1min左右，若微压差计显示的压力值不变，表明仪器不漏气。

(3) 测试　仪器采零后接通待测量系统，打开滴水瓶减压，控制毛细管下方气泡逐个逸出，同时可以观察到，微压差计上显示的压差值逐渐增大，在压差值达最大时，仪器显示值有几秒钟的短暂停留，读取微压差计压力极大值至少三次，求平均值。

5. 数据记录和处理

(1) 在表格中列出各溶液的最大压力差与折射率数值，并求得其表面张力和浓度的数值。

(2) 以浓度 c 为横坐标，表面张力 σ 为纵坐标作图（横坐标浓度从零开始）。

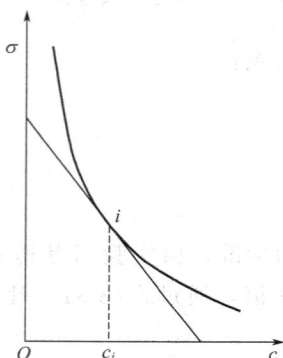

图 3-24　表面张力与浓度关系

(3) 在 σ-c 曲线上任取若干点，分别作出切线，求得斜率 m。

$$m = \left(\frac{\partial \sigma}{\partial c}\right)_T$$

(4) 根据吉布斯吸附方程式，求算各浓度溶液的吸附量，并画出吸附量与浓度的关系图。

$$\Gamma = -\frac{c}{RT}\left(\frac{\partial \sigma}{\partial c}\right)_T = -\frac{c}{RT}m$$

由斜率 m 求算吸附量 Γ 的方法如图 3-24 所示，在 σ-c 图上任找一点 i，过 i 点作切线，求曲线的斜率 m。

【思考题】

1. 表面张力为什么必须在恒温槽中进行测定？温度变化对表面张力有何影响？为什么？

2. 本实验为什么选用酒精压力计而不用水银压力计？

实验 9　中和热的测定

【实验目的】

1. 掌握用量热法测定中和热的方法。

2. 通过中和热的测定，计算弱酸的解离热。

【实验原理】

化学反应总是伴随着能量变化，这种能量的变化通常表现为热效应，即有热量的释放或吸收。这些热效应符合热力学第一定律且与物质的状态、所参加反应的量有关，但与反应经历的途径无关。中和反应也一样。其中，中和热的概念包括两点：

(1) 中和热是由水合氢离子和水合氢氧根离子结合生成 1mol 水时所放出的热量；

(2) 对于强酸强碱稀溶液，由于可以看作全部电离，其中和热可以看作是一定值，与参与反应的强酸强碱的种类无关。

酸碱中和反应要放出热量。在一定温度、压力、浓度下，1mol H^+(aq) 和 1mol OH^-

（aq）起反应生成 1mol H_2O 所放出的热量叫中和热。中和热化学方程式可用离子方程式表示：

$$H^+(aq) + OH^-(aq) \Longrightarrow H_2O(l) \quad \Delta H_{中和} = -57.36 \text{kJ} \cdot \text{mol}^{-1}$$

上式可作为强酸与强碱中和反应的通式。由此还可看出，这一类中和反应与酸的阴离子和碱的阳离子并无关系。

若以强碱（NaOH）中和弱酸（CH_3COOH）时，则与上述强酸、强碱的中和反应不同。因为在中和反应之前，首先是弱酸进行解离，其反应为：

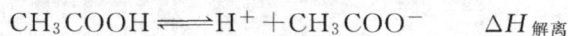

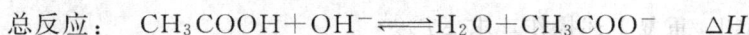

$$CH_3COOH \Longrightarrow H^+ + CH_3COO^- \qquad \Delta H_{解离}$$
$$H^+ + OH^- \Longrightarrow H_2O \qquad \Delta H_{中和}$$

总反应： $CH_3COOH + OH^- \Longrightarrow H_2O + CH_3COO^- \qquad \Delta H$

弱酸（或弱碱）在水溶液中只是部分解离，所以弱酸（或弱碱）与强碱（强酸）发生中和反应，存在弱酸（或弱碱）的电离作用（需吸收热量，即解离热），总的热效应将比强酸强碱中和时的热效应的绝对值要小。两者的差值即为该弱酸（或弱碱）的解离热。由此可见，ΔH 是弱酸与强碱中和反应总的热效应，它包括中和热和解离热两部分。根据盖斯定律可知，如果测得这一类反应中的热效应 ΔH 以及 $\Delta H_{中和}$，就可以通过计算求出弱酸的解离热 $\Delta H_{解离}$。

实验先用已知电压、电流和通电时间的电热丝发热量数据来确定量热计常数 K，然后测定了典型的盐酸与氢氧化钠反应热。

【仪器与试剂】

1. 数字贝克曼温度计，杜瓦瓶（1000mL），电热丝加热器，搅拌器，储存器，可变电阻（1.8A，110），电压表（0~3V），电流表（0~3A），直流电源（蓄电池或直流稳压器），单刀开关，量筒（50mL，500mL），停表。

2. NaOH 溶液（$1\text{mol} \cdot \text{L}^{-1}$），HCl 溶液（$1\text{mol} \cdot \text{L}^{-1}$），$CH_3COOH$ 溶液（$1\text{mol} \cdot \text{L}^{-1}$）。

【实验步骤】

1. 实验准备

清洗仪器。按图 3-25 装配仪器。打开数字式贝克曼温度计，预热 5min。调节基温选择按钮至 20℃，按下温度/温差按键，使表盘显示温差读数（精确至 0.001℃）。打开直流稳压电源，调节电压 10.0V。连接稳压直流电源与量热计。

2. 量热计常数的测定

用量筒量取 500mL 蒸馏水，注入用净布或滤纸擦净的杜瓦瓶中，轻轻塞紧瓶塞。接通电源，调节旋钮，记录 10.0V 时电流的读数。均匀搅拌 4min。然后切断电源，每分钟记录一次贝克曼温度计的读数，记录 10min。读第 10 个数的同时，接通电源，并连续记录温度。在通电过程中，电流、电压必须保持恒定（随时观察电流表与电压表，若有变化必须马上调节到原来指定值）。记录电流、电压值。通电 4min 后，停止通电。继续搅拌及每隔 1min 记录一次水温，测量 10min 为止。用作图法确定由通电而引起的温度变化 ΔT_1。按上述操作方法重复两次，取其平均值。

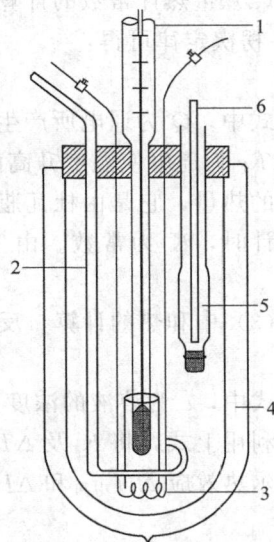

图 3-25 量热计
1—数字贝克曼温度计；2—搅拌器；3—电热丝；4—杜瓦瓶；5—碱储存器；6—玻璃棒

3. 中和热的测定

取 50mL 1mol·L^{-1} NaOH 溶液注入碱储存器中。用量筒量取 400mL 蒸馏水，注入用净布或滤纸擦净的杜瓦瓶中，然后加入 50mL 1mol·L^{-1} HCl 溶液。轻轻塞紧瓶塞，用搅拌器均匀搅拌，并记录温度（每分钟一次）。记 10 个数后，将碱储存器稍稍提起，用玻璃棒将胶塞捅掉（不要用力过猛，以免玻璃棒碰破杜瓦瓶内壁而损坏仪器）。捅掉胶塞后，即将碱储存器上下移动两次，使碱液全部流出。此后不断搅拌，并继续每隔 1min 记录一次温度。待温度变化缓慢后，再记录 10min 就停止测定。用作图法确定 ΔT_2。按上述方法重复两次，取其平均值。

4. 表观中和热的测定

用 CH_3COOH 代替 HCl，重复上述操作，求 ΔT_3。

5. 数据记录和处理

将数据记录于下表中：

V =　　　　　　I =　　　　　　t =

试验次数	ΔT 值		
	ΔT_1	ΔT_2	ΔT_3
1			
2			
3			
平均值			

（1）量热过程中温度变化，由于体系和环境之间存在着热交换，因此可通过雷诺曲线法进行校正。

（2）量热计常数的计算　由实验可知，通电所产生的热量使量热计温度上升 ΔT_1，由焦耳-楞次定律可得：

$$Q = UIt = K\Delta T_1$$

式中，Q 为通电所产生的热量，J；I 为电流强度，A；U 为电压，V；t 为通电时间，s；ΔT_1 为通电使温度升高的数值，℃；K 为量热计常数，其物理意义是量热计每升高 1℃ 所需的热量，它是由杜瓦瓶以及其中仪器和试剂的质量和比热容所决定的，当使用某一固定量热计时，K 为常数。由上式可得：$K = UIt/\Delta T_1$（平均值），代入上式，求出量热计常数 K。

（3）中和热的计算　反应的摩尔热效应可表示为：

$$\Delta H = -K\Delta T \times 1000/(cV)$$

式中，c 为溶液的浓度；V 为溶液的体积，mL；ΔT 为体系的温度升高值，℃。

利用上式，将 K 及 ΔT_2 及 ΔT_3（平均值）代入，分别求出强酸、弱酸与强碱中和反应的摩尔热效应 $\Delta H_{中和}$ 和 ΔH。利用盖斯定律求出弱酸分子的摩尔解离热 $\Delta H_{解离}$，即

$$\Delta H_{解离} = \Delta H - \Delta H_{中和}$$

【思考题】

1. 本实验是用电热法求得量热计常数，请考虑是否可用其他方法？你能否设计出一个实验方案来？

2. 分析测量中有哪些因素影响实验结果？

实验 10　差热分析

【实验目的】

1. 用差热仪绘制 $CuSO_4 \cdot 5H_2O$ 等样品的差热图。
2. 了解差热分析仪的工作原理及使用方法。
3. 了解热电偶的测温原理及如何利用热电偶绘制差热图。

【实验原理】

物质在受热或冷却过程中，当达到某特定温度时，往往会发生熔化、凝固、晶型转变、分解、化合、吸附、脱附等物理或化学变化，并伴随着焓的改变，因而产生热效应，表现为在物质与环境（样品与参比物）之间有温度差。差热分析（differential thermal analysis，DTA）就是通过温差测量来确定物质的物理化学性质的一种热分析方法。

差热分析仪的结构如图 3-26 所示。它包括带有控温装置的加热炉、放置样品和参比物的坩埚、用以盛放坩埚并使其温度均匀的保持器、测温热电偶、差热信号放大器和信号接收系统（记录仪或微机）。差热图的绘制是将两支型号相同的热电偶分别插入样品和参比物中，并将其相同端连接在一起（即并联，见图 3-26）。A、B 两端引入记录笔 1，记录炉温信号。若炉子等速升温，则记录笔 1 记录下一条倾斜直线，如图 3-27 中 MN；A、C 端引入记录笔 2，记录差热信号。若样品不发生任何变化，样品和参比物的温度相同，两支热电偶产生的热电势大小相等，方向相反，所以 $\Delta V_{AC} = 0$，笔 2 画出一条垂直直线，如图 3-27 中 ab、de、gh 段，是平直的基线。反之，当样品发生物理化学变化时，$\Delta V_{AC} \neq 0$，笔 2 发生左右偏移（视热效应正、负而异），记录下差热峰，如图 3-27 中 bcd、efg 所示。两支笔记录的时间-温度（温差）图就称为差热图，或称为热谱图。

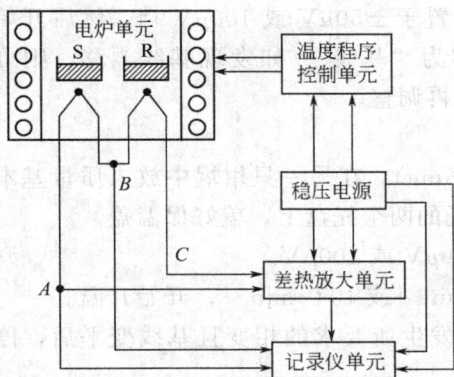

图 3-26　差热分析原理图

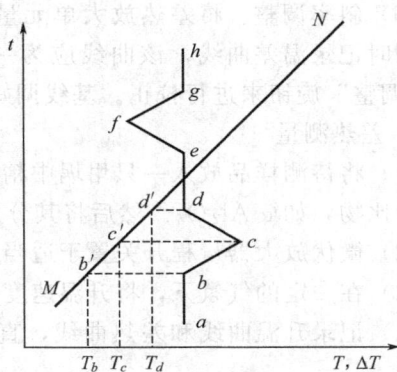

图 3-27　典型的差热图

差热图上可清晰地看到差热峰的数目、位置、方向、宽度、高度、对称性以及峰面积等。峰的数目表示物质发生物理化学变化的次数；峰的位置表示物质发生变化的转化温度（如图 3-27 中 T_b）；峰的方向表明体系发生热效应的正负性；峰面积说明热效应的大小；相同条件下，峰面积大的表示热效应也大。在相同的测定条件下，许多物质的热谱图具有特征性，即一定的物质就有一定的差热峰的数目、位置、方向、峰温等，因此，可通过与已知的差热谱图进行比较来鉴别样品的种类、相变温度、热效应等物理化学性质。因此，差热分析广泛应用于化学、化工、冶金、陶瓷、地质和金属材料等领域的科研和生产部门。理论上讲，可通过峰面积的测量对物质进行定量分析。

样品的相变热 ΔH 可按下式计算：

$$\Delta H = \frac{K}{m} \int_b^d \Delta T \mathrm{d}\tau$$

式中，m 为样品质量；b、d 分别为峰的起始、终止时刻；ΔT 为时间 τ 内样品与参比物的温差；$\int_b^d \Delta T \mathrm{d}\tau$ 代表峰面积；K 为仪器常数，可用数学方法推导，但较麻烦，本实验用已知热效应的物质进行标定。已知纯锡的熔化热为 $59.36 \times 10^{-3} \mathrm{J \cdot mg^{-1}}$，可由锡的差热峰面积求得 K 值。

【仪器与试剂】

1. 差热分析仪（CRY-1 型、CRY-2P 型、CDR 系列、简易差热分析仪等）。

2. $BaCl_2 \cdot 2H_2O$（A. R.），$CuSO_4 \cdot 5H_2O$（A. R.），$NaHCO_3$（A. R.），Sn（A. R.）。

【实验步骤】

方法1：CDR 系列差热仪

1. 准备工作

（1）取两只空坩埚放在样品杆上部的两只托盘上。

（2）通水和通气：接通冷却水，开启水源使水流畅通，保持冷却水流量约 $200 \sim 300 \mathrm{mL \cdot min^{-1}}$；根据需要在通气口通入一定流量的保护气体。

（3）开启仪器电源开关，然后开启计算机和打印机电源开关。

（4）零位调整：将差热放大器单元的量程选择开关置于"短路"位置，转动"调零"旋钮，使"差热指示"表头指在"0"位。

（5）将升温速度设定为 $5℃ \cdot min^{-1}$ 或 $10℃ \cdot min^{-1}$。

（6）斜率调整：将差热放大单元量程选择开关置于 $\pm 50\mu V$ 或 $100\mu V$ 挡，然后开始升温，同时记录温差曲线，该曲线应为一条直线，称为"基线"。如发现基线漂移，则可用"斜率调整"旋钮来进行校正。基线调好后，一般不再调整。

2. 差热测量

（1）将待测样品放入一只坩埚中精确称量（约 5mg），在另一只坩埚中放入质量基本相等的参比物，如 α-Al_2O_3。然后将其分别放在样品托的两个托盘上，盖好保温盖。

（2）微伏放大器量程开关置于适当位置，如 $\pm 50\mu V$ 或 $100\mu V$。

（3）在一定的气氛下，将升温速度设定为 $5℃ \cdot min^{-1}$ 或 $10℃ \cdot min^{-1}$，开始升温。

（4）记录升温曲线和差热曲线，直至温度升至发生所要求的相变且基线变平后，停止记录。

（5）打开炉盖，取出坩埚，待炉温降至 50℃ 以下时，换上另一样品，按上述步骤操作。

方法2：自装差热仪

1. 仪器预热：放大器（微瓦功率计）放大倍数选择 $300\mu W$；记录仪走纸速度为 $300 \mathrm{mm \cdot h^{-1}}$。待仪器预热 20min 后，调节放大器粗调旋钮，使记录笔2（蓝笔）处于记录纸左边适当位置。

2. 装样品：在干净的坩埚内装入约 $1/2 \sim 2/3$ 坩埚高度的 $CuSO_4 \cdot 5H_2O$ 粉末，颠实，然后将坩埚放入保持器的样品孔中；将另一装有 Al_2O_3 的坩埚（可连续使用）放入保持器的参比物孔中。盖上保持器盖，套上炉体，盖好炉盖。

3. 测量：开启程序升温仪，开始测量。待硫酸铜的三个脱水峰记录完毕，关闭程序升温仪，取下加热炉；待保持器温度降至50℃时，将装有纯Sn样品的坩埚（可反复使用）放入样品孔中。另换一台加热炉（冷的），同法测锡熔化的差热图。实验完毕关闭仪器电源。

4. 换用微机记录显示重复做$CuSO_4 \cdot 5H_2O$的差热图。

【数据处理】

1. 由所测样品的差热图，求出各峰的起始温度和峰温，将数据列表记录。

2. 求出所测样品的热效应值。

3. 样品$CuSO_4 \cdot 5H_2O$的三个峰各代表什么变化？写出反应方程式。根据实验结果，结合无机化学知识，推测$CuSO_4 \cdot 5H_2O$中5个H_2O的结构状态。

【注意事项】

1. 坩埚一定要清理干净，否则埚垢不仅影响导热，杂质在受热过程中也会发生物理化学变化，影响实验结果的准确性。

2. 样品必须研磨得很细，否则差热峰不明显，但也不要太细。一般差热分析样品研磨到200目为宜。

3. 双笔记录仪的两支笔并非平行排列，为防二者在运动中相碰，制作仪器时，二者位置上下平移一段距离，称为笔距差。因此，求解转化温度时应加以校正。

【思考题】

1. DTA实验中如何选择参比物？常用的参比物有哪些？

2. 差热曲线的形状与哪些因素有关？影响差热分析结果的主要因素是什么？

3. DTA和简单热分析（步冷曲线法）有何异同？

实验11 氯化铵生成热的测定

【实验目的】

1. 了解量热法测定反应热的原理及方法。

2. 加深对盖斯定律的理解。

【实验原理】

在标准状态下，由各元素的稳定单质生成1mol某物质的热效应，称为该物质的标准摩尔生成热，简称生成热，也称为生成焓。对于不是由单质直接生成的物质，其生成热可根据盖斯定律通过测定相关反应的反应热间接求得。

本实验通过测定盐酸和氨水反应的中和热及氯化铵固体的溶解热，再利用已知的盐酸和氨水的标准摩尔生成热而求得氯化铵的标准摩尔生成热为$\Delta_f H_m^{\ominus}(NH_4Cl, s)$。

由盖斯定律：

$$\Delta_f H_m^{\ominus}(NH_4Cl, s) + \Delta_s H_m^{\ominus}(NH_4Cl) = \Delta_f H_m^{\ominus}(HCl, aq) + \Delta_f H_m^{\ominus}(NH_3, aq) + \Delta_r H_m^{\ominus}$$

氯化铵的生成热为：

$$\Delta_f H_m^{\ominus}(NH_4Cl, s) = \Delta_f H_m^{\ominus}(HCl, aq) + \Delta_f H_m^{\ominus}(NH_3, aq) + \Delta_r H_m^{\ominus} - \Delta_s H_m^{\ominus}(NH_4Cl)$$

式中，$\Delta_f H_m^{\ominus}$为生成热；$\Delta_s H_m^{\ominus}$为溶解热；$\Delta_r H_m^{\ominus}$为中和热。

中和热和溶解热可采用简易热量计来测量。当反应在热量计中进行时，反应的热效应使热量计体系温度发生变化。因此，只要测定温度的改变值 ΔT 和热量计体系的热容 C，就可根据下式计算出中和热和溶解热：

$$\Delta_r H_m^\ominus = -\frac{C\Delta T}{n}$$

式中，n 为被测物质的物质的量；C 为热量计体系的热容（即热量计体系温度升高 $1℃$ 时所需要的热量）。

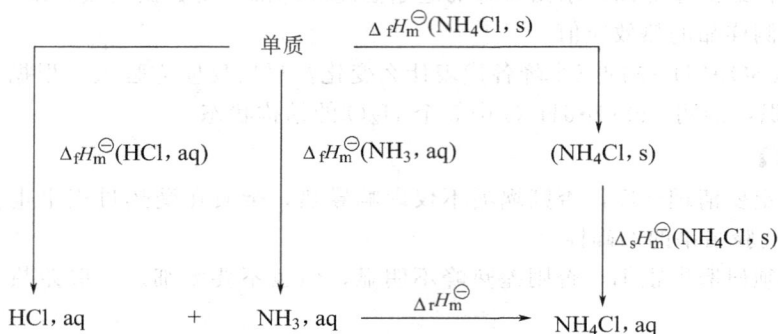

热量计体系的热容 C 可采用化学标定法求得，即利用 HCl 和 NaOH 水溶液在热量计内反应，测定体系的 ΔT，由已知的中和热数据（-57.3kJ·mol^{-1}），求出热量计体系的热容：

$$C = -\frac{n\Delta_r H_m^\ominus}{\Delta T}$$

显然测定 C 的关键是准确测得 ΔT。ΔT 常采用外推法由温度-时间曲线（如图 3-28 所示）求出。将曲线上 CB 线段延长与纵坐标相交于 D 点，AD 的长度即为 ΔT。

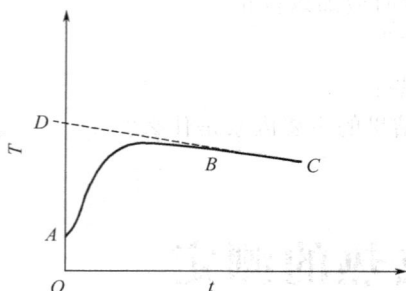

图 3-28 温度-时间曲线

【仪器与试剂】

1. 温度计（精确至 $0.1℃$），保温杯，磁子，电磁搅拌器，移液管，坐标纸。

2. NaOH（1.0mol·L^{-1}），HCl（1.0mol·L^{-1}，1.5mol·L^{-1}），$NH_3·H_2O$（1.5mol·L^{-1}），NH_4Cl。

【实验步骤】

1. 测定热量计的热容

使用配有电磁搅拌器的杯式热量计，每次使用前都要保证热量计和磁子干净、干燥。

准确量取 50mL 1.0mol·L^{-1} 的 NaOH 溶液倒入热量计的保温杯中，盖好杯盖，开动电磁搅拌器缓慢搅拌。观察温度，若连续 3min 稳定，记录该温度，将其作为反应的起始温度（精确至 $0.1℃$）。

准确量取 50mL 1.0mol·L^{-1} 的 HCl 溶液，使其温度与 NaOH 溶液温度一致，迅速倒入热量计的保温杯中并立即记录时间，盖好杯盖并搅拌，每隔 30s 记录一次温度，当温度达到最高点再记录 3min。

2. 测定氨水和盐酸的中和热

按实验步骤 1，用 50mL 1.5mol·L^{-1}NH$_3$·H$_2$O 和 1.5mol·L^{-1}HCl 反应重复实验。

3. 测定氯化铵的溶解热

准确量取 100mL 蒸馏水倒入热量计的保温杯中，盖好杯盖，待温度稳定时记录温度。用台秤称取与实验步骤 2 的溶液中相同 NH$_4$Cl 的量，将 NH$_4$Cl 固体迅速倒入热量计的保温杯中，立即计时，盖好杯盖并搅拌，每隔 30s 记录时间和温度，温度下降到最低值再记录 3min。

4. 结果处理

作 HCl 与 NaOH 反应的温度-时间曲线，按外推法求得 ΔT_1，并计算热量计的热容 C；作 NH$_3$·H$_2$O 与 NaOH 反应的温度-时间曲线，按外推法求得 ΔT_2，并计算中和热 $\Delta_r H_m^{\ominus}$；作 NH$_4$Cl 溶解的温度-时间曲线，按外推法求得 ΔT_3，并计算氯化铵的溶解热 $\Delta_s H_m^{\ominus}$；由已知的盐酸和氨水的生成热和测得的盐酸和氨水的中和热、氯化铵固体的溶解热，求出氯化铵的生成热。将测定结果与查表得到的数据比较，计算相对误差。

【思考题】

1. 实验中影响测定结果准确性的因素有哪些？
2. 试设计一个测定锌粉与硫酸铜反应的热效应的实验方案。

实验 12　电极制备及电池电动势的测定

【实验目的】

1. 学会铜电极、锌电极和甘汞电极的制备和处理方法。
2. 掌握电势差计的测量原理和测定电池电动势的方法，了解补偿法原理。
3. 加深对原电池、电极电势等概念的理解。

【实验原理】

电池电动势不能用伏特计直接测量。因为把伏特计与电池接通后，电池放电，电池中不断发生化学变化，溶液的浓度不断改变，导致电动势的值也发生变化。另一方面，电池本身有内电阻，伏特计所测出的仅仅是两极上的电势降，而不是电池电动势。所以，只有当电池没有电流通过时的电势降才是电池电动势。电势差计采用对消法原理测量电势差，即在电池无电流或电流很小的情况下测得两极的电势差，这时的电势差就是电池的电动势。

补偿法原理如下：测量可逆电池的电动势，要求测量过程中通过的电流无限小，补偿法通过在外电路上加上一个大小相等、方向相反的电势差与原电池相抗衡，达到测量回路中电流 $I \to 0$ 的目的，其线路示意图见图 3-29。

测量电动势所用的仪器称为电位差计，其主要部件为阻值精确且均匀的电阻（图 3-29中的 AB 段）。

测量时接通 K$_2$，即将待测电池 E_x 接入电路，然后移动接头，若移至 C 处时检流计 G 上显示电流 $I \to 0$，则表明 AC 段上的压降等于待测电池 E_x 的电动势，由仪器可读出其电势差的数值。但电势差的数值不仅决定于电阻，而且与流经电路的电流大小有关，而仪器使用时实际的电流大小是不定的，这样对仪器刻度数值的可靠性就带来了问题，为此电位差计在

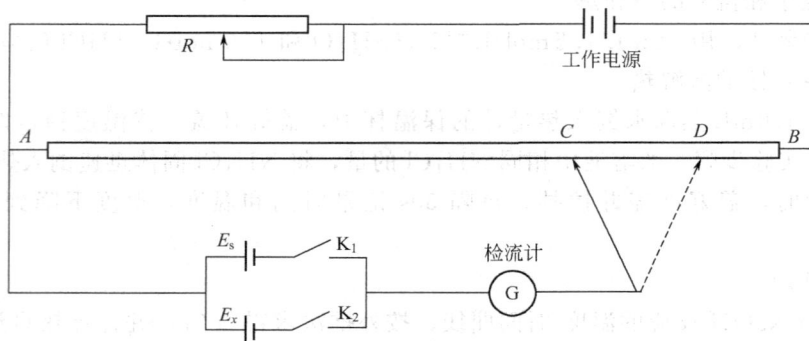

图 3-29 补偿法原理图

测量 E_x 前必须对其读数进行校准——仪器标准化。

进行仪器标准化时接通 K_1，即将标准电势差（$E_s = 1.0000V$）接入电路，移动接头至 D 处，然后调节可变电阻 R 至检零指示 G 上显示电流 $I \to 0$，表明 AD 段上的压降等于标准电势差 E_s，即仪器的标准化是调节电流，或者说是校正仪器读数。

电池由正负两个电极组成，电池的电动势等于两个电极电势的差值。

$$E = \varphi_+ - \varphi_-$$

式中，φ_+ 是正极的电极电势；φ_- 是负极的电极电势。

以 Cu-Zn 电池为例：

电池符号 $Zn \mid ZnSO_4(a_1) \parallel CuSO_4(a_2) \mid Cu$

负极反应 $Zn \longrightarrow Zn^{2+} + 2e^-$

正极反应 $Cu^{2+} + 2e^- \longrightarrow Cu$

电池总反应 $Zn + Cu^{2+} =\!=\!= Zn^{2+} + Cu$

（1）锌电极

$$\varphi_1 = \varphi_{Zn^{2+}/Zn} = \varphi^{\ominus}_{Zn^{2+}/Zn} + \frac{RT}{2F} \ln a_{Zn^{2+}}$$

$$\varphi_1 = \varphi^{\ominus}_{Zn^{2+}/Zn} + \frac{RT}{2F} \ln \left(\gamma_{Zn^{2+}} \times \frac{b_{Zn^{2+}}}{b^{\ominus}} \right)$$

（2）铜电极

$$\varphi_2 = \varphi_{Cu^{2+}/Cu} = \varphi^{\ominus}_{Cu^{2+}/Cu} + \frac{RT}{2F} \ln a_{Cu^{2+}}$$

$$\varphi_2 = \varphi^{\ominus}_{Cu^{2+}/Cu} + \frac{RT}{2F} \ln \left(\gamma_{Cu^{2+}} \times \frac{b_{Cu^{2+}}}{b^{\ominus}} \right)$$

式中，$b^{\ominus} = 1 mol \cdot kg^{-1}$，$\gamma_{Zn^{2+}} \approx \gamma_{ZnSO_4}$，$\gamma_{Cu^{2+}} \approx \gamma_{CuSO_4}$。

在一定温度下，电极电势的大小决定于电极的性质和溶液中有关离子的活度。由于电极电势的绝对值不能测量，在电化学中，通常将标准氢电极的电势规定为零，其他电极的电极电势是与之相比得到的相对值，即假设标准氢电极与待测电极组成一电池，并以标准氢电极为负极，待测电极为正极，这样测得的电极电势就是该电极的电极电势。由于使用标准氢电极的条件苛刻，难于实现，故常用一些制备简单、电势稳定的可逆电极作参考电极来代替，如甘汞电极、银-氯化银电极等。这些电极与标准氢电极相比较而得到的电势值已经精确测出，在物理化学手册中可查到。

另外，当两种不同电解质溶液接触时，在溶液的界面上总有液接电势存在。在电动势测量时，常用盐桥使原来产生显著液接电势的两种溶液不直接接触，降低液接电势到毫伏以下。用得较多的盐桥有 KCl(3mol·L^{-1}或饱和)、KNO_3、NH_4NO_3 等的溶液。

【仪器与试剂】

1. SDC-Ⅱ数字电位差综合测试仪，甘汞电极，铂电极，铜电极，锌电极，金相砂纸，U 形玻璃管，烧杯（100mL，50mL）。

2. 氯化钾饱和溶液，硫酸锌溶液（0.1000mol·L^{-1}），硫酸铜溶液（0.1000mol·L^{-1}），硝酸亚汞溶液（饱和溶液），纯汞，硫酸溶液（3mol·L^{-1}），硝酸溶液（6mol·L^{-1}），镀铜溶液（100mL 水中溶解 15g $CuSO_4·5H_2O$，5g H_2SO_4 和 5g C_2H_5OH）。

【实验步骤】

1. 电极制备

（1）锌电极 先用稀硫酸（3mol·L^{-1}）洗净锌表面的氧化物，再用蒸馏水淋洗，然后浸入饱和硝酸亚汞溶液中 3～5s，用镊子夹住一小团洁净棉花轻轻擦拭电极，使锌电极表面有一层均匀的汞齐，再用蒸馏水冲洗干净（用过的棉花投入指定的有盖广口瓶中，以便统一处理）。把处理好的电极放入清洁的电极管中并塞紧，将电极管的虹吸管口放入盛有 0.1000mol·L^{-1} 的硫酸锌溶液的烧杯中，用针筒自支管抽气，使溶液吸入电极管至浸没电极略高点，停止抽气，旋紧螺旋夹。电极装好后，虹吸管口不能有气泡，也不能有漏液现象。

（2）铜电极 先用稀硝酸（6mol·L^{-1}）洗净铜表面的氧化物，再用蒸馏水淋洗，然后把它作为阴极，另取一纯铜作阳极，在镀铜溶液中电镀。装置见图 3-30。电镀的条件是：电流密度 25mA·cm^{-2}左右，电镀时间 20～30min。

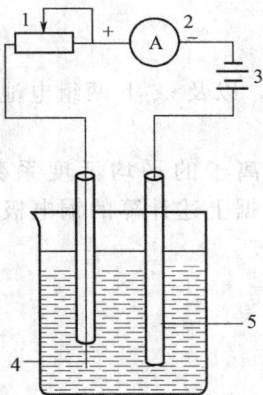

图 3-30　电镀铜电极装置
1—电位器；2—毫安表；3—电源；
4—铜电极；5—铜棒

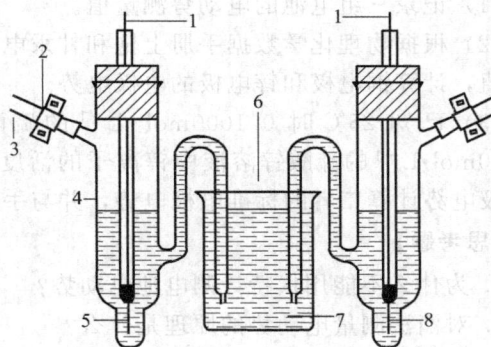

图 3-31　电池装置图
1—钢丝；2—夹子；3—乳胶管；4—电极管；5—锌电极；
6—盐桥；7—饱和 KCl 溶液；8—铜电极

电镀后应使铜表面有一层紧密的镀层，取出铜电极用蒸馏水淋洗，插入电极管，按上法吸入浓度为 0.1000mol·L^{-1} 的硫酸铜溶液。

（3）甘汞电极 该电极有研磨法和电解法两种制备方法，此处采用电解法。首先在电极管中装入纯汞，汞的量使汞面达到电极管的粗管部分，以使汞有较大的表面。插入铂丝电极，铂丝电极应完全插入，并吸入饱和氯化钾溶液。以另一根铂丝为阴极通电，控制电流到铂丝上有气泡冒出即可，通电时间约 30min，使汞上镀一层甘汞。取下电极管，用饱和氯化钾溶液冲洗几次，再装满，即制成电极。

其他浓度的甘汞电极可用同法制备，但氯化钾的浓度要改变。也可根据需要选择合适规格的市售甘汞电极。

（4）取琼脂 3g 放入 100mL 饱和 KCl 溶液，加热至完全溶解，趁热将此溶液装入 U 形玻璃管中，静置固化后即可使用。

2. 电池电动势的测量

（1）仪器标准化

① 打开仪器开关，将测量选择旋钮旋至"内标"。

② 调节电位旋钮至电位指示为：1.000V。

③ 按"采零"键至检零指示为：0.000V。

（2）测量电池电动势 E

① 以饱和氯化钾为盐桥，分别按图 3-31 将上面制好的电极组成电池，并接入电势差计的测量端，测量其电动势。这些电池有：

a. Zn｜ZnSO$_4$（0.1000mol·L^{-1}）‖KCl（饱和）｜Hg$_2$Cl$_2$，Hg；

b. Hg，Hg$_2$Cl$_2$｜KCl（饱和）‖CuSO$_4$（0.1000mol·L^{-1}）｜Cu；

c. Zn｜ZnSO$_4$（0.1000mol·L^{-1}）‖CuSO$_4$（0.1000mol·L^{-1}）｜Cu。

② 将电池接入测量端；

③ 将测量选择旋钮旋至"测量"；

④ 由大到小依次调节电位旋钮至检零指示为 0.000 时，记录电位指示的读数即为待测电池的电动势；

⑤ 重复上述①、②步骤，记录第二次数据。

3. 数据记录及处理

（1）记录三组电池的电动势测量值。

（2）根据物理化学数据手册上饱和甘汞电极的电极电势，以及 a、b 两组电池的电动势测量值，计算铜电极和锌电极的电极电势。

（3）已知 25℃ 时 0.1000mol·L^{-1} 的硫酸铜溶液中铜离子的平均活度系数为 0.6，0.1000mol·L^{-1} 的硫酸锌溶液中锌离子的活度系数是 0.15。据上述计算的铜电极和锌电极的电极电势计算二者的标准电极电势，并与手册上的数据比较。

【思考题】

1. 为什么不能用伏特计测电池电动势？

2. 对消法测量电动势的原理是什么？

实验 13　碳钢在碳酸铵溶液中极化曲线的测定

【实验目的】

1. 掌握用恒电势法测定极化曲线的方法，了解恒电势仪的基本特征与功能，并学会使用电势仪的方法。

2. 测定碳钢在碳酸铵溶液中的钝化曲线及阴极极化曲线。

3. 学习钝化电势的求解。

【实验原理】

在研究可逆电池的电动势和电池反应时，电极上几乎没有电流通过，每个电极或电池反应都是无限地接近于平衡状态下进行的，因此电极反应是可逆的。但当电池有明显的电流通过时，电极的平衡状态被破坏。此时电极反应处于不可逆状态，随着电极上电流密度的增加，电极反应的不可逆程度也随之增大。在有电流通过时，由于电极反应的不可逆而使电极电势偏离平衡值的现象称作电极的极化。根据实验测得的数据来描述电流密度和电极电势之间的关系的曲线称作极化曲线。

对于某些金属，当阳极极化不大时，阳极过程的速率随电势的变正而逐渐增大，这是金属的正常溶解，但当电极电势正到某一数值时，阳极过程的溶解速率随电势的变正，反而大幅度降低，这种现象称为金属的钝化。

对于可极化金属采用恒电势法可绘出完整的阳极极化曲线（如图 3-32 所示），曲线可分为以下四个部分。

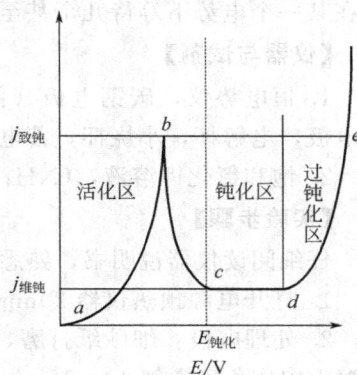

图 3-32　可极化金属的阳极极化曲线

（1）从点 a 到点 b 的电势范围称为活化区，在此区间的 ab 线段是金属的正常阳极溶解，此时金属处于活化状态，a 点是金属的自然腐蚀电势。

（2）从 b 点到 c 点的电势范围是钝化过渡区，bc 段是活化态向钝化态的转变过程。b 点是金属建立钝化的临近电势（即致钝电势），它所对应的电流 I_b 称为临界电流（即致钝电流）。

（3）从 c 点到 d 点的电势范围称为钝化区，所谓钝化，是由于金属表面状态的变化，使阳极溶解过程的超电势升高，金属的溶解速度急剧下降。cd 段表示金属处于钝化状态，与其对应的电流密度极小，称维持钝化电流 I_m（即钝态金属的稳定溶解电流密度），其数值几乎与电势的变化无关。如果对可钝化金属通以 b 点所对应的电流，使其进入 cd 阶段，再用维持钝化电流 I_m 将电势维持在这个区域内，则金属的腐蚀速度将会迅速下降。

（4）点 d 以后的电势称为过钝化区。此时阳极电流密度又重新随电势的增加而增加，金属的溶解速度增大，这种在一定电势下使已经钝化的金属重新溶解的现象称为过钝化（也称超钝化）。电流密度增加的原因可能是产生高钾离子（不能产生高钾离子的金属不会产生过钝化现象），也可能是由于氧气的析出，或二者兼有。

关于钝化金属活化的问题，大体上是，凡是能促使金属保护层被破坏的因素都能使钝化的金属重新活化。例如，加热、通入还原性气体、阴极极化、加入某些活化离子、改变溶液的 pH 值、机械损伤等。在使钝化金属活化的各种手段中，以 Cl^- 的加入最引人注意，将钝化金属浸入含有 Cl^- 的溶液中，金属即被活化。

用控制电势法测量极化曲线时，是将研究电极的电势恒定地维持在所需要的数值，然后测量与之相对应的电流密度。由于电极表面状态在未建立稳定状态以前，电流密度会随时间变化，故一般测出的曲线为暂态极化曲线。在实际测量中，常采用的恒电势有两种。

静态法：将电极电势较长时间维持在一定值，同时测量电流密度随时间的变化，直到电流基本上达某一稳定数值。如此逐点地测量各个电极电势下的稳定电流密度，以获得完整的极化曲线。

动态法：控制电极电势以较慢的速度连续地扫描，并测量对应电势下的瞬时电流密度，以瞬时电流密度与对应的电势作图得到整个极化曲线。所采用的扫描速度根据研究体系决定。一般的，电极表面建立稳定状态的速度越慢，扫描的速度也就越慢，这样才能使测得的极化曲线与静态法得到的曲线相似。

上述两种方法均已经获得广泛应用。从测量结果比较来看，静态法的结果虽较接近稳定值，但测量时间太长。例如对于钢铁等金属及其合金，为了测量钝态区的稳定电流，往往需要在某一个电势下等待几个甚至几十个小时，所以实际工作中常用动态法。

【仪器与试剂】

1. 恒电势仪，碳钢电极（普通碳钢片，面积为 $1cm^2$），饱和甘汞电极，硝酸钾盐桥，铂电极，电解杯，小烧杯，蓄电池或直流电源导线。

2. 饱和氯化钾溶液，$(NH_4)_2CO_3$ 溶液（$2mol \cdot L^{-1}$），H_2SO_4 溶液（$0.5mol \cdot L^{-1}$）。

【实验步骤】

仔细阅读仪器说明书，熟悉仪器面板上各按键及旋钮的功能。

1. 打开电源预热仪器 20min，特别注意：WE 接线夹和 CE 接线夹不能直接接触！！！

2. 处理电极：细砂纸打磨，蒸馏水冲洗，胶带缠绕只露出底部截面。在 $0.5mol \cdot L^{-1}$ 硫酸溶液中作负极电解 $10 \sim 15min$，电流密度控制在 $5mA \cdot cm^{-2}$ 以下。

3. 正确连接装置：WE 接研究电极，CE 接辅助电极（二者均为铁棒）；参比接饱和甘汞电极。装置如图 3-33 所示。量程选择 10mA 挡，内给定 旋钮左旋到底。

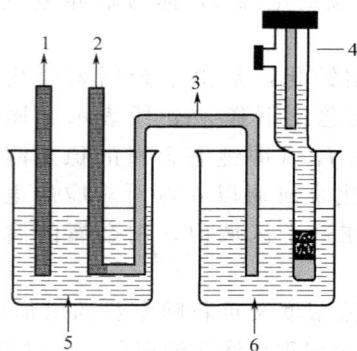

图 3-33 极化曲线测定装置图
1—辅助电极 CE；2—研究电极 WE；3—盐桥；
4—参比电极；5—碳酸铵
溶液；6—饱和 KCl 溶液

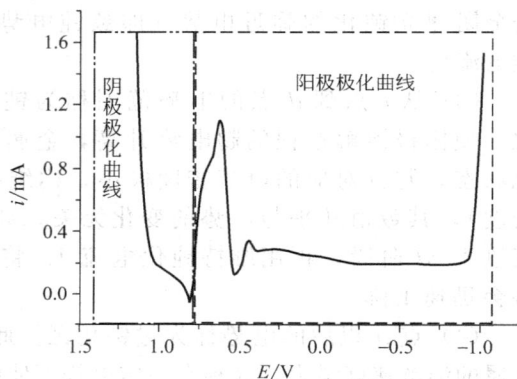

图 3-34 研究电极的极化曲线

4. 工作方式 置"参比"，负载选择 置"电解池"，通/断 置"通"。此时仪器显示的电压值为研究电极的"自然电位"（实为参比电极与研究电极的电势差）。该值应大于 0.8V，否则应重新处理电极。

5. 将 通/断 置"断"，负载选择 置"模拟"，工作方式 置"恒电位"，再将 通/断 置"通"。调节 内给定 旋钮使电压显示自然电位。

6. 将 负载选择 置"电解池"，间隔 20mV 调节内给定，如 0.82、0.84、0.86、1.20等，稳定 1min，读取相应的恒电位和电流值。以 i-E 作图得研究电极的阴极极化曲线（如

图 3-34 所示)。

7. 作完阴极极化曲线后回调 内给定 旋钮使电位仍显示自然电位，间隔 20mV 向数值减小的方向调节 内给定 旋钮，如 0.80, 0.78, 0.76, …, 至 0.4V，再间隔 0.1V 向数值减小的方向调节内给定旋钮，如 0.4, 0.3, 0.2, …, 至 0V，微调 内给定 旋钮使显示少许电压，按 +/- 使显示数字为 "−0, …"，逐渐下调至 −0.9V，然后再以 20mV 间隔下调至 −1.10V 止，每调一个电位值稳定相同时间后读取恒电位值和电流值。所得曲线为阳极极化曲线。

【数据记录与处理】

1. 记录实验时的室温与气压。
2. 以电流密度（或电流密度的平均值）为纵坐标，电极电势为横坐标绘出阳极及阴极的极化曲线。
3. 求出在测定条件下碳钢的钝化电势。

【思考题】

1. 恒电势法与恒电流法绘出的极化曲线有什么不同？为什么？
2. 通过极化曲线的测定，对极化过程和极化曲线的应用有什么进一步的理解？

实验 14　乙酸乙酯皂化反应速率常数的测定

【实验目的】

1. 通过电导法测定乙酸乙酯皂化反应速率常数和活化能。
2. 了解二级反应的特点，学会用图解法求出二级反应速率常数。
3. 熟悉电导率仪的使用方法。

【实验原理】

乙酸乙酯皂化反应是一个典型的二级反应，反应式为：

$$CH_3COOC_2O_5 + OH^- \longrightarrow CH_3COO^- + C_2H_5OH$$

设反应物乙酸乙酯与碱的起始浓度相同，则反应速率方程为：

$$-\frac{dc}{dt} = kc^2 \tag{3-32}$$

积分后可得反应速率常数表达式：

$$k = \frac{1}{tc_0} \times \frac{c_0 - c}{c} \tag{3-33}$$

式中，c_0 为反应物的起始浓度；c 为反应进行中任一时刻反应物的浓度。为求得某温度下 k 值，需知该温度下反应过程中任一时刻 t 的浓度 c。测定这一浓度的方法很多，本实验采用电导法。

本实验中乙酸乙酯和乙醇不具有明显的导电性，它们的浓度变化不致影响电导的数值。反应中 Na^+ 的浓度始终不变，它对溶液的电导具有固定的贡献，而与电导的变化无关。体系中 OH^- 和 CH_3COO^- 的浓度变化对电导的影响较大，由于 OH^- 的迁移速率约是 CH_3COO^- 的 5 倍，所以溶液的电导随着 OH^- 的消耗而逐渐降低。因此可以通过测定反应过程中溶液的电导追踪反应历程。

溶液在时间 $t=0$、$t=t$ 和 $t=\infty$ 时的电导分别以 G_0、G_t 和 G_∞ 表示。实质上，G_0 是 NaOH 溶液浓度为 c_0 时的电导，G_t 是 NaOH 溶液浓度为 c 时的电导 G_{NaOH} 与 CH_3COONa 溶液浓度为 c_0-c 时的电导 $G_{CH_3COO^-}$ 之和，而 G_∞ 则是产物 CH_3COONa 溶液浓度为 c_0 时的电导。由于溶液的电导与电解质的浓度成正比，所以有：

$$G_{NaOH}=G_0\frac{c}{c_0} \text{ 和 } G_{CH_3COO^-}=G_\infty\frac{c_0-c}{c_0} \tag{3-34}$$

由此，G_t 可以表示为：

$$G_t=G_0\frac{c}{c_0}+G_\infty\frac{c_0-c}{c_0}$$

则

$$G_0-G_t=(G_0-G_\infty)\frac{c_0-c}{c_0}$$

$$G_t-G_\infty=(G_0-G_\infty)\frac{c}{c_0}$$

所以

$$\frac{G_0-G_t}{G_t-G_\infty}=\frac{c_0-c}{c} \tag{3-35}$$

将式(3-35)代入式(3-33)，得：

$$k=\frac{1}{tc_0}\times\frac{G_0-G_t}{G_t-G_\infty} \tag{3-36}$$

利用作图法或计算法均可求此反应的速率常数 k。也可将上式变为如下形式：

$$G_t=\frac{1}{kc_0}\times\frac{G_0-G_t}{t}+G_\infty \tag{3-37}$$

以 G_t 对 $(G_0-G_t)/t$ 作图可得一条直线，由直线的斜率求得反应速率常数 k。由式(3-33)可知，本反应的半衰期：

$$t_{1/2}=\frac{1}{kc_0} \tag{3-38}$$

可见，反应物起始浓度相同的二级反应，其半衰期 $t_{1/2}$ 与起始浓度成反比。由式(3-38)可知，此处 $t_{1/2}$ 亦即作图所得直线的斜率。若由实验求得两个不同温度下的速率常数 k，则可利用公式：

$$\lg\frac{k'}{k}=\frac{E}{2.303R}\left(\frac{1}{T}-\frac{1}{T'}\right) \tag{3-39}$$

计算出反应的活化能 E。

【仪器与试剂】

1. 恒温槽，电导仪，锥形瓶（250mL），停表，烧杯（250mL），移液管（25mL），容量瓶（100mL）。

2. NaOH 溶液（$0.01mol\cdot L^{-1}$，$0.02mol\cdot L^{-1}$），$CH_3COOC_2H_5$ 溶液（$0.02mol\cdot L^{-1}$），CH_3COONa 溶液（$0.01mol\cdot L^{-1}$）。

【实验步骤】

1. 打开恒温水浴的"搅拌"和"电源"两个开关，设置温度为 35℃，预热电导仪。在两个锥形瓶中分别取 $0.02mol\cdot L^{-1}$ NaOH 和 $CH_3OOC_2H_5$ 各 25mL，恒温 10min，快速在电导池中混合均匀（倒入溶液时计时），测量不同时刻的 G_t。从 $t=0$ 起 2min 后记第一个数据，以后每 2min 读一次，测 30min。

2. 取适量的 $0.01mol\cdot L^{-1}$ NaOH 溶液注入干燥的双叉管中，插入电极，溶液液面必须浸没铂黑电极。置于恒温槽中恒温 15min，待恒温后测量其电导，此值即为 G_0，记下数据。取 $0.01mol \cdot L^{-1}$ CH_3COONa 约 60mL，恒温 10min，测量 35℃时的 G_∞；取 $0.02mol \cdot L^{-1}$ $NaOH$ 50mL，稀释定容 100mL，恒温测量 G_0，然后用前述溶液在 45℃测量 G_∞ 与 G_0。

3．在 45℃重复按上述步骤进行实验，测量 G_t。

4．清洗电导池，将恒温槽调回 35℃。

5．数据记录和处理。

t/min							$G_0 =$		$t =$ ℃
$G_t \times 10^{-1}$/s									
$G_0 - G_t$									
$(G_0 - G_t)/t$									

（1）利用表中数据以 G_t 对 $(G_0 - G_t)/t$ 作图求两温度下的 k 值。

（2）利用所作之图求两温度下的 G_∞。

（3）求此反应在 25℃和 35℃时的半衰期 $t_{1/2}$。

（4）计算此反应的活化能 E。

（5）测量 25℃和 35℃时的 G_∞，与作图法所得的 G_∞ 进行比较。

【注意事项】

1．反应前使用的 $NaOH$ 溶液浓度要低于 $0.04mol \cdot L^{-1}$，否则电导与浓度不再成正比。$NaOH$ 溶液的初始浓度应精确标定。

2．严格控制反应中 $NaOH$ 和 $CH_3COOC_2H_5$ 的起始浓度相同。因此在实验前电导池要进行干燥，并且每次使用电极时，都要先用蒸馏水淋洗电导池及铂黑电极三次，接着用所测溶液淋洗三次。

3．温度对反应速率影响较大，测定时必须精确调节好恒温槽温度。搅拌速度不要过快，且搅拌时不要碰到电极。

4．实验过程中必须保持电导池常数不变，操作时不要触及电极的铂黑，以防因铂黑脱落而改变电导池常数。保证电导池中溶液液面浸没电导电极的铂黑。

5．平时要将电导池浸泡在蒸馏水中保存。

6．恒温水浴中"搅拌"的作用就是让水循环，保持电导池和恒温水浴中水的温度相同。

【思考题】

1．为什么依据 $0.01mol \cdot L^{-1}$ 的 $NaOH$ 和 $0.01mol \cdot L^{-1}$ 的 CH_3COONa 溶液所测得的电导，就可以认为是 G_0 和 G_∞？

2．电导池为什么要干燥？

3．$NaOH$ 和 $CH_3COOC_2H_5$ 的起始浓度为什么要相等？若不相等能否进行实验测定？

4．在保持电导与离子浓度成正比关系的前提下，$NaOH$ 和 $CH_3COOC_2H_5$ 的起始浓度高一些好还是低一些好？为什么？

5．反应开始后不久，发现电导池的铂黑有脱落，此时应停止实验还是把实验继续进行下去？为什么？

实验 15 丙酮碘化反应

【实验目的】

1. 掌握孤立法确定反应级数的方法。
2. 利用分光光度计测定酸催化时丙酮碘化反应的反应级数、速率常数及活化能。
3. 进一步理解复杂反应的特征。

【实验原理】

复杂反应的反应速率和反应物浓度之间的关系不符合质量作用定律，以实验方法测定反应速率和反应物浓度的计量关系，是研究反应动力学的一个重要内容。孤立法是研究确定复杂反应速率方程常用的一种方法。配制一系列溶液，其中只有某一种物质的浓度发生变化，而其他物质的浓度在实验过程中保持相同，由此可以测定反应对变化浓度物质的反应级数。同样方法可再分别确定其他反应物的反应级数。丙酮碘化反应是一个酸催化的复杂反应，其初始阶段的反应为：

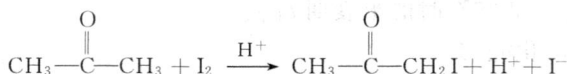

$$CH_3-\overset{O}{\overset{\|}{C}}-CH_3 + I_2 \xrightarrow{H^+} CH_3-\overset{O}{\overset{\|}{C}}-CH_2I + H^+ + I^-$$

H^+ 是反应的催化剂，因丙酮碘化反应本身有 H^+ 生成，所以这是一个自动催化反应。又因反应并不停留在生成一元碘化丙酮上，反应还继续下去。所以选择适当的反应条件，测定初始阶段的反应速率。其反应速率方程为：

$$\frac{dc_{CH_3COCH_2I}}{dt} = -\frac{dc_{CH_3COCH_3}}{dt} = -\frac{dc_{I_2}}{dt} = k \, [c_{CH_3COCH_3}]^p \, [c_{I_2}]^q \, [c_{H^+}]^r \tag{3-40}$$

式中，$c_{CH_3COCH_2I}$、$c_{CH_3COCH_3}$、c_{I_2}、c_{H^+} 分别为碘化丙酮、丙酮、碘、盐酸的浓度，$mol \cdot L^{-1}$；k 为速率常数；指数 p、q、r 分别为丙酮、碘和氢离子的反应级数。

如反应物碘是少量的，而丙酮和酸对碘是过量的，则反应在碘完全消耗以前，丙酮和酸的浓度可认为基本保持不变，此时反应将限制在按方程式进行。实验证实，在本实验条件（酸的浓度较低）下，丙酮碘化反应对碘是零级反应，即 q 为零。由于反应速率与碘浓度的大小无关（除非在很高的酸度下），因而反应直到碘全部消耗之前，反应速率将是常数，即

$$v = \frac{dc_{CH_3COCH_2I}}{dt} = k \, [c_{CH_3COCH_3}]^p \, [c_{H^+}]^r = 常数 \tag{3-41}$$

对式(3-41)积分后可得：

$$c_{CH_3COCH_2I} = k \, [c_{CH_3COCH_3}]^p \, [c_{H^+}]^r t + c \tag{3-42}$$

式中，c 是积分常数。由于 $\frac{dc_{CH_3COCH_2I}}{dt} = -\frac{dc_{I_2}}{dt}$，可由 c_{I_2} 的变化求得 $c_{CH_3COCH_2I}$ 的变化，并可由 c_{I_2} 对时间 t 作图，求得反应速率。

因碘溶液在可见光区有宽的吸收带，而在此吸收带中盐酸、丙酮、碘化丙酮和碘化钾溶液则没有明显的吸收，所以可以采用分光光度法直接观察碘浓度的变化，从而测量反应的进程。

根据朗伯-比尔定律，在某指定波长下，吸光度 A 与碘浓度有：

$$A = abc_{I_2} \tag{3-43}$$

又有：
$$A = \lg \frac{1}{T} = \lg \frac{I_0}{I} \tag{3-44}$$

式中，I_0 为入射光强度，可采用通过蒸馏水后的光强；I 为透过光强度，即通过碘溶液后的光强；b 为溶液的厚度，a 为吸光系数，T 为透光率。对同一比色皿，b 为定值，式(3-43)中 ab 可通过对已知浓度的碘溶液的测量来求得。将通过蒸馏水时的光强定为透光率 100，然后测量通过溶液时的透光率 T，则有：

$$ab = \frac{\lg 100 - \lg T}{c_{I_2}} \tag{3-45}$$

将式(3-43)、式(3-44) 代入式(3-42) 中整理后得：

$$\lg T = k\,(ab)\left[c_{CH_3COCH_3}\right]^p \left[c(H^+)\right]^r t + B \tag{3-46}$$

由式(3-46) 可知，$\lg T$ 对时间 t 作图，通过其斜率 m 可求得反应速率，即

$$m = k(ab)\left[c_{CH_3COCH_3}\right]^p \left[c(H^+)\right]^r \tag{3-47}$$

式(3-47) 与式(3-41) 相比较，则有：

$$v = \frac{m}{ab} \tag{3-48}$$

为了测定对丙酮的反应级数 p，至少在同温度下做两次实验。用脚注数字分别表示各次实验。当丙酮的初始浓度不同，而氢离子、碘的初始浓度分别相同时，即 $c_{(CH_3COCH_3)_2} = uc_{(CH_3COCH_3)_1}$，$c_{(H^+)_2} = c_{(H^+)_1}$，$c_{(I_2)_2} = c_{(I_2)_1}$。则有：

$$\frac{v_2}{v_1} = \frac{k\left[c_{(CH_3COCH_3)_2}\right]^p \left[c_{(I_2)_2}\right]^q \left[c_{(H^+)_2}\right]^r}{k\left[c_{(CH_3COCH_3)_1}\right]^p \left[c_{(I_2)_1}\right]^q \left[c_{(H^+)_1}\right]^r} = \frac{u^p \left[c_{(CH_3COCH_3)_1}\right]^p}{\left[c_{(CH_3COCH_3)_1}\right]^p} = u^p$$

$$\lg \frac{v_2}{v_1} = p \lg u$$

$$p = \left(\lg \frac{v_2}{v_1}\right)/\lg u = \left(\lg \frac{m_2}{m_1}\right)/\lg u \tag{3-49}$$

同理，当丙酮和碘的初始浓度相同，而酸的初始浓度不同时，即 $c_{(CH_3COCH_3)_3} = c_{(CH_3COCH_3)_1}$，$c_{(H^+)_3} = wc_{(H^+)_1}$，$c_{(I_2)_3} = c_{(I_2)_1}$ 得出：

$$r = \left(\lg \frac{v_3}{v_1}\right)/\lg w \tag{3-50}$$

又：$c_{(CH_3COCH_3)_4} = c_{(CH_3COCH_3)_1}$，$c_{(H^+)_4} = c_{(H^+)_1}$，$c_{(I_2)_4} = xc_{(I_2)_1}$，则有

$$q = \left(\lg \frac{v_4}{v_1}\right)/\lg x \tag{3-51}$$

从而做四次实验，求得反应级数 q、p、r。

由两个温度的反应速率常数 k_1 和 k_2，据阿伦尼乌斯公式：

$$E = 2.303R\,\frac{T_1 T_2}{T_2 - T_1} \lg \frac{k_2}{k_1} \tag{3-52}$$

可以计算反应的活化能 E。

【仪器与试剂】

1. WFZ800-D3B 型分光光度计，超级恒温槽（包括恒温夹套），停表，容量瓶（50mL），移液管（5mL，10mL）。

2. 碘标准溶液（0.01mol·L^{-1}，含 2% KI），HCl 标准溶液（1.0mol·L^{-1}），丙酮标准溶液（2.0mol·L^{-1}）。

【实验步骤】

1. 将波长调至 500 nm 处，预热紫外-可见分光光度计。

2. 测量碘标准溶液的透光率，计算 a_1 值。

当预热好的面板显示为"hello"时，按"T"设为"透光率测试"；样品架（3 个位置）最里面为"挡光"，按"clear"设透光率为 0；中间盛放蒸馏水的比色皿为"参比"，按"100％ T"设透光率为 100％；样品架最外为样品池（放反应混合物的比色皿），点击"enter"读取透光率。

3. 按要求，准备反应物 1～4 号，在室温条件下测试各组的透光率。

先取碘、酸分别放入 1～4 号容量瓶内，加入适量的水，再快速加入丙酮，计时开始（$t=0$），最后用水定容至 50mL，摇匀后先润洗装样品的比色皿，然后测不同时间的透光率。准确记录第一次按"enter"测试的时间。前两组，每隔 1min 读数，后两个每隔 30s 读数，数据不少于 12 个。

4. 打开恒温水浴，重复步骤 3 中的操作，测 30℃的透光率。前两组每隔 1min 读数，后两个每隔 15s 读数。

5. 然后用移液管分别移取 5mL、10mL、10mL 的标准丙酮溶液，分别注入 2 号、3 号、4 号容量瓶，用上述方法分别测定不同浓度的溶液在不同时间的透光率。

上述溶液的配制可如下所示：

容量瓶号	碘标准溶液/mL	HCl 标准溶液/mL	丙酮标准溶液/mL	蒸馏水/mL
1 号	10	5	10	25
2 号	10	5	5	30
3 号	10	10	10	20
4 号	5	5	10	30

在 35℃下重复上述实验，但在 35℃下测定改为每隔 1min 记录一次透光率。

6. 数据记录和处理

（1）求 ab

将测得数据填于下表，并用式(3-45)计算 ab 值。

项　　目	①	②	③
c_{I_2}			
透光率			
平均值			
ab			

（2）混合溶液的时间-透光率

恒温温度＿＿＿＿＿＿

1 号	t/min									
	透光率 T									
	$\lg T$									
2 号	t/min									
	透光率 T									
	$\lg T$									

3号	t/min								
	透光率 T								
	$\lg T$								
4号	t/min								
	透光率 T								
	$\lg T$								

（3）混合溶液中丙酮、盐酸、碘的浓度

容量瓶号	$c(CH_3COCH_3)/\text{mol·L}^{-1}$	$c(H^+)/\text{mol·L}^{-1}$	$c(I_2)/\text{mol·L}^{-1}$
1号			
2号			
3号			
4号			

（4）用表中数据，以 $\lg T$ 对 t 作图，求出斜率 m。

（5）用式(3-48)～式(3-51)计算反应级数。

（6）计算速率常数 k 值（令 $p=r=1$，$q=0$）。

（7）利用 25℃ 及 35℃ 的 k 值，计算丙酮碘化反应的活化能。

【注意事项】

1. 每组实验前核对分光光度计的零点和 $100\%T$ 点。

2. 定容用的蒸馏水也要恒温。

3. 如果透光率的起点高，增加快，可调整测量间隔，并注意记录时间。

4. 测量过程中的比色皿只用一个。

5. 显示的透光率均为百分数，处理数据时一定要注意。

【思考题】

1. 在本实验中，将丙酮溶液加入含有碘、盐酸的容量瓶中并不立即开始计时，而注入比色皿时才开始计时，这样做是否可以？为什么？

2. 影响本实验结果精确度的主要因素有哪些？

实验 16 希托夫法测定离子迁移数

【实验目的】

1. 掌握希托夫法测定离子迁移数的原理及方法。

2. 明确迁移数的概念。

3. 了解电量计的使用原理及方法。

【实验原理】

当电流通过电解质溶液时，溶液中的正、负离子各自向阴、阳两极迁移，由于各种离子的迁移速度不同，各自所带过去的电量也必然不同。每种离子所带过去的电量与通过溶液的总电量之比，称为该离子在此溶液中的迁移数。若正负离子传递的电量分别为 q^+ 和 q^-，通过溶液的总电量为 Q，则正负离子的迁移数分别为：

$$t^+ = q^+/Q \qquad t^- = q^-/Q$$

离子迁移数与浓度、温度、溶剂的性质有关，增加某种离子的浓度，则该离子传递电量的百分数增加，离子迁移数也相应增加；温度改变，离子迁移数也会发生变化，但温度升高，正负离子的迁移数差别较小；同一种离子在不同电解质中的迁移数是不同的。

希托夫法测定离子迁移数如图 3-35 所示。

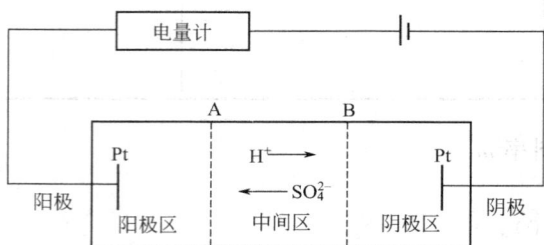

图 3-35　希托夫法测定离子迁移数

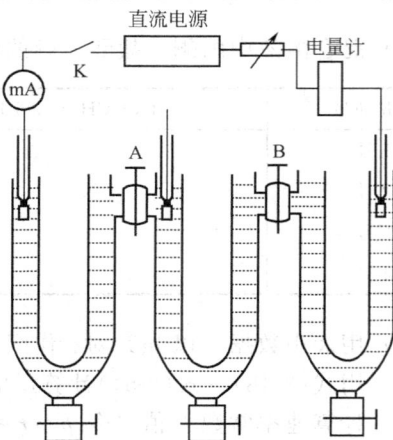

图 3-36　希托夫法测定离子迁移数装置图

将已知浓度的硫酸放入迁移管中，若有电量 Q(C) 通过体系，在阴极和阳极上分别发生如下反应：

阳极 $\qquad\qquad\qquad 2OH^- \longrightarrow H_2O + 1/2 O_2 + 2e^-$

阴极 $\qquad\qquad\qquad 2H^+ + 2e^- \longrightarrow H_2$

此时溶液中 H^+ 向阴极方向迁移，SO_4^{2-} 向阳极方向迁移。电极反应与离子迁移引起的总后果是阴极区的 H_2SO_4 浓度减少，阳极区的 H_2SO_4 浓度增加，且增加与减小的浓度数值相等，因为流过小室中每一截面的电量都相同，因此离开与进入假想中间区的 H^+ 数相同，SO_4^{2-} 数也相同，所以中间区的浓度在通电过程中保持不变。由此可得计算离子迁移数的公式如下：

$$t_{SO_4^{2-}} = \frac{\text{阴极区}(1/2H_2SO_4)\text{减少的量}(mol) \times F}{Q}$$

$$= \frac{\text{阳极区}(1/2H_2SO_4)\text{增加的量}(mol) \times F}{Q}$$

$$t_{H^+} = 1 - t_{SO_4^{2-}}$$

式中，$F = 96500 C \cdot mol^{-1}$ 为法拉第（Farady）常数；Q 为总电量。

图 3-35 所示的三个区域是假想分割的，实际装置必须以某种方式给予满足。图 3-36 的实验装置提供了这一可能，它使电极远离中间区，中间区的连接处又很细，能有效地阻止扩散，保证了中间区浓度不变的可信度。

通过溶液的总电量可用气体电量计测定，如图 3-37 所示，其准确度可达 $\pm 0.1\%$，它的原理实际上就是电解水（为减小电阻，水中加入几滴浓 H_2SO_4）。

阳极 $\qquad\qquad\qquad 2OH^- \longrightarrow H_2O + 1/2 O_2 + 2e^-$

阴极 $\qquad$ $2H^+ \longrightarrow H_2 - 2e^-$

根据法拉第定律及理想气体状态方程，据 H_2 和 O_2 的体积得到求算总电量（Q）公式：

$$Q = \frac{4(p - p_w)VF}{3RT}$$

式中，p 为实验时大气压；p_w 为温度为 T 时水的饱和蒸气压；V 为 H_2 和 O_2 混合气体的体积；F 为法拉第（Farady）常数。

【仪器与试剂】

1. 迁移管，铂电极，精密稳流电源，气体电量计，分析天平，碱式滴定管（250mL），锥形瓶（100mL），移液管（10mL），烧杯（50mL），容量瓶（250mL）。

2. 浓 H_2SO_4，NaOH 标准溶液（0.1mol·L^{-1}）。

【实验步骤】

1. 溶液的配制及装样：配制 $c(1/2H_2SO_4)$ 为 0.1mol·L^{-1} 的 H_2SO_4 溶液 250mL，并用 NaOH 标准溶液标定其浓度。然后用该 H_2SO_4 溶液冲洗迁移管后，装满迁移管。

图 3-37　气体电量计装置图

2. 打开气体电量计活塞，移动水准管，使量气管内液面升到起始刻度，关闭活塞，比平后记下液面起始刻度。

3. 按图接好线路，将稳流电源的"调压旋钮"旋至最小处。经教师检查后，接通开关 K，打开电源开关，旋转"调压旋钮"使电流强度为 10～15mA，通电约 1.5h 后，立即夹紧两个连接处的夹子，并关闭电源。

4. 将阴极液（或阳极液）放入一个已称量的洁净干燥的烧杯中，并用少量原始 H_2SO_4 溶液冲洗阴极管（或阳极管），一并放入烧杯中，然后称量。中间液放入另一洁净干燥的烧杯中。

5. 取 10mL 阴极液（或阳极液）放入锥形瓶内，用 NaOH 标准溶液标定。再取 10mL 中间液标定之，检查中间液浓度是否变化。

6. 轻弹气量管，待气体电量计气泡全部逸出后，比平后记录液面刻度。

【数据处理】

1. 将所测数据列表

室温_____；大气压_____；饱和水蒸气压_____；气体电量计产生气体体积_____；NaOH 标准浓度_____。

溶　液	烧杯质量/g	烧杯+溶液质量/g	溶液质量/g	V_{NaOH}/mL	$c(1/2H_2SO_4)$/mol·L^{-1}
原始溶液					
中间液					
阴极液					
阳极液					

2. 计算通过溶液的总电量 Q。

3. 计算阴极液通电前后 H_2SO_4 减少的量 n

$$n = \frac{(c_0 - c)V}{1000}$$

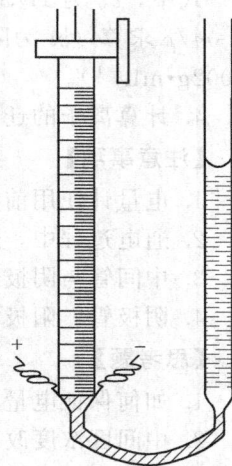

式中，c_0 为 H_2SO_4 原始浓度；c 为通电后 H_2SO_4 浓度；V 为阴极液体积，cm^3，由 $V = m/\rho$ 求算（m 为阴极液的质量；ρ 为阴极液的密度，20℃时 $0.1 mol \cdot L^{-1}$ H_2SO_4 的 $\rho = 1.002 g \cdot mL^{-1}$）。

4. 计算离子的迁移数 t_{H^+} 及 $t_{SO_4^{2-}}$。

【注意事项】

1. 电量计使用前应检查是否漏气。

2. 通电过程中，迁移管应避免振动。

3. 中间管与阴极管、阳极管连接处不留气泡。

4. 阴极管、阳极管上端的塞子不能塞紧。

【思考题】

1. 如何保证电量计中测得的气体体积是在实验大气压下的体积？

2. 中间区浓度改变说明什么？如何防止？

3. 为什么不用蒸馏水而用原始溶液冲洗电极？

实验 17　溶液中的离子反应

【实验目的】

1. 通过对 $S_2O_8^{2-}$ 与 I^- 反应的动力学研究，学习测定反应级数、反应速率常数、活化能及指前因子的实验方法。

2. 了解碘钟法及其特点。

3. 了解影响溶液中离子反应速率的各种因素，从而掌握离子反应的特性。

【实验原理】

1. 反应级数和速率常数的确定

$S_2O_8^{2-}$ 与 I^- 在溶液中的反应方程式为：

$$S_2O_8^{2-} + 2I^- \Longrightarrow I_2 + 2SO_4^{2-} \tag{3-53}$$

假设其速率方程具有如下形式：

$$-\frac{dc_{S_2O_8^{2-}}}{dt} = kc_{S_2O_8^{2-}}^p c_{I^-}^q \tag{3-54}$$

此反应可用碘钟法进行动力学研究，碘钟法的原理如下。

$S_2O_3^{2-}$ 与 I_2 有下列反应：

$$2S_2O_3^{2-} + I_2 \Longrightarrow 2I^- + S_4O_6^{2-} \tag{3-55}$$

在相同条件下，$S_2O_3^{2-}$ 与 I_2 反应的速率要比 $S_2O_8^{2-}$ 与 I^- 反应的速率大得多。当溶液中共存有 $S_2O_8^{2-}$、I^-、$S_2O_3^{2-}$ 和淀粉时，$S_2O_8^{2-}$ 和 I^- 反应生成的 I_2，立即会与 $S_2O_3^{2-}$ 反应而恢复为 I^-，直到体系中 $S_2O_3^{2-}$ 消耗殆尽，生成的 I_2 才能使淀粉显蓝色。体系从开始反应到出现蓝色所经历的时间，可以指示出 $S_2O_3^{2-}$ 消耗完毕的时间。由于反应式（3-53）比式（3-55）慢得多，所以这一时间实际上由慢反应式（3-53）的速率所控制，它与反应式（3-53）的速率有关。蓝色的显现，犹如时钟给反应计时，"碘钟"的含义即在于此。

设 $S_2O_8^{2-}$、I^- 和 $S_2O_3^{2-}$ 的初始浓度分别为 a、b、f；反应进行到 t 时刻，消耗掉 $S_2O_8^{2-}$ 的浓度为 x。则 t 时刻各反应物的浓度为 $c_{S_2O_8^{2-}} = a - x$，$c_{S_2O_3^{2-}} = f - 2x$。

当 $S_2O_3^{2-}$ 未消耗完，$f-2x>0$，即 $c_{S_2O_3^{2-}}>0$，则 $c_{I^-}=b$。

当 $S_2O_3^{2-}$ 已消耗完，$f-2x=0$，即 $c_{S_2O_3^{2-}}=0$，则 $c_{I^-}=b+(f-2x)=b$。

把上述关系代入式(3-54)，得

当 $c_{S_2O_3^{2-}}>0$ 时，

$$-\frac{\mathrm{d}c_{S_2O_8^{2-}}}{\mathrm{d}t}=-\frac{\mathrm{d}(a-x)}{\mathrm{d}t}=k(a-x)^p b^q$$

$$\frac{\mathrm{d}x}{\mathrm{d}t}=k(a-x)^p b^q$$

当 $c_{S_2O_3^{2-}}=0$ 时，有

$$-\frac{\mathrm{d}c_{S_2O_8^{2-}}}{\mathrm{d}t}=-\frac{\mathrm{d}(a-x)}{\mathrm{d}t}=k(a-x)^p(b-2x+f)^q$$

设反应从开始到体系显蓝色所经历的时间为 t^*。显然，t^* 为 $S_2O_3^{2-}$ 刚消耗完毕时的反应时间，此时应有：

$$c_{S_2O_3^{2-}}=f-2x=0$$
$$x=f/2$$

若使反应在 $a\gg f$ 和 $b\gg f$ 的条件下进行，体系刚显蓝色时的 x 比 a 和 b 均小得多，反应速率方程可近似地表示为

$$\frac{\mathrm{d}x}{\mathrm{d}t}\approx ka^p b^q$$

且反应的瞬时速率可近似地以平均速率表示，即

$$\frac{\mathrm{d}x}{\mathrm{d}t}\approx\frac{x}{t^*}=\frac{f}{2t^*} \tag{3-56}$$

$$\frac{f}{2t^*}=ka^p b^q \tag{3-57}$$

在已知反应物初始浓度 a、b、f 的情况下，由试验测出 t^*，用式(3-56)可求 $\mathrm{d}x/\mathrm{d}t$。进行两组溶液的反应，第一组初始浓度为 a、b、f，第二组为 ua、b、f，在其他条件均相同的情况下测定两组反应体系显蓝色的时间 t_1^* 和 t_2^*。应用式(3-57)得

$$\frac{f}{2t_1^*}=ka^p b^q$$

$$\frac{f}{2t_2^*}=k(ua)^p b^q$$

两式相除得

$$u^p=\frac{t_1^*}{t_2^*}$$

由此可求对 $S_2O_8^{2-}$ 的反应级数 p，用类似的方法可求对 I^- 的级数 q。p、q 确定后，用式(3-57)可计算 k。

2. 反应活化能的确定

溶液中离子反应的速率常数不仅与温度而且与体系的离子强度、溶剂等因素有关。当其他因素固定时，温度对速率常数的影响服从阿伦尼乌斯公式：

$$\ln k=-\frac{E_a}{RT}+\ln A$$

$\ln k$-$1/T$ 图为一直线，由直线斜率和截距可求 E_a 和 A。根据过渡状态理论，反应以下

式进行：

$$A+B \longrightarrow AB^{\neq} \longrightarrow 产物$$

反应速率公式为

$$-\frac{d[A]}{dt} = [AB^{\neq}]\frac{k_B T}{h} \tag{3-58}$$

式中，k_B 为玻耳兹曼常数；h 为普朗克常数；$AB^{\neq}$ 为活化配合物。活化配合物与反应物处于平衡状态，其平衡常数以 $K_{eq}^{\neq}$ 表示，有

$$K_{eq}^{\neq} = \frac{[AB^{\neq}]}{[A][B]} \tag{3-59}$$

将式(3-59) 代入式(3-58)，得

$$-\frac{d[A]}{dt} = K_{eq}^{\neq}[A][B]\frac{k_B T}{h} \tag{3-60}$$

双分子基元反应 $A+B \longrightarrow \cdots$，其速率方程为

$$-\frac{d[A]}{dt} = k[A][B] \tag{3-61}$$

比较式(3-60) 及式(3-61)，可得

$$k = K_{eq}^{\neq}\frac{k_B T}{h} \tag{3-62}$$

温度 T 时由标准态的反应物 A 和 B 反应生成 1mol 标准态 $AB^{\neq}$ 的吉布斯自由能改变量为 $(\Delta G^{\ominus})^{\neq} = -RT\ln K_{eq}^{\neq}$，则

$$k = e^{-(\Delta G^{\ominus})^{\neq}/(RT)} \times \frac{k_B T}{h} \tag{3-63}$$

因为

$$(\Delta G^{\ominus})^{\neq} = (\Delta H^{\ominus})^{\neq} - (T\Delta S^{\ominus})^{\neq}$$

所以

$$k = e^{-(\Delta H^{\ominus})^{\neq}/(RT)} \times e^{-(\Delta S^{\ominus})^{\neq}/R} \times \frac{k_B T}{h} \tag{3-64}$$

$(\Delta G^{\ominus})^{\neq}$、$(\Delta H^{\ominus})^{\neq}$、$(\Delta S^{\ominus})^{\neq}$ 依次称为活化吉布斯自由能、活化焓和活化熵。对式(3-64) 取自然对数后再对温度 T 微分，得

$$\frac{d\ln k}{dT} = \frac{(\Delta H^{\ominus})^{\neq}}{RT^2} + \frac{1}{T} = \frac{(\Delta H^{\ominus})^{\neq} + RT}{RT^2} \tag{3-65}$$

将式(3-65) 与阿伦尼乌斯公式的微分式 $d\ln k/dT = E_a/(RT^2)$ 比较，则

$$E_a = (\Delta H^{\ominus})^{\neq} + RT \tag{3-66}$$

因为

$$k = A e^{-E_a/(RT)}$$

则

$$k = A e^{-[(\Delta H^{\ominus})^{\neq} + RT]/(RT)} = A e^{-(\Delta H^{\ominus})^{\neq}/(RT)} \times e^{-1}$$

$$A e^{-1} = e^{(\Delta S^{\ominus})^{\neq}/R} \times \frac{k_B T}{h} \tag{3-67}$$

式(3-67) 表示出指前因子 A 与活化熵 $(\Delta S^{\ominus})^{\neq}$ 的关系。由试验测得 E_a、A 后，由式(3-66) 可计算 $(\Delta H^{\ominus})^{\neq}$，由式(3-67) 计算 $(\Delta S^{\ominus})^{\neq}$，由 $(\Delta H^{\ominus})^{\neq}$ 及 $(\Delta S^{\ominus})^{\neq}$ 可计算 $(\Delta G^{\ominus})^{\neq}$，再由 $(\Delta G^{\ominus})^{\neq}$ 与 $(K_{eq}^{\ominus})^{\neq}$ 的关系式可求出 $(K_{eq}^{\ominus})^{\neq}$。

【仪器与试剂】

1. 普通恒温槽，停表，移液管（2mL，5mL，10mL），反应瓶，烧杯（100mL）。

2. KI（A.R.），$Na_2S_2O_3$（A.R.），KNO_3（A.R.），$K_2S_2O_8$（A.R.），$K_2Cr_2O_7$（A.R.），HCl（A.R.），可溶性淀粉。

【实验步骤】

本实验用碘钟法测定过硫酸根与碘离子反应的反应级数，定温、定离子强度水溶液中该反应的速率常数，定离子强度水溶液中反应的活化能及指前因子，离子强度为零时水溶液中该反应的速率常数，定温、定离子强度下以不同比例的水和乙醇混合液作溶剂的反应速率常数。

（1）用称量法配制 $0.1000\,mol\cdot L^{-1}$ 的 $K_2S_2O_8$、$0.1000\,mol\cdot L^{-1}$ 的 KI、$2.000\,mol\cdot L^{-1}$ 的 KNO_3 溶液。按定量分析要求配制 $0.1000\,mol\cdot L^{-1}$ 的 $Na_2S_2O_3$ 溶液，精确标定其浓度（配制及标定方法见本教材上册实验51）。配制 0.2% 淀粉溶液，方法为取 0.2g 可溶性淀粉，加入少许蒸馏水调成糊状，将此糊状物倾入 100mL 沸水中，搅拌，煮沸 2min，冷却后待用。因淀粉易变质，需当天配制、当天使用。

（2）反应级数的测定　建议按下表所列的溶液数量进行四组反应。

组 号	V_{KI}/mL	$V_{Na_2S_2O_3}$/mL	V_{KNO_3}/mL	$V_{K_2S_2O_8}$/mL	$V_{淀粉}$/mL	$V_{蒸馏水}$/mL
	$0.1000\,mol\cdot L^{-1}$	$0.01000\,mol\cdot L^{-1}$	$2.0000\,mol\cdot L^{-1}$	$0.1000\,mol\cdot L^{-1}$	0.2%	
1	2.00	2.00	4.00	2.00	2.00	6.00
2	2.00	2.00	4.00	6.00	2.00	2.00
3	4.00	2.00	4.00	2.00	2.00	4.00
4	4.00	2.00	4.00	6.00	2.00	0.00

进行反应时用恒温槽控制反应温度。加惰性电解质 KNO_3 的目的是控制反应体系的离子强度。在进行每一组反应时，先把 KI、$Na_2S_2O_3$、KNO_3、淀粉溶液及蒸馏水按指定数量混合均匀，在恒温槽中恒温至反应温度，然后加入恒温到反应温度的所需量的 $K_2S_2O_8$ 溶液，当 $K_2S_2O_8$ 溶液加入约一半时开动停表计时。全部反应液要混合均匀。测出反应开始到反应体系刚呈现蓝色所需的时间 t^*，由四组反应的 t^* 及各反应的初始浓度确定反应级数 p、q。

（3）速率常数 k 的测定　用式（3-57）对四组反应计算 k 值。再由速率方程 $dx/dt \approx ka^pb^q$ 从 $t=0$，$x=0$；$t=t^*$，$x=f/2$ 作定积分，得出动力学方程（p、q 已知）。然后用四组数据作图求 k 值。比较这两种方法所得的 k 值。

（4）活化能 E_a 和指前因子 A 的测定　根据实验结果，从上述四组反应中选择一组。在至少四个不同的温度下测定该反应的 t^*。计算不同温度下的 k，由 $\ln k$-$1/T$ 图求 E_a 和 A，进而计算 $(\Delta H^\ominus)^{\neq}$、$(\Delta S^\ominus)^{\neq}$、$(\Delta G^\ominus)^{\neq}$ 和 $(K_{eq}^\ominus)^{\neq}$。

（5）数据处理和实验结果
① 以表格形式列出实验及计算数据。
② 按作图规则绘制图线，列出由图求得的数据。
③ 列出对该反应进行动力学研究的全部实验结论。

【思考题】

1. 碘钟法在什么条件下适用？$f/t^* = ka^pb^q$ 成立的条件是什么？

2. 实验测得的反应级数与反应方程式的计量系数是否相同？能否推断本反应是简单反应还是复杂反应？如果把本反应的历程设想为如下的双分子步骤：

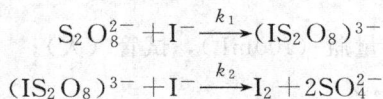

$$S_2O_8^{2-} + I^- \xrightarrow{k_1} (IS_2O_8)^{3-}$$

$$(IS_2O_8)^{3-} + I^- \xrightarrow{k_2} I_2 + 2SO_4^{2-}$$

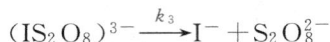

$$(IS_2O_8)^{3-} \xrightarrow{k_3} I^- + S_2O_8^{2-}$$

若 $k_2 \gg k_1$、$k_2 \gg k_3$，利用 $(IS_2O_8)^{3-}$ 的稳态近似，设 $d(IS_2O_8)^{3-}/dt = 0$，根据质量作用定律推导出总反应的速率方程。比较推导结果与实验结果是否一致？

3. 由计算得到的 $(\Delta S^\ominus)^{\neq}$、$(\Delta H^\ominus)^{\neq}$、$(\Delta G^\ominus)^{\neq}$ 和 $(K_{eq}^\ominus)^{\neq}$，讨论几个量的数值大小及符号的意义。

实验18 电导法测定水溶性表面活性剂的临界胶束浓度

【实验目的】

1. 了解表面活性的特性及胶束形成原理。

2. 学习并掌握电导率仪的使用方法。

3. 了解电导法测定表面活性剂临界胶束浓度的方法原理。

【基本原理】

分子中既含有足够长（大于 10 个碳原子）的亲油性烷基（非极性部分），又含有亲水性极性基团（离子化的，极性部分）的物质称为表面活性剂，如肥皂和各种合成洗涤剂等。按离子的类型可分为三类。

（1）阴离子型表面活性剂　如羧酸盐（肥皂，$C_{17}H_{35}COONa$），烷基硫酸盐 [十二烷基硫酸钠，$CH_3(CH_2)_{11}SO_4Na$]，烷基磺酸盐 [十二烷基苯磺酸钠，$CH_3(CH_2)_{11}C_6H_5SO_3Na$]等。

（2）阳离子型表面活性剂　主要是胺盐，如十二烷基二甲基叔胺 [$RN(CH_3)_2$] 和十二烷基二甲基氯化铵 [$RN(CH_3)_2HCl$]。

（3）非离子型表面活性剂　如聚氧乙烯类 [$RO(CH_2CH_2O)_nH$]。

表面活性剂溶于水后，不但可以定向吸附在水溶液表面，而且达到一定浓度时还会在溶液中发生定向排列，形成很大的分子集团即"胶束"。表面活性剂为了使自己成为溶液中的稳定分子，有可能采取两种途径：一是把亲水基留在水中，亲油基伸向油相或空气，其结果是降低界面张力，形成定向排列的单分子膜；二是让表面活性剂的亲油基团相互靠在一起，以减少亲油基与水的接触面积而形成胶束。由于胶束的亲水基方向朝外，与水分子相互吸引，使表面活性剂能稳定地溶于水中。随着表面活性剂在溶液中浓度的增加，球形胶束还可能转变成棒形胶束，乃至层状胶束。后者可用来制作液晶，它具有各向异性的性质。

表面活性剂在水中形成胶束所需的最低浓度称为临界胶束浓度，以 CMC（critical micelle concentration）表示。在 CMC 点时，由于溶液的结构改变，导致其物理及化学性质（如表面张力、电导、渗透压、浊度、光学性质等）与浓度的关系曲线出现明显转折。这个现象是测定 CMC 的实验依据，也是表面活性剂的一个重要特征。

本试验利用 DDS-307 型电导率仪测定不同浓度的十二烷基硫酸钠水溶液的电导率（或摩尔电导率），并作电导率（或摩尔电导率）与浓度的关系图，从图中的转折点即可求得临界胶束浓度。

【仪器与试剂】

1. DDS-307 型电导率仪，容量瓶（100mL），试管（大）。

2. 十二烷基硫酸钠（A.R.）。

1. 开通电导率仪的电源预热 20min。

2. 取十二烷基硫酸钠在 80℃烘干 3h，用电导水或重蒸馏水分别配制 0.003mol·L^{-1}、0.005mol·L^{-1}、0.007mol·L^{-1}、0.009mol·L^{-1}、0.011mol·L^{-1}、0.013mol·L^{-1}、0.015mol·L^{-1}、0.017mol·L^{-1}、0.019mol·L^{-1}、0.021mol·L^{-1} 的十二烷基硫酸钠溶液各 100mL。

3. 用电导率仪从稀到浓分别测定上述各溶液的电导率。用后一个溶液荡洗存放过前一个溶液的电导电极和容器 3 次以上，每个溶液的电导率读数 3 次，取平均值。电导率仪的使用方法请参阅上册 3.10.5 节。

4. 实验结束后用蒸馏水洗净试管和电极，并且测量所用水的电导率。

5. 数据处理

做出电导率（或摩尔电导率）与浓度的关系图，从图中转折点处找出临界胶束浓度。

文献值：40℃，$C_{12}H_{25}SO_4Na$ 的 CMC 为 8.7×10^{-3} mol·L^{-1}。

【思考题】

1. 你认为测定表面活性剂的临界胶束浓度还可能有其他哪些方法？

2. 电导法能否用于测定非离子型表面活性剂的临界胶束浓度？

实验 19　电动势法测定溶液的 pH 值及液接电势的测量

【实验目的】

1. 掌握电动势法测定溶液 pH 值的方法。

2. 了解液接电势的产生及消除方法，了解盐桥的作用。

【基本原理】

主要介绍氢醌电极作为对氢离子可逆的电极。氢醌又称为醌氢醌，它是等分子的氢醌（对苯二酚）和醌的混合物，微溶于水，溶解的部分又全分解为醌和氢醌，反应如下：

$$C_6H_4O_2 \cdot C_6H_4(OH)_2 \longrightarrow C_6H_4O_2 + C_6H_4(OH)_2$$

醌氢醌　　　　　　　　　　醌（Q）　　氢醌（H₂Q）

氢醌是弱的有机酸，在水中的溶解度很小：

$$C_6H_4(OH)_2 \Longleftrightarrow C_6H_4O_2^{2-} + 2H^+$$

氢醌离子还可以氧化为醌，两者成为可逆平衡：

$$C_6H_4O_2^{2-} \Longleftrightarrow C_6H_4O_2 + 2e^-$$

于是氢醌的电极反应为：

$$C_6H_4O_2 + 2H^+ + 2e^- \Longleftrightarrow C_6H_4(OH)_2$$

如果以氢醌电极组成电池，氢醌电极作负极，进行氧化反应，上述反应自右向左进行。反之，如果氢醌电极作正极，进行还原反应，反应自左向右进行。

氢醌的电极电位表示为

$$\varphi_{醌/氢醌} = \varphi^{\ominus}_{醌/氢醌} - \frac{RT}{2F}\ln\left(\frac{a_{氢醌}}{a_{醌}a^2_{H^+}}\right)$$

醌、氢醌在溶液中的浓度不但很小，而且相等，即 $a_{醌}=a_{氢醌}$，又 $T=298K$，所以：

$$\varphi_{醌/氢醌}=\varphi^{\ominus}_{醌/氢醌}+0.05915\lg a_{H^+}$$

$$\varphi_{醌/氢醌}=\varphi^{\ominus}_{醌/氢醌}-0.05915pH$$

若氢醌电极和甘汞电极组成电池，被测溶液的 pH 值小于 7.1，须以氢醌电极作正极，饱和甘汞电极作负极，电动势才是正值，在 298K 时电池电动势为

$$E=\varphi^{\ominus}_{醌/氢醌}-0.05915pH-0.2415$$

$$E=\varphi^{\ominus}_{醌/氢醌}-0.05915pH-0.2415$$

0～35℃时 $\varphi^{\ominus}$ 与温度的关系：

$$\varphi^{\ominus}_{醌/氢醌}=0.7175-0.00074t$$

t 为摄氏温度，当 $t=25℃$ 时，$\varphi^{\ominus}_{醌/氢醌}=0.6990V$，代入上式：

$$E=0.6990-0.05915pH-0.2415$$

$$pH=\frac{0.4575-E}{0.05915}$$

若被测溶液的 pH 值大于 7.1，则须以氢醌电极作负极，饱和甘汞电极作正极，298K 时的电动势为

$$E=0.2415-(0.6990-0.05915pH)$$

$$pH=\frac{0.4575+E}{0.05915}$$

氢醌电极虽然制备简单，操作方便，不易中毒，但氢醌不能用于含有氧化剂和还原剂的溶液，因为醌和氢醌很容易被氧化和还原，也不能用于含有蛋白质的胺盐的溶液。此外，pH＞8 的碱性溶液也会使测定结果不准确。

【仪器与试剂】

1. 铂丝（或铂片），烧杯（25mL），饱和甘汞电极，数字电压表，滤纸条。

2. 醌氢醌，KCl 溶液（饱和），$ZnSO_4$ 溶液（0.05mol·L^{-1}），$CuSO_4$ 溶液（0.05mol·L^{-1}），两种记为待测溶液①和待测溶液②未知 pH 的溶液（由教师配制）。

【实验步骤】

1. 制备醌氢醌电极：用小烧杯取 20mL 待测溶液①，在待测溶液中加入少量的醌氢醌使溶液饱和，浸入一光滑的铂丝或铂片，即构成了醌氢醌电极。

2. 将醌氢醌电极和饱和甘汞电极组成电池，测定其电动势，记录数据。

3. 取待测溶液②，重复上述操作，记录数据。

4. 将两支饱和甘汞电极分别插入两个装有饱和 KCl 溶液的小烧杯中，将两极接数字电压表，这时显示断路，然后用一条滤纸接两小烧杯，稍后滤纸被 KCl 溶液所浸湿，在数字电压表上显示出两个饱和甘汞电极的差值。

5. 另取两个烧杯，分别装入 0.05mol·L^{-1} 的 $ZnSO_4$ 和 0.05mol·L^{-1} $CuSO_4$ 溶液，将两支饱和甘汞电极分别插入两烧杯中，如上操作，当两溶液沿滤纸上升并接触时，则数字电压表可显示出几十毫伏的液接电势。

6. 拿出滤纸，换上用饱和 KCl 溶液浸过的滤纸条（当盐桥），在数字电压表上可看到几毫伏以下的液接电势，从而说明了液接电势的消除和盐桥的作用。

7. 数据处理

（1）计算待测溶液①和②的 pH 值。

（2）求出 $0.05\text{mol}\cdot\text{L}^{-1}$ 的 $ZnSO_4$ 和 $0.05\text{mol}\cdot\text{L}^{-1}$ $CuSO_4$ 溶液的液接电势。

【思考题】

1. 盐桥的作用是什么？应选择什么样的电解质作盐桥？
2. 消除液接电势有哪些方法？

实验 20　氨基甲酸铵分解反应标准平衡常数的测定

【实验目的】

1. 测定各温度下氨基甲酸铵的分解压力，计算各温度下分解反应的平衡常数 K 及有关的热力学函数。
2. 熟悉用等压计测定平衡压力的方法。
3. 掌握氨基甲酸铵分解反应平衡常数的计算及其与热力学函数间的关系。
4. 掌握真空泵、恒温水浴、大气压计的使用。

【实验原理】

氨基甲酸铵很不稳定，加热易分解，其分解平衡可用下式表示：

$$NH_2COONH_4(s)\Longleftrightarrow 2NH_3(g)+CO_2(g)$$

该反应为复相反应，在封闭体系中容易达到平衡。在实验条件下，可把气体看成理想气体，压力对固相的影响忽略不计，因此上式的标准平衡常数可表示为：

$$K^{\ominus}=\left(\frac{p_{NH_3}}{p^{\ominus}}\right)^2\left(\frac{p_{CO_2}}{p^{\ominus}}\right) \tag{3-68}$$

式中，p_{NH_3} 和 p_{CO_2} 分别表示该温度下 NH_3 和 CO_2 的平衡分压；$p^{\ominus}$ 为标准压力。平衡体系的总压 p 为 p_{NH_3} 和 p_{CO_2} 之和，从上述反应式可知：

$$p_{NH_3}=\frac{2}{3}p\;;\;p_{CO_2}=\frac{2}{3}p$$

代入式（3-68）整理可得：

$$K^{\ominus}=\left(\frac{2}{3}\times\frac{p}{p^{\ominus}}\right)^2\left(\frac{1}{3}\times\frac{p}{p^{\ominus}}\right)=\frac{4}{27}\left(\frac{p}{p^{\ominus}}\right)^3 \tag{3-69}$$

因此，当系统达到平衡后，测定其总压，即可计算标准平衡常数：

$$\ln K^{\ominus}=-\frac{\Delta_r H_m^{\ominus}}{RT}+C=-\frac{A}{T}+C \tag{3-70}$$

若以 $\ln K^{\ominus}$ 对 $1/T$ 作图，得一直线，求得 $\Delta_r H_m^{\ominus}=RA$，再用下式求出反应标准自由能变化 $\Delta_r G_m^{\ominus}$ 及标准熵变 $\Delta_r S_m^{\ominus}$。

$$\Delta_r G_m^{\ominus}=-RT\ln K^{\ominus} \tag{3-71}$$

$$\Delta_r S_m^{\ominus}=\frac{\Delta_r H_m^{\ominus}-\Delta_r G_m^{\ominus}}{T} \tag{3-72}$$

【仪器与试剂】

1. 实验装置一套（如图 3-38 所示）。
2. 氨基甲酸铵（自制），硅油。

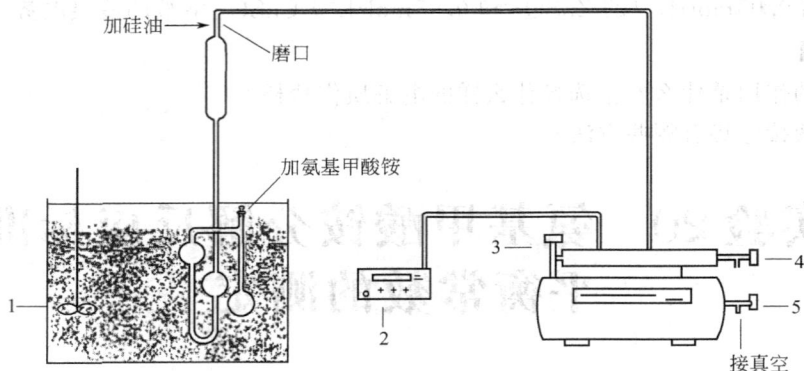

图 3-38　氨基甲酸铵分解平衡常数测定实验装置图

1—恒温水浴；2—数字真空压力计；3—真空阀；4—进气阀；5—抽气阀

【实验步骤】

1. 检漏

按图 3-38 所示安装仪器。将真空阀打开，进气阀关闭，开动真空泵，当测压仪读数约为 80kPa，关闭真空阀。检查系统是否漏气，待 2min 后，数字真空压力计读数没有明显变化，则表示系统不漏气。

2. 装样品

打开进气阀 4，使系统与大气相通，然后装入氨基甲酸铵，再用吸管吸取纯净的硅油放入已干燥好的等压计中，使之形成液封，再按图示装好。

3. 测量

调节恒温槽温度为（25.0±0.1）℃。关闭进气阀，打开真空阀，开启真空泵，打开抽气阀，将系统中的空气抽出，约 5min 后，关闭抽气阀，关闭真空泵电源及真空阀，然后缓缓开启进气阀，将空气慢慢分次放入系统，直至平衡管两边液面处于水平时，立即关闭进气阀，若 3min 内两液面保持不变，即可读取压力计的读数。

4. 重复测量

为了检查盛放氨基甲酸铵的小球内的空气是否已完全排净，可重复步骤 3 操作，如果两次测定结果差值小于 270Pa，经指导教师检查后，方可进行下一步实验。

5. 升温测量

调节恒温槽温度为（27.0±0.1）℃，在升温过程中小心进气阀，缓缓放入空气，使等压计两边液面水平，保持 3min 不变，即可读取压力计读数，然后用同样的方法继续测定 29.0℃、31.0℃、33.0℃、35.0℃时的压力差。

【思考题】

1. 如何判断氨基甲酸铵分解已达平衡？未平衡测数据将有何影响？

2. 如何判别平衡管中盛装氨基甲酸铵的小球一侧中空气是否赶净？如果不赶净空气对实验结果有何影响？

3. 进气多了如何处理？

【附注】

氨基甲酸铵极不稳定，需自制。其制备方法为：氨和二氧化碳接触后，即生成氨基甲酸铵。如果氨和二氧化碳都是干燥的，则生成氨基甲酸铵；若有水存在时，则还会生成碳酸铵或碳酸氢铵，因此在制备时必须保持氨、CO_2 及容器都是干燥的。制备氨基甲酸铵的具体操作如下。

1. 制备氨气。氨气可由氨水蒸发得到，这样制得的氨气含有大量水蒸气，应依次经 CaO、固体 NaOH 脱水。也可用钢瓶里的氨气经 CaO 干燥。

2. 制备二氧化碳。可由大理石与工业浓 HCl 在启普发生器中反应制得，或用钢瓶里的 CO_2 气体依次经 $CaCl_2$、浓硫酸脱水。

3. 合成反应在双层塑料袋中进行，在塑料袋一端插入 1 支进氨气管，1 支进二氧化碳气管，另一端有 1 支废气导管通向室外。

4. 合成反应开始时先通入 CO_2 气体于塑料袋中，约 10min 后再通入氨气，用流量计或气体在干燥塔中的鼓泡速度控制 NH_3 气流速为 CO_2 两倍，通气 2h，可在塑料袋内壁上生成固体氨基甲酸铵。

5. 反应完毕，在通风橱里将塑料袋一头橡皮塞松开，将固体氨基甲酸铵从塑料袋中倒出研细，放入密封容器内于冰箱中保存备用。

实验21　蔗糖水解反应速率常数的测定

【实验目的】
1. 根据物质的光学性质研究蔗糖水解反应，测定其反应速率常数。
2. 了解旋光仪的基本原理，掌握使用方法。
3. 通过实验了解不同浓度的酸对反应速率的影响。

【实验原理】
蔗糖在水中水解成葡萄糖和果糖的反应为：

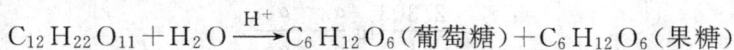

$$C_{12}H_{22}O_{11} + H_2O \xrightarrow{H^+} C_6H_{12}O_6(葡萄糖) + C_6H_{12}O_6(果糖)$$

此反应是一个二级反应，在纯水中此反应的速率极慢，为使水解反应加速，反应常常以 H_3O^+ 为催化剂，故在酸性介质中进行。水解反应中，水是大量的，虽有部分水分子参加反应，但与溶质浓度相比可认为它的浓度没有改变，故此反应可视为一级反应，其动力学方程式为：

$$-\frac{dc}{dt} = kc \tag{3-73}$$

或

$$k = \frac{2.303}{t} \lg \frac{c_0}{c} \tag{3-74}$$

式中，c_0 为反应开始时蔗糖的浓度；c 为时间 t 时的蔗糖浓度。

当 $c = 1/2 c_0$ 时，t 可用 $t_{1/2}$ 表示，即为反应的半衰期：

$$t_{1/2} = \frac{\ln 2}{k} \tag{3-75}$$

上式说明一级反应的半衰期取决于反应速率常数 k，而与起始浓度无关，这是一级反应的一个特点。

蔗糖及水解产物均是旋光物质，当反应进行时，如一束偏振光通过溶液，则可观察到偏振面的转移。蔗糖是右旋的，水解的混合物中有左旋的，所以随着反应的进行，偏振面将由右边旋向左边。偏振面的转移角度称为旋光度，以 α 表示。因此可以利用体系在反应过程中旋光度的改变来量度反应的进程。溶液的旋光度与溶液中所含物质的种类、浓度、液层厚度、光源的波长、一级反应时的温度等因素有关。

为了比较各种物质的旋光能力，引入比旋光度 $[\alpha]$ 这一概念，并以下式表示：

$$[\alpha]_D^t = \frac{\alpha}{lc} \tag{3-76}$$

式中，t 为实验时的温度；D 为所用光源的波长；α 为旋光度；l 为液层厚度，常以 10cm 为单位；c 为浓度，常以 100mL 溶液中有多少克物质来表示。式（3-76）可写成：

$$[\alpha]_D^t = \frac{\alpha}{lm/100} \tag{3-77}$$

或

$$\alpha = [\alpha]_D^t lc \tag{3-78}$$

由式（3-78）可以看出，当其他条件不变时，旋光度 α 与反应物浓度成正比，即

$$\alpha = K'c \tag{3-79}$$

式中，K' 是与物质的旋光能力、溶液层厚度、溶剂性质、光源的波长、反应时的温度等有关系的常数。

蔗糖是右旋性物质，其比旋光度为 $[\alpha]_D^{20} = 66.6$。产物中葡萄糖也是右旋性物质，其比旋光度为 $[\alpha]_D^{20} = 52.5$。果糖是左旋性物质，$c = K(\alpha_t - \alpha_\infty)$，因此当水解反应进行时，右旋角不断减小，当反应终了时体系将经过零变成左旋。

上述蔗糖水解反应中，反应物与生成物都具有旋光性。旋光度与浓度成正比，且溶液的旋光度为各组成旋光度之和（加合性）。若反应时间为 0、t、∞ 时溶液的旋光度各为 α_0、α_t、α_∞，则由式（3-79）即可导出：

$$c_0 = K(\alpha_0 - \alpha_\infty) \tag{3-80}$$

$$c = K(\alpha_t - \alpha_\infty) \tag{3-81}$$

将式（3-80）、式（3-81）代入式（3-74）中可得：

$$k = \frac{2.303}{t} \lg \frac{\alpha_0 - \alpha_\infty}{\alpha_t - \alpha_\infty} \tag{3-82}$$

将上式改写成：

$$\lg(\alpha_t - \alpha_\infty) = -\frac{k}{2.303}t + \lg(\alpha_0 - \alpha_\infty) \tag{3-83}$$

由式（3-83）可以看出，如以 $\lg(\alpha_t - \alpha_\infty)$ 对 t 作图可得一条直线，由直线的斜率即可求得反应速率常数 k。

本实验就是用旋光仪测定 α_t、α_∞ 值，通过作图由截距可得到 α_0。

【仪器与试剂】

1. WZZ-2B 自动旋光仪，停表，旋光管（带有恒温水外套），恒温槽，上皿天平，容量瓶（100mL），锥形瓶（100mL），移液管（25mL），烧杯（100mL，500mL）。

2. HCl 溶液（2mol·L^{-1}，4mol·L^{-1}），蔗糖（A. R.）。

【实验步骤】

1. 预热旋光仪：打开"电源开关"，5min 后打开"灯开关"，然后预热 20min。

2. 旋光仪零点的校正：洗净旋光管各部分零件，将旋光管一端的盖子旋紧，向管内注满蒸馏水，取玻璃盖片沿管口轻轻推入盖好，再旋紧套盖，勿使其漏水或有气泡产生。操作时不要用力过猛，以免压碎玻璃片。用滤纸或干布擦净旋光管两端玻璃片，并放入旋光仪中，"测量"键在整个过程中仅按一次，如果测试数值保持不变，按"复测"键，此即为旋

光仪零点。旋光管取出时，旋光仪显示为 0.000，测后取出旋光管，倒出蒸馏水。如果旋光管中有气泡，调整，使气泡在管颈部。

3. 称 20g 蔗糖溶于 100mL 蒸馏水中（用容量瓶取水），在两个锥形瓶中分别取蔗糖溶液和 2mol·L^{-1} HCl 溶液各 50mL，将 HCl 溶液倒入蔗糖溶液中（倒入即计时，此时 $t=0$），快速均匀混合反应物，注入旋光管（旋光度稍微稳定时，即记下其数值并记录相应的时间，以后按以下操作记录数据），前 15min 每 1min 测 1 次，后 20min 每 2min 测 1 次。

以上剩余反应混合液在 60℃ 水浴中加热 40min，冷却至室温，1min 测 1 次，5 次即可。

4. 用 4mol·L^{-1} HCl 重复以上实验（在以上所剩蔗糖溶液中取 50mL）。

5. 先关"灯开关"，后关"电源开关"。

根据实验过程，对本实验的合理安排为：

(1) 2mol·L^{-1} HCl α_t；   (2) 4mol·L^{-1} HCl α_t；

(3) 2mol·L^{-1} HCl α_∞；   (4) 4mol·L^{-1} HCl α_∞。

6. 实验记录与处理

实验温度：_____；HCl 浓度：_____；α_∞：_____

反应时间 t/min	α_t	$\alpha_t - \alpha_\infty$	$\lg(\alpha_t - \alpha_\infty)$	结果

【注意事项】

1. 蔗糖溶解时为非定容，100mL 水用容量瓶量取。

2. 记录数据时一定要记好从 $t=0$ 到第一次记录数据的时间。

3. 处理数据时，如果出现曲线，取前面的一些点所成的直线斜率。

【思考题】

1. 在旋光度的测量中为什么要对零点进行校正？它对旋光度的准确测量有什么影响？在本实验中，若不进行校正对结果是否有影响？

2. 为什么配制蔗糖溶液可用上皿天平？

实验 22　药物有效期的测定

【实验目的】

1. 了解药物水解反应的特征。

2. 掌握硫酸链霉素水解反应速率常数测定方法，并求出硫酸链霉素水溶液的有效期。

【实验原理】

链霉素是由放线菌属的灰色链丝菌产生的抗生素。硫酸链霉素分子中的三个碱性中心与硫酸成的盐，化学式为 $(C_{21}H_{39}O_{12}N_7)_2 \cdot 3H_2SO_4$，它在临床上用于治疗各种结核病。本实验通过比色分析方法测定硫酸链霉素水溶液的有效期。

硫酸链霉素水溶液在 pH 4.0～4.5 时最为稳定，在碱性条件下易水解失效，在碱性条件下水解生成麦芽酚（α-甲基-β-羟基-γ-吡喃酮），反应如下：

$$(C_{21}H_{39}O_{12}N_7)_2 \cdot 3H_2SO_4 + H_2O \longrightarrow C_6H_6O_3 + 硫酸链霉素其他降解物$$

该反应为假一级反应，其反应速率服从一级反应的动力学方程：

$$\lg(c_0 - x) = -\frac{k}{2.303}t + \lg c_0$$

式中，c_0 为硫酸链霉素水溶液的初始浓度；x 为 t 时刻链霉素水解掉的浓度；t 为时间，min；k 为水解反应速率常数。

若以 $\lg(c_0 - x)$ 对 t 作图应为直线，由直线的斜率可求出反应速率常数 k。

硫酸链霉素在碱性条件下水解得麦芽酚，而麦芽酚在酸性条件下与三价铁离子作用生成稳定的紫红色螯合物，故可用比色分析的方法进行测定。

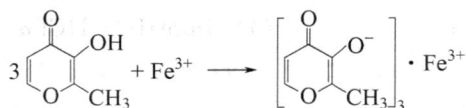

$$3 \left[\begin{array}{c} O \\ \text{OH} \\ O \quad CH_3 \end{array}\right] + Fe^{3+} \longrightarrow \left[\begin{array}{c} O \\ O^- \\ O \quad CH_3 \end{array}\right]_3 \cdot Fe^{3+}$$

由于硫酸链霉素水溶液的初始 c_0 正比于全部水解后产生的麦芽酚的浓度，也正比于全部水解测得的吸光度 A_∞，即 $c_0 \propto A_\infty$，在任意时刻 t，硫酸链霉菌素水解掉的浓度 x 应与该时刻测得的吸光度 A_t 成正比，即 $x \propto A_t$，将上述关系代入到速率方程中得：

$$\lg(A_\infty - A_t) = -\frac{k}{2.303}t + \lg A_\infty$$

可见通过测定不同时刻 t 的吸光度 A_t，可以研究硫酸链霉素水溶液的水解反应规律，以 $\lg(A_\infty - A_t)$ 对 t 作图得一直线，由直线斜率求出反应的速率常数 k。

药物的有效期一般是指当药物分解掉原含量的 10% 时所需要的时间 $t_{0.9}$。将各有关数值代入动力学方程，可得到药物有效期的计算公式如下：

$$t_{0.9} = \frac{0.105}{k}$$

由此可见，只要利用分光光度法测定出硫酸链霉素水解反应的速率常数，即可计算得到其有效期。

【仪器与试剂】

1. 722 或 752 型分光光度计，超级恒温槽，磨口锥形瓶（50mL，100mL），移液管（20mL），吸量管（1mL，5mL），量筒（50mL），水浴锅，秒表。

2. 硫酸链霉素溶液（0.4%），硫酸（1.12～1.18mol·L^{-1}），氢氧化钠溶液（2.0mol·L^{-1}），硫酸铁铵溶液（0.5%）。

【实验步骤】

1. 调整超级恒温槽的温度为 40℃±0.2℃。

2. 用量筒取 50mL 约 0.4% 的硫酸链霉素溶液置于 100mL 的磨口锥形瓶中，并将锥形瓶置于 40℃ 的恒温槽中，用刻度吸量管吸取 2.0mol·L^{-1} 的氢氧化钠溶液 0.5mL，迅速加入到硫酸链霉素溶液中，当碱液加至一半时，打开秒表，开始记录时间。

3. 取 5 个干燥的 50mL 磨口锥形瓶，编号，分别用移液管准确加入 20mL 0.5% 铁试剂，再加入 5 滴 1.12～1.18mol·L^{-1} 硫酸溶液，每隔 10min，准确取反应液 5mL 于上述锥形瓶中，摇匀呈紫红色，放置 5min，而后在 520 nm 波长下测定吸光度 A_t，记录实验数据。

4. 最后将剩余反应液放入沸水浴中 10min，然后自然冷却至室温，再吸取 2.5mL 反应液于干燥的 50mL 磨口锥形瓶中，另外加入 2.5mL 蒸馏水，再加入 20mL 0.5％铁试剂和 5 滴硫酸溶液，摇匀至紫红色，测其吸光度并乘 2 后即为全部水解时的吸光度 A_∞。

5. 调节恒温槽，升温至 50℃，按上述操作每隔 5min 取样分析一次，共测 5 次为止，记录实验数据。

6. 实验记录

（1）温度为 40℃时的实验记录

t/min	10	20	30	40	50
A_t					
A_∞					
$A_\infty - A_t$					
$\lg(A_\infty - A_t)$					

（2）温度为 50℃时的实验记录

t/min	10	20	30	40	50
A_t					
A_∞					
$A_\infty - A_t$					
$\lg(A_\infty - A_t)$					

7. 数据处理

（1）以 $\lg(A_\infty - A_t)$ 对 t 作图，求出不同温度时的反应速率常数。

（2）求出在不同温度时硫酸链霉素药物的有效期。

【思考题】

1. 实验中所使用的 50mL 磨口锥形瓶为什么要事先干燥？

2. 取样分析时，为什么要先加入铁试剂和硫酸溶液，然后对反应液进行分析？

第④章 计算量子化学实验

4.1 分子结构测定及量子化学计算概述

4.1.1 "物质结构"的主要内容及研究途径

"物质结构"主要研究原子、分子及晶体的结构以及它们和性质间的关系。这里的所谓结构就是指它们是由哪些更基本的质点构成的？怎样构成的？这些质点的运动及相互作用的情况如何？所以，实际上就是指它们的几何结构和电子结构。当然，这两者是密切联系在一起的，有怎样的几何结构，特别是其对称性如何，就决定有怎样的电子运动状态和能级，而后者则决定了何种几何结构最稳定。

当物质的内部结构处于稳定状态时，它将不随时间而变化，称之为静态结构。如果我们要进而研究物质的化学反应是如何发生的，由怎样的微观状态，经过哪一条途径变成另一种微观状态，那就要研究反应物分子如何因相互作用使其原来的静态结构转变为另一种新的静态结构。而在这个过程中所产生的过渡态、中间产物等称之为动态结构。

研究物质结构有两种主要途径：一是演绎法，即从微观质点的本性及其运动普遍规律，即量子力学规律出发，通过逻辑思维和数学方法处理，弄清楚存在于原子内的电子和核之间的各种复杂的相互作用，并由此推论原子的性质和电子结构的关系。在此基础上进一步研究两个或多个原子（或离子）又是如何组成分子或晶体的，由此探讨化学键的本质。二是归纳法，借助一些物理测试手段，如原子光谱、分子光谱、核磁共振谱、光电子能谱、X 射线结构分析，来了解物质内部原子排列及其中电子运动状态。

4.1.2 分子结构测定方法的原理

实验上可以利用原子光谱、分子光谱、光电子能谱、X 射线衍射分析等测定原子、分子和晶体的微观结构；另外还可以利用古埃磁天平法测定磁化率、溶液法测定极性分子的偶极矩等物理性质。

原子光谱是由原子中的电子在能量变化时所发射或吸收的一系列光所组成的光谱。根据试样光谱中特征谱线的出现可以判断该元素的存在，这是定性分析的根据。而谱线的强度与试样中元素的含量有一定关系，这是光谱定量分析的依据。

分子光谱是把由分子发射出来的光或被分子所吸收的光进行分光得到的光谱，是测定和鉴别分子结构的重要实验手段，是分子轨道理论发展的实验基础。分子光谱与分子内部运动密切相关。能够产生分子光谱的运动有分子的转动（r）、分子中原子间的振动（v）和电子跃迁（e）三种运动方式。当分子由一种转动状态跃迁至另外一种转动状态时，就要吸收或发射和上述能级差（$10^{-4} \sim 0.05\mathrm{eV}$）相应的光。这种光的波长处于远红外或微波区，称为远红外光谱或微波谱。由分子振动能级改变（$0.05 \sim 1\mathrm{eV}$）所产生的光谱称为振动光谱，分子的振动能级发生跃迁时总是伴有转动能级的跃迁，所得的振动-转动光谱出现在红外波段，因此分子的振动-转动光谱称为红外光谱。电子光谱是分子中的电子由一种分子轨道跃迁至另一种分子轨道时吸收或发射光所产生的光谱。由于电子运动的能级差（$1 \sim 20\mathrm{eV}$）大，所以实际观察到的是电子-振动-转动兼有的谱带，这种光谱位于紫外线和可见光范围，因而称为紫外-可见光谱。显然，分子光谱不是简单的线状光谱，而是带状光谱。

4.1.3　量子化学计算方法简介

（1）量子化学从头算方法

量子化学计算是应用量子化学理论研究原子、分子体系，根据原子核和电子的相互作用及其运动规律，建立并求解体系的薛定谔方程，得到体系的本征值和本征向量，从而探讨原子、分子体系的组成、结构和性质等化学规律。由于计算过程非常繁杂，人们根据所研究的课题，不得不引入适当的物理模型和相应的数学处理方法。常用的量子化学计算方法有量子化学从头算方法和密度泛函理论方法等。

量子化学的从头算方法（Ab initio calculation）是求解多电子体系薛定谔方程问题的重要理论方法。Ab initio 在分子轨道理论的基础上，从三个基本近似出发，不借助任何经验参数，采用自洽迭代的方法求解薛定谔方程。理论上的严格性和计算结果的可靠性，使得从头算方法不仅仅成为理论化学必不可少的重要组成部分，同时广泛地应用于化学的各个分支学科，并渗透到生物学、医药学和固体物理等领域，成为应用量子化学的重要理论工具。

求解分子体系的 Hartree-Fock（HF）方法的基础是 Schrödinger 方程：

$$\left\{ -\frac{1}{2}\sum_i \nabla_i^2 - \frac{1}{2}\sum_A \nabla_A^2 - \sum_i \sum_A \frac{Z_A}{r_{iA}} + \sum_{A>B} \frac{Z_A Z_B}{r_{AB}} + \sum_{i>j} \frac{1}{r_{ij}} \right\}\Psi = E\Psi \tag{4-1}$$

$$\hat{H}\Psi = E\Psi \tag{4-2}$$

式中，$\hat{H}$ 是 Hamilton 算符，包含电子动能、核动能、电子间排斥能、电子与核吸引能和核间排斥能等算符；Ψ 是分子波函数，依赖于电子与核的坐标；E 是体系的总能量；i、j 和 A、B 分别代表电子和核；Z_A、Z_B 是 A 核和 B 核的电荷。根据量子力学理论，上述 Schrödinger 方程的建立本身包括两点近似：①非相对论近似，认为电子质量等于其静止质量，光速接近无穷大；②Born-Oppenheimer 近似，假设核的运动不影响分子的电子状态。通过求解 Schrödinger 方程，可以获得一个体系的能量和相关电子结构性质。

对于上述的 Schrödinger 方程，只有类氢原子能够得到精确解，而对于其他体系必须做一定的近似才能求解。最基本的近似方法有变分法和微扰法。所谓从头算方法是建立在 Hartree-Fock 近似基础上的变分方法，同时引入了"轨道近似"，即体系的波函数 Ψ，由单电子波函数即分子轨道乘积的线性组合构成。

Hartree-Fock（HF）方法的基本近似模型是：认为电子是在其他电子的平均势场中运动，考虑到电子的全同性和费米子，电子波函数是反对称的，体系波函数采用行列式波函数。在此基础上，可导出 n 电子体系的 Hartree-Fock 方程：

$$\hat{f}_i \varphi_i = \varepsilon_i \varphi_i \quad (i=1,2,\cdots,n) \tag{4-3}$$

式中，$\hat{f}_i$ 称为 Fock 算符，它是形式的单电子算符；ε_i、φ_i 为第 i 个电子的 Fock 算符的本征值、本征函数。Fock 算符的形式为：

$$\hat{f}_i = -\frac{1}{2}\nabla_i^2 - \sum_A \frac{Z_A}{r_{iA}} + \nu^{HF}(i) \tag{4-4}$$

其中，

$$\nu^{HF}(i) = \sum_j \left[\int \varphi_j^*(2)\varphi_j(2)\frac{1}{r_{12}}d\tau_2 - \delta(m_s(i),m_s(j)) \int \frac{\varphi_j^*(2)\varphi_i(2)\varphi_j(1)}{\varphi_i(1)}\frac{1}{r_{12}}d\tau_2 \right]$$

考虑闭壳层分子体系，引入基函数 $\{\chi_\mu\}$，轨道 φ_i 由基函数线性组合构成：

$$\varphi_i = \sum_\mu c_{\mu i}\chi_\mu \tag{4-5}$$

代入 Hatree-Fock 方程式后，导出体系电子总能量 E，引入 Lagrange 待定因子，并在轨道 $\{\varphi_i\}$ 正交归一的条件限定下，对能量极小化，导出了 Roothann 方程：

$$\sum_\nu (F_{\mu\nu} - \varepsilon_i S_{\mu\nu}) = 0 \quad (\mu=1,\cdots,m; i=1,\cdots,m) \tag{4-6}$$

写成矩阵形式：

$$Fc = Sc\varepsilon \tag{4-7}$$

求解 Hatree-Fock-Roothann（HFR）方程，是一个迭代自洽的过程，因此 HF 方法也称为 SCF（self consistent field）自洽场方法。在求解 HFR 方程的过程中，不引入任何经验参数，直接计算各类电子积分，称为从头算方法。

HF 方法包括闭壳层限制性 HF 方法（RHF）、非限制的 HF 方法（UHF）和限制的开壳层 HF 方法（ROHF）等，由于这些方法计算简单，计算时间较少，因此得到了普遍的应用。

HF 方法的主要缺陷在于它采用平均势场模型而忽略了电子对的瞬时相互作用（特别是自旋相反的电子间的相关作用），它不能正确描述电子运动时相互间的相关问题。因此应用 HF 方法进行几何构型优化的结果与实验值存在一定的误差，计算精度较低。

（2）密度泛函理论方法

密度泛函理论（Density Functional Theory，DFT）的指导思想是要用密度函数来描述和确定体系的性质而不求助于体系波函数。

1964 年，Hohenberg 和 Kohn 证明了：非简并基态分子的能量及其他所有分子的电子性质，由其概率密度 $\rho_0 (x,y,z)$ 确定，即有：

$$E_0 = E_0(\rho_0) \tag{4-8}$$

分子体系的哈密顿算符为：

$$\hat{H} = -\frac{1}{2}\sum_i \nabla_i^2 + \sum_i v(i) + \sum_{i<j}\frac{1}{r_{ij}} \tag{4-9}$$

式中，$v(i) = -\sum_\alpha \frac{Z_\alpha}{r_{\alpha i}}$，称为外部势（external potential）。

Hohenberg-Kohn 还提出了密度泛函的变分理论：

$$E_V(\rho_V) \geqslant E_0(\rho)$$

即任何试探密度函数 ρ_V 所确定的体系能量都要大于等于真实的基态能量。

为了近似求解体系能量，1965 年 Kohn-Sham 提出 KS-DFT 方法。首先引入不显含电子相互作用的参考体系哈密顿算符：

$$\hat{H}_s = \sum_i -\frac{1}{2}\nabla_i^2 + v_s(i) = \sum_i \hat{h}_i^{KS} \qquad (4\text{-}10)$$

式中，$\hat{h}_i^{KS}$ 称为 Kohn-Sham Hamiltonian。

引入参考体系波函数：

$$\psi_{s,0} = |u_1 u_2 \cdots u_n| \qquad (4\text{-}11)$$

其中，$u_i = \theta_i^{KS}(\vec{r})\,\sigma_i$，$\theta_i^{KS}$ 为 kohn-sham 单电子函数，称为 KS 轨道。

根据以上公式可导出体系基态的总能量为：

$$E_0 = -\sum_\alpha Z_\alpha \int \frac{\rho(\vec{r})}{r_{1\alpha}}\mathrm{d}\vec{r}_1 - \frac{1}{2}\sum_i^n \langle \theta_i^{KS}(1)|\nabla_1^2|\theta_i^{KS}(1)\rangle$$
$$+ \frac{1}{2}\iint \frac{\rho(\vec{r}_1)\rho(\vec{r}_2)}{r_{12}}\mathrm{d}\vec{r}_1\mathrm{d}\vec{r}_2 + E_{xc}(\rho) \qquad (4\text{-}12)$$

其中 $\rho = \rho_s = \sum_i^n |\theta_i^{KS}|^2$，$E_{xc}(\rho)$ 称为交换相关能，它包含了电子交换及电子相关能。

根据 Hohenberg-Kohn 变分原理，通过改变 KS 轨道获得能量的极小化：

$$\hat{h}^{KS}(1)\theta_i^{KS}(1) = \varepsilon_i^{KS}\theta_i^{KS}(1) \qquad (4\text{-}13)$$

式中，

$$\hat{h}^{KS}(1) = -\frac{1}{2}\nabla_1^2 - \sum_\alpha \frac{Z_\alpha}{r_{1\alpha}} + \int \frac{\rho(\vec{r}_2)}{r_{12}}\mathrm{d}\vec{r}_2 + v_{xc}(\vec{r})$$

$$v_{xc}(\vec{r}) = \frac{\delta E_{xc}[\rho(\vec{r})]}{\delta\rho(\vec{r})}$$

给定一组初始的 KS 参考轨道，通过求解上述方程组，求得一组 $\{\theta_i^{KS}\}$，并由其得到 $\rho(\vec{r})$ 函数和交换相关能 $E_{xc}(\rho)$，再由它们得到新的一组 $\{\theta_i^{KS}\}$，…，迭代计算直至达到自洽。最终得到体系基态的最低能量。

$E_{xc}(\rho)$ 尚不能精确地计算，目前只能借助一些近似方案，如本论文采用的 B3LYP 近似方案就是 DFT 方法的一种较通用的方案：令

$$E_{xc} = (1 - a_0 - a_x)E_x^{LDA} + a_0 E_x^{HF} + a_x E_x^{B88} + (1 - a_c)E_c^{VWN} + a_c E_c^{LYP}$$

其中，a_0，a_x，a_c 为参数（分别为 0.20，0.72，0.81）。

近年来，由于 DFT 理论能够较好地说明分子间的多种相互作用，因此人们常把 DFT 方法用于分子间相互作用问题的研究。DFT 的计算量只随电子数的 3 次方增长，故可用于较大分子的计算。另外相对于 HF 方法，DFT 方法更多地考虑了电子相关，因而计算的精度较好，计算速度却比 MP2 快近一个数量级，特别对于大分子，这种差别更大。因此，近年来越来越多的研究者开始应用密度泛函方法来研究化学和生物问题，内容涉及无机和有机小分子及它们的复合物。对于分子间相互作用力较强的体系来讲，DFT 方法取得了很大成功。

（3）电子密度拓扑分析方法

Bader 及其研究组于 20 世纪 80 年代提出了"分子中的原子"（AIM）的理论方法，近年来又不断丰富发展该理论，鉴于量子力学缜密的理论基础，人们常将此理论称为"分子中原子"的量子理论（Quantum Theory of Atoms In Molecules，QTAIM）。QTAIM 将有关化学概念如化学结构、化学键、化学反应性质等与电子密度分布函数 $\rho(r)$ 的拓扑性质联系起来，定量化地直观描述了分子中原子及原子间化学键，合理准确地表征了分子结构，丰富和发展了化学键理论，得到了理论化学界的高度重视。QTAIM 理论通过对分子中的电子密度分布函数进行拓扑分析，把分子的性质与构成它的原子的性质联系了起来。

① 电子密度关键点　对于一个具有稳定构型的分子，分子中的电子密度分布是三维空

间的一个标量场，通常用符号 $\rho(r, X)$ 表示，其中 X 代表核构型的坐标，r 代表三维空间坐标。空间某点 (x, y, z) 的电子密度可根据量子化学计算结果，按照下式计算：

$$\rho(x, y, z) = \sum_{\mu} \sum_{\nu} \chi_u(x, y, z) \rho_{\mu\nu} \chi_{\nu}(x, y, z) \qquad (4\text{-}14)$$

式中，χ_{μ} 和 χ_{ν} 为基函数；$\rho_{\mu\nu}$ 为密度矩阵元。

在 $\rho(r)$ 函数曲面（超曲面）上，存在函数的关键点 r_c（critical point），它们满足：$\vec{\nabla} \rho(r) = 0$，其中梯度算符为：

$$\vec{\nabla} \equiv \left(\frac{\partial}{\partial x} \vec{i} + \frac{\partial}{\partial y} \vec{j} + \frac{\partial}{\partial z} \vec{k} \right)$$

根据关键点 r_c 处的 Hessian 矩阵（3×3 矩阵）

$$\begin{bmatrix} \dfrac{\partial^2 \rho}{\partial x^2} & \dfrac{\partial^2 \rho}{\partial x \partial y} & \dfrac{\partial^2 \rho}{\partial x \partial z} \\[2mm] \dfrac{\partial^2 \rho}{\partial x \partial y} & \dfrac{\partial^2 \rho}{\partial y^2} & \dfrac{\partial^2 \rho}{\partial y \partial z} \\[2mm] \dfrac{\partial^2 \rho}{\partial x \partial z} & \dfrac{\partial^2 \rho}{\partial y \partial z} & \dfrac{\partial^2 \rho}{\partial z^2} \end{bmatrix}$$

可求得该矩阵的三个本征值 $(\lambda_1, \lambda_2, \lambda_3)$，$\lambda_i$ 描述了在该点第 i 个方向上函数的变化率——曲率，Hessian 矩阵的迹称为电子密度拉普拉斯（Laplacian）量：$\nabla^2 \rho(r) = \lambda_1 + \lambda_2 + \lambda_3$。按照三个本征值的符号差定义以下四类关键点，表示为 $(3, \sigma)$，括号中 3 为矩阵的秩，σ 为三个本征值的符号差。

$(3, -3)$ 关键点：该点的 Hessian 矩阵本征值 0 个为正，3 个为负。即在该点处三个垂直方向上曲率均为负值，$\rho(r)$ 为局部极大。称这类关键点为吸引子（attractor），一般对应于原子核的位置。

$(3, -1)$ 关键点：该点的 Hessian 矩阵本征值 1 个为正，2 个为负。两个曲率为负值，电子密度 $\rho(r)$ 在由相应特征向量确定的平面上是极大值，在垂直于这个平面的第三个轴上 $\rho(r)$ 是极小值。将这类关键点称为键关键点（bond critical point，BCP），又叫键鞍点，键鞍点的存在表明两原子之间存在成键作用。

$(3, +1)$ 关键点：该点的 Hessian 矩阵本征值 2 个为正，1 个为负。两个曲率为正值，电子密度 $\rho(r)$ 在由相应特征向量确定的平面上是极小值，在垂直于这个平面的第三个轴上 $\rho(r)$ 是极大值。将这类关键点称为环关键点（ring critical point，RCP），又叫环鞍点，环鞍点的存在标志着体系中存在着环状结构。

$(3, +3)$ 关键点：该点的 Hessian 矩阵本征值 3 个为正，0 个为负。三个曲率均为正值，$\rho(r)$ 为局部极小。将这类关键点称为笼关键点（cage critical point，CCP），又叫笼鞍点，笼鞍点的存在标志着体系中存在着笼状结构。

② 键径　在两个相邻的"原子"之间的原子界面，可存在一个关键点，这个关键点就是上述的键鞍点，由键鞍点（BCP）出发仅有两条分别终止到两个核（或吸引子）的梯度径，这一对梯度径构成两个原子核的键径（bond path）。一般地，两个原子之间存在键径则认为两个原子是成键的，反之两个原子之间不存在键径则不成键。

③ 键性质　化学键可以根据键鞍点处电子密度和能量密度性质进行分类和表征，常将电子密度和能量密度性质统称为键性质。键径和键鞍点是描述化学键的重要物理图像，键鞍点处的拓扑量与化学键的性质有着密切关系。一般地，键鞍点处的电子密度 ρ_c 反映了化学

键的强度和键级（BO）：

$$BO=\exp[A(\rho_c-B)] \tag{4-15}$$

式中，A 和 B 是与成键原子本性有关的常数。总地来说，对共价键 ρ_c 大于 0.20a. u.，对闭壳层相互作用 ρ_c 小于 0.10a. u.。对多种类型的成键作用，ρ_c 与键能密切相关，ρ_c 值越大，该化学键的强度越大；反之，则越小。

键鞍点处的 Hessian 矩阵的本征值（λ_1，λ_2，λ_3）和电子密度拉普拉斯量$\nabla^2\rho_c$描述了化学键的特性。当键鞍点处两个负的本征值之和大于一个正的本征值时，$\nabla^2\rho_c<0$，电荷局部集中于键的关键点区域，键鞍点处电荷密集，具有共价键特征。例如典型的 C—H 键$\nabla^2\rho_c=-1.1a. u.$，$\nabla^2\rho_c$值越负，化学键的共价性越强。当键鞍点处两个负的本征值之和小于一个正的本征值时，$\nabla^2\rho_c>0$，电荷局部集中于每个原子核的区域，键鞍点处电荷发散，这种作用一般为闭壳层相互作用如离子键、氢键和范德华相互作用。例如 N—H$\cdots$O=C 氢键，$\nabla^2\rho_c=+0.03a. u.$，$\nabla^2\rho_c$值越大，化学键的离子性越强。

根据 Bader 的理论，$\nabla^2\rho_c$ 和 H_c 指出了相互作用的类型。键鞍点处$\nabla^2\rho_c$为负值表示是共价相互作用，$\nabla^2\rho_c$为正值表示是闭壳层体系的相互作用：离子相互作用、范德华力或氢键。如果$\nabla^2\rho_c$为正值、H_c为负值，那么相互作用具有部分共价性质。G_c 与 V_c 之间的相对大小决定了相互作用的本质，因此$-G_c/V_c$表明了共价或非共价相互作用性质。如果$-G_c/V_c$大于 1，是非共价相互作用；如果$-G_c/V_c$在 0.5～1 之间，则具有部分共价性质；如果$-G_c/V_c$小于 0.5，是共价相互作用。

4.2　计算量子化学实验内容

实验 23　分子结构模型的构建及优化计算

【实验目的】

1. 掌握 Gaussian 和 GaussVIEW 程序的使用。
2. 掌握分子内坐标输入方法，为目标分子设定计算坐标。
3. 能够正确解读计算结果，采集有用的结果数据。

【实验原理】

量子化学是运用量子力学原理研究原子、分子和晶体的电子层结构、化学键理论、分子间作用力、化学反应理论、各种光谱、波谱和电子能谱的理论，以及无机、有机化合物、生物大分子和各种功能材料的结构和性能关系的科学。

Gaussian 程序是目前最普及的计算量子化学程序，它可以计算得到分子和化学反应的许多性质，如分子的结构和能量、电荷密度分布、热力学性质、光谱性质、过渡态的能量和结构等。GaussVIEW 是一个专门设计的与 Gaussian 配套使用的软件，其主要用途有两个：构建 Gaussian 的输入文件；以图的形式显示 Gaussian 计算的结果。本实验主要是借助于 GaussVIEW 程序构建 Gaussian 的输入文件，利用 Gaussian 程序对分子的稳定结构和性质进行计算和分析。

【软件与仪器】

1. 软件：Gaussian、GaussVIEW 计算软件，Uedit 编辑软件。
2. 仪器：微机 1 台。

【实验步骤】

1. 利用 GaussVIEW 程序构建 Gaussian 的输入文件

打开 GaussVIEW 程序，如图 4-1 所示，在 GaussVIEW 软件中利用建模工具（View→Builder→），如图 4-2 所示，在程序界面元素周期表的位置处找到所需的元素，单击即可调入该元素与氢元素的化合物。

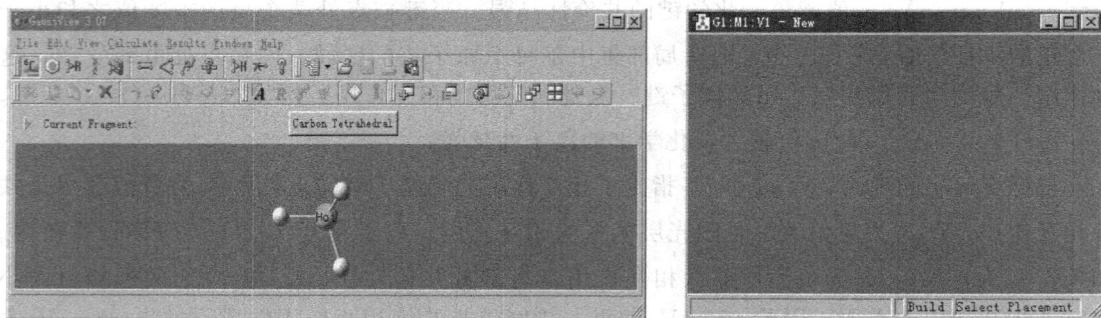

图 4-1　GaussVIEW 打开时的界面

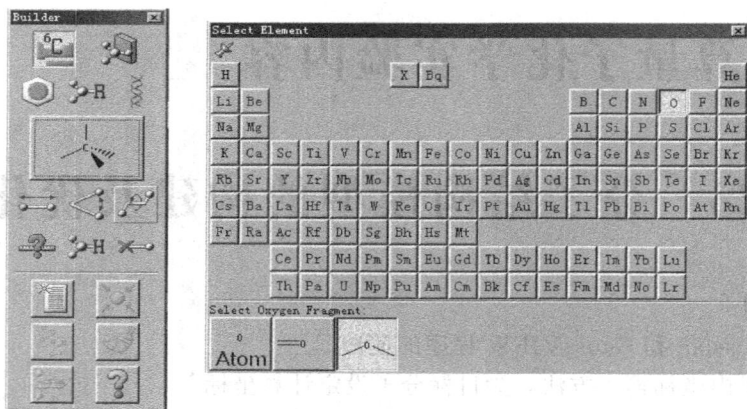

图 4-2　点击 Builder 及双击图标 后出现的元素周期表窗口图

若要构建像乙烷这样的链状分子，需要先点击工具栏中的按钮 ，常见的链状分子就显示在新打开的窗口中，如图 4-3 所示。

若要构建像苯、萘等常见环状结构的分子结构，需要双击工具栏中的 按钮，常见的环状有机分子就显示在新打开的窗口中，如图 4-4 所示。

进行分子的基本构型搭建后，再进行元素及键型、特殊基团的选择，重新构建分子直至构建为所需分子。选定要编辑的原子后，再对原子之间的键长、键角或者二面角进行选定，输入所需要的键长、键角或二面角值。要求学生练习构建 H_2O、CH_4、顺式-乙烯醇、反式-乙烯醇和乙醛等分子的构型。

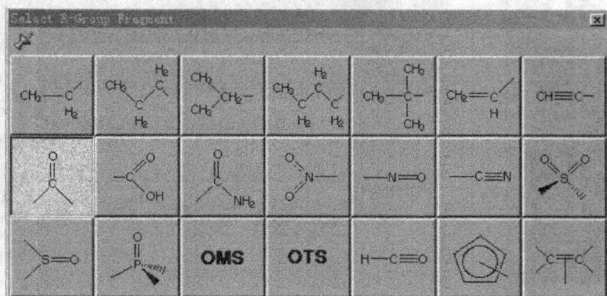

图 4-3 常见链状官能团窗口图

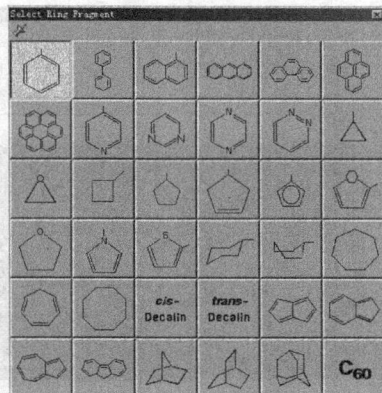

图 4-4 常见环状官能团窗口图

绘制出分子的结构式后，把图形保存成 gjf 文件（File→Save，取名为 * . gjf，注意文件名和路径都不能包含中文字符）。

构建分子成功后，可以利用 GaussVIEW 查看分子的对称性和坐标。从 Edit-point group 路径可以查看所构建的分子点群；从 Edit-atom list 路径可以查看所构建的分子内坐标和直角坐标。

2. 数据文件的修改

使用 Uedit 软件打开刚才保存的 gjf 文件，在 Route Section 行中输入计算构型及能量所需的方法，所用方法及关键词为 ♯ HF/6-31G（d）opt（maxcycle＝300）freq，即可提交 Gaussian 程序进行分子优化及频率计算，得到该分子的最稳定结构。对计算得到的稳定构型，关键词为 ♯ HF/6-31G(d)pop＝full，即可得到分子的性质。

3. 分子结构的几何优化及振动频率的计算

采用 Gaussian 03 程序包进行几何优化及频率计算。双击桌面上的 g03w. exe 图标，此时出现如图 4-5 所示的窗口，打开计算数据文件，File→Open→指定文件，此时出现如图 4-6所示的窗口，点击 开始运算。各分子结构的计算结果文件保存为相应的 out 文件。计算过程中，主程序窗口不断显示计算进程，当 "Run progress" 栏内显示 "Processing Complete" 时，计算已完成，此时在本窗口底部可以看到 "Normal termination of Gaussian …" 字段。完成计算后，关闭 Gaussian 软件窗口。

4. 展示优化的稳定分子结构

采用 GaussView 软件可观测分子的构型。用 GaussView 程序打开计算得到的数据文件 *.out，利用主窗口中的 "Modify Bond"、"Modify Angle" 和 "Modify Dihdral" 工具，借助鼠标即可显示分子中特定键长、键角和二面角的几何参数。记录各分子优化后的结构参数，其中键长保留三位小数，单位为埃（Å，$1Å＝10^{-10}$ m）；键角和二面角保留一位小数，单位为度（°）。

GaussView 可采用不同的形式展示分子三维结构，如球键模型、球棍模型等。通过分子模型的旋转、平移和缩放带来生动的立体效果，通过控制鼠标来从不同角度观察分子在空间的形状。将鼠标放在分子上，按左键左右或前后移动，可以调节分子的角度。按住 Ctrl 键，将鼠标放在分子上，前后移动，可以将分子放大或缩小，左右移动，可以将分子旋转。Shift＋鼠标左键组合可以在窗口内平移分子。当工作窗口内有多个分子时，可以用 Shift＋Alt＋鼠标左键组

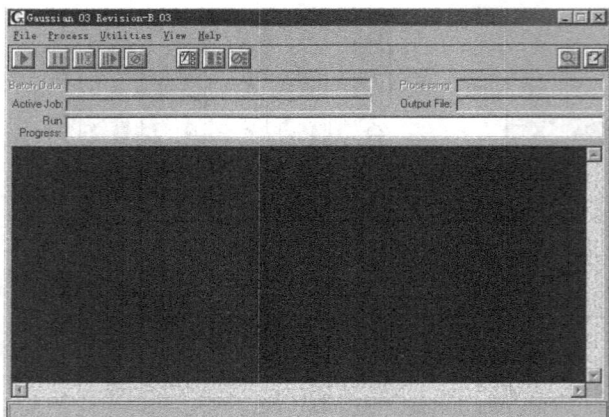

图 4-5　Gaussian03 计算窗口　　　　图 4-6　Gaussian03 文件执行窗口

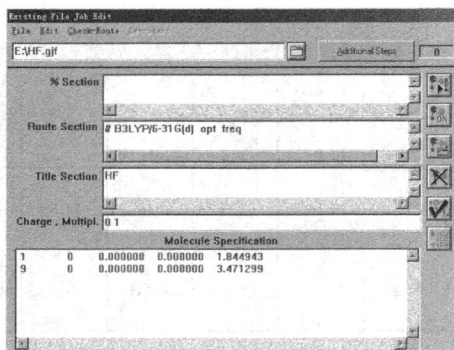

合移动想要移动的分子，以调节各个分子间的距离，可以用 Ctrl＋Alt＋鼠标左键组合，调节其中一个分子的角度，以调节各个分子间的角度。

【注意事项】

1. 利用 GaussVIEW 搭建分子模型后，一定要注意检查分子的对称性，体系的对称性直接影响着后面的计算。

2. 图形文件保存成 gjf 文件时，注意文件名和路径都不能包含中文字符。

【数据记录与处理】

1. 优化构型

使用 Uedit 软件依次打开各 ＊.out 文件，在 "Search" 菜单下点击 "Find"，搜寻各文件中 "Optimization completed" 字段。鉴于优化构型为分子势能面上的极低点，故以表 4-1 所示的四项 "Convergence Criteria" 均达 "yes" 为构型优化收敛的判据。利用鼠标向前翻页可以看到构型优化过程的自洽迭代细节。

表 4-1　HF/6-31G（d）水平下优化水分子构型收敛细节

Item	Value　　Threshold	Converged?
Maximum Force	0.000450	YES
RMS Force	0.000300	YES
Maximum Displacement	0.001800	YES
RMS Displacement	0.001200	YES

使用 Uedit 软件依次查看各 ＊.out 文件中 "Optimization completed" 字段之后的 "Standard orientation"，记录各分子的优化构型（直角坐标数据）。

2. 分子能量及前线轨道分析

使用 Uedit 软件依次查看各 ＊.out 文件中分子的总能量 $E_总$、标准生成焓 H、熵 S、Gibbs 自由能 G、前线轨道能级。

计算方法要求定性地说明关键词（如：HF/6-31G（d）opt（maxcycle＝300）freq），计算结果要求记录各分子优化后的结构参数，其中键长保留三位小数，单位为埃（Å）；键角和二面角保留一位小数，单位为度（°）；分子的总能量、标准生成焓 H、熵 S、Gibbs 自由能 G 保留五位小数，单位为 Hartree（1Hartree＝627.51kcal·mol^{-1}＝2625.50kJ·mol^{-1}）；前线轨道能级。

表 4-2　分子的结构、能量和轨道性质

分子	H_2O	CH_4	C_6H_6
键长			
键角			
二面角			
$E_{总}$			
KE			
PE			
EE			
NN			
E_{HOMO}			
E_{LUMO}			

【实验讨论与启示】

1. 量子化学理论计算精度决定于计算所用的方法和基组的类型。分子体系的总能量及结构参数会随着计算所用的方法和基组的不同而略有变化。

2. 对程序初学者，运行程序时往往会产生非正常中断的情况，根据自己的经验总结程序非正常中断的原因及其处理方法。

【思考题】

1. 以 CH_4 为例，说明对称性降低会对计算结构产生怎样的影响。

2. Gaussian 程序的输入文件由几部分构成？常用的关键词有哪些？输出文件主要包括哪些内容？

实验 24　应用 Chemwindow6.0 分析分子的对称性

【目的要求】

1. 掌握 Chemwindow6.0 程序的使用。

2. 掌握分子对称点群的判据，能够借助 Chemwindow6.0 和 GaussView 程序判断分子所属点群。

3. 深入理解分子对称性对分子性质的影响。

【实验原理】

1. 对称元素和对称操作

对称操作：每一次操作都能够产生一个和原来图形等价的图形，经过一次或连续几次操作能使图形完全复原。

对称元素：对分子图形进行对称操作时，所依赖的几何要素（点、线、面及其组合）称为对称元素。

2. 群和分子点群

群的定义：一个集合 G 含有 A、B、C、D……元素，在这些元素间定义一种运算（通常称为"乘法"），如满足封闭性、缔合性、有单位元素和有逆元素 4 个条件，称集合 G 为群。

分子点群：分子中所有的对称元素仅相交于一点，所有的对称操作集合称为分子点群。

3. 分子点群的确定

确定分子点群的流程简图：

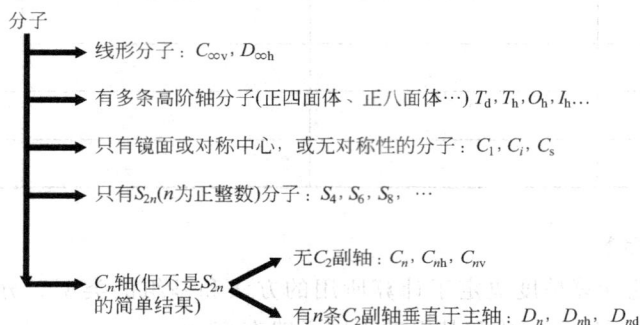

分子
- 线形分子：$C_{\infty v}$, $D_{\infty h}$
- 有多条高阶轴分子(正四面体、正八面体…) T_d, T_h, O_h, I_h…
- 只有镜面或对称中心，或无对称性的分子：C_1, C_i, C_s
- 只有 S_{2n}(n 为正整数)分子：S_4, S_6, S_8, …
- C_n 轴(但不是 S_{2n} 的简单结果)
  - 无 C_2 副轴：C_n, C_{nh}, C_{nv}
  - 有 n 条 C_2 副轴垂直于主轴：D_n, D_{nh}, D_{nd}

【软件与仪器】

1. 软件：Chemwindow6.0 软件。

2. 仪器：微机 1 台。

【实验步骤】

1. Chemwindow6.0 软件中自带的分子点群示例

Chemwindow6.0 软件中有 Bin、Chemwin、Chromkeeper、IRkeeper、SymApps，共 5 个文件夹。其中 SymApps 文件夹下有一个 Point Group Samples 文件夹，里面给出了各种点群的几个典型例子，在教学中可以展示。使用方法：双击 SymApps 文件夹下的 SymApps 快捷方式，打开 SymApps 程序。点击 File 菜单下 Open 按钮，打开 Point Group Samples 文件夹，可看到在该文件夹下，有如 C_2、C_{2h}、C_{nv}、C_s、D_{nd}、D_{nh}、I_h、T_d 等各点群的例子，双击即可打开。如打开 T_d(2).sma，即可打开 CH_4 分子，点击 C_n 按钮可显示旋转轴（如图 4-7 所示），同理，点击 S_n、i、σ 按钮可依次显示象转轴、对称中心和对称面，且鼠标放在哪个对称元素上，就可以显示该对称元素的种类。

2. Chemwindow6.0 软件中没有的分子点群示例

Chemwindow6.0 软件除自带的 Point Group Samples 以外，还可以对任意的分子进行点群计算，进而判断点群。该功能需借助 Hyperchem 或 Gview 建立分子模型，首先利用 Gview 程序搭建分子模型，将搭建好的模型保存为后缀 *.mol 格式；然后用 Chemwindow6.0 软件中 SymApps 程序打开，用 compute 菜单下 point groups 计算点群，

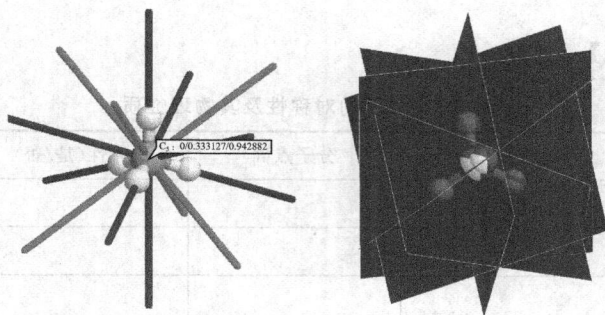

图 4-7　CH₄ 分子中的对称轴和对称面

即可计算出该分子的点群、对称元素及对称操作；单击对称元素按钮，即可显示相应的对称元素。

以丙二烯为例，丙二烯分子的结构如图 4-8 所示。3 个 C 原子在一条直线上，3 个 C 原子与左边两个氢原子及右边两个氢原子分别构成两个平面，这两个平面互相垂直，先利用 GaussVIEW 程序搭建分子模型，保存为 C_3H_4.mol，然后 SymApps 程序打开，计算得到该分子属于 D_{2d} 点群，对称元素有 E、$2C_2$、S_4（与第三个 C_2 重合，不重复显示，所以在对称元素中只列出 $2C_2$）、2σ，相应的对称操作：E、2σ、$3C_2$、$2S_4$。图 4-9 为丙二烯分子所有的对称元素，通过 SymApps 中的旋转按钮可以清楚地看出丙二烯分子中的 3 个二重旋转轴互相垂直，两个对称面包含一个 C_2 轴且平分另外相邻两个 C_2 的夹角，这两个对称面为 σ_d 对称面，综上所述，丙二烯分子中存在 3 个 C_2 轴，其中一个为主轴，另外 2 个 C_2 轴与主轴垂直，还有两个 σ_d 对称面，因此丙二烯分子属于 D_{2d} 点群。

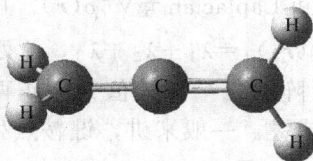

图 4-8　丙二烯分子的结构图

图 4-9　丙二烯分子中的所有对称元素

3. 计算练习

确定重叠式 $Fe(C_5H_5)_2$、交错式 $Fe(C_5H_5)_2$、交错式 $Fe(C_5H_4Cl)_2$、$Ni(CO)_4$、环丙烷 C_3H_6、B_2H_6、CH_4、CH_3F、CH_2F_2、$(C_6H_6)Cr(CO)_3$、$CH_2{=}C{=}CH_2$、$CH_2{=}C{=}C{=}CH_2$ 等分子中的主要特征元素和分子点群，并讨论这些分子是否具有旋光性和偶极矩。

【注意事项】

1. Chemwindow6.0 中部分体系中象转轴与对称轴重叠。

2. GaussView 程序中图形文件保存成 *.mol 文件时，注意文件名和路径都不能包含中文字符。

【数据记录与处理】

表 4-3　分子的对称性及其物理性质

分子	特征对称元素	分子点群	旋光性(是/否)	偶极矩(是/否)
重叠式 $Fe(C_5H_5)_2$				
交错式 $Fe(C_5H_5)_2$				
……				

【思考题】

1. 讨论分子对称性,对称元素主要有哪几种?

2. 对称元素和对称操作有何对应关系?

实验 25　双原子分子及阳离子、阴离子共价键结构比较

【实验目的】

在《结构化学》的教学中,用分子轨道理论讨论第二周期同核双原子分子和异核双原子分子的结构是很重要的内容。为了在教学中能够使学生更好地理解和掌握同核和异核双原子分子及其阳离子、阴离子的共价键结构,本实验选取在教学中比较重要的例子 C_2、N_2、O_2、CN、CO、NO 及其阳离子、阴离子作为讨论对象,绘制形象直观的电子密度图形,计算它们键鞍点处的电子密度。

【实验原理】

根据 Bader 等人提出的"分子中的原子"的电子密度拓扑分析理论,一个分子的电子密度分布的拓扑性质取决于电子密度的梯度矢量场 $\nabla\rho(r)$ 和 Laplacian 量 $\nabla^2\rho(r)$。电子密度的 Laplacian 量 $\nabla^2\rho(r_c)$ 是 $\rho(r_c)$ 的二阶导数,并且有 $\nabla^2\rho(r_c)=\lambda_1+\lambda_2+\lambda_3$,此处 λ_i 为键鞍点处电荷密度的 Hessian 矩阵本征值。如果 Hessian 矩阵的三个本征值为一正两负,记作 (3,−1) 关键点,称为键鞍点(BCP),表明两原子间成键。一般来讲,键鞍点处的电荷密度 $\rho(r_c)$ 越大,该化学键的强度越强。

【软件与仪器】

1. 软件:Gaussian、AIM2000 软件。

2. 仪器:微机 1 台。

【实验步骤】

1. 采用 Gaussian-03 程序包的密度泛函方法(B3LYP),6-311＋＋G＊＊基组优化所讨论分子的几何构型。

2. 用 GaussView 程序量取所优化构型的键长。

3. 取优化好的构型数据,采用 GAUSSIAN-03 程序包的 B3LYP/6-311＋＋G＊＊方法,进行单点计算,得到 WFN 文件。

4. 采用 AIM 2000 程序[7]对各分子及离子的 WFN 文件进行电子密度拓扑分析，得到各分子和离子键鞍点处的电子密度值。

5. 采用 AIM 2000 程序绘制所讨论分子、离子的电子密度图形。

【数据记录与处理】

1. 优化得到的分子和离子的键长列于表 4-4。

2. 绘制得到的 C_2、N_2、O_2 及其阴离子、阳离子的电子密度图形，标记图序号为图 1。

3. 绘制得到的 CN、CO、NO 及其阴离子、阳离子的电子密度图形，标记图序号为图 2。

表 4-4　双原子分子、离子的价电子组态、键长及键鞍点处电荷密度

物种	价电子组态	键长	电荷密度 ρ_b
C_2			
C_2^+			
C_2^-			
N_2			
N_2^+			
N_2^-			
O_2			
O_2^+			
O_2^-			
CN			
CN^+			
CN^-			
CO			
CO^+			
CO^-			
NO			
NO^+			
NO^-			

【实验讨论与启示】

对比 N_2、N_2^+ 和 N_2^-，键鞍点处的电子密度 N_2^+ 和 N_2^- 比 N_2 都要小一些，说明对于 N_2 分子，失去一个电子和得到一个电子后 N—N 化学键都会变弱一些，是因为失去的电子是从成键 $2\sigma_g$ 分子轨道失去的，得到的电子填充在反键的 $1\pi_g$ 分子轨道上。

对比 O_2、O_2^+ 和 O_2^-，键鞍点处的电子密度 O_2^+ 比 O_2 明显要大，O_2^- 比 O_2 明显要小，说明对于 O_2 分子，失去一个电子 O—O 化学键会变强，得到一个电子化学键会减弱，是因为失去的电子是从反键的 $1\pi_g$ 分子轨道失去的，得到的电子填充在反键的 $1\pi_g$ 分子轨道上。

第二周期同核双原子分子中，哪些失去电子后化学键会减弱？哪些得到电子后化学键会增强？

实验 26　多原子分子振动光谱和简正振动模式分析的理论研究

【目的要求】

1. 多原子分子简正振动模式的分析。

2. 简正分析和光谱指认。

3. 振动方式与 IR（红外）以及 Raman（拉曼）活性的关系。

【实验原理】

由 N 个原子组成的分子共有 $3N$ 个自由度。对于非线性多原子分子，有 3 个平动及 3 个转动自由度，剩下 $3N-6$ 个振动自由度。例如，H_2O 分子，其振动自由度有 $3 \times 3-6=3$ 个。线性多原子分子只有两个转动自由度，其振动自由度有 $3 \times N-5$ 个。如 CO_2 分子，振动自由度有 4 个。

分子的红外光谱起源于分子的振动基态与振动激发态之间的跃迁。只有在跃迁的过程中有偶极矩变化的跃迁，才称为红外活性。在振动过程中，偶极矩改变大者，其红外吸收带就强；偶极矩不改变者，就不出现红外吸收，为非红外活性。

Raman 光谱的选律是分子具有各向异性的极化率。如 H_2 分子，当其电子在电场作用下沿键轴方向变形大于垂直于键轴方向上时，就会出现诱导偶极矩变化，出现 Raman 光谱活性。Raman 光谱和红外光谱可以起到相互补充的作用。

【软件与仪器】

1. 软件：Gaussian、GaussVIEW 计算软件，Uedit 编辑软件。

2. 仪器：微机 1 台。

【实验步骤】

1. 通过 GaussView 程序搭建分子构型。

2. 采用 Gaussian-03 程序包的密度泛函方法（B3LYP），6-311＋＋G＊＊基组优化所讨论分子的几何构型。

3. 取优化好的构型数据，采用步骤 2 的方法和基组进行频率计算。

4. 用 GaussView 程序打开步骤 3 得到的数据文件，读取振动模式以及红外和拉曼光谱数据。

【数据记录与处理（1、2、3…）】（数据处理方法、要求、表格等）

1. 记录所讨论 HOCl、HCN、顺式和反式 N_2F_2 分子的 IR 光谱和 Raman 光谱，分别列于表 4-5～表 4-8。

2. 通过 GaussView 程序，模拟出 HOCl、HCN、顺式和反式 N_2F_2 分子的红外光谱和拉曼光谱，以图 1～图 4 标记图的序号。

3. 通过 GaussView 程序，观察 HOCl、HCN、顺式和反式 N_2F_2 分子的各个简正振动简正模式，以图 5～图 8 标记图的序号。

表 4-5　HOCl 分子的振动光谱

模式	对称性	频率	红外光谱	拉曼光谱

表 4-6　HCN 分子的振动光谱

模式	对称性	频率	红外光谱	拉曼光谱

表 4-7　顺式 N_2F_2 分子的振动光谱

模式	对称性	频率	红外光谱	拉曼光谱

表 4-8　反式 N_2F_2 分子的振动光谱

模式	对称性	频率	红外光谱	拉曼光谱

【实验讨论与启示】

有对称中心的分子，其简正振动模式，对红外和拉曼之一有活性，则另一非活性；无对称中心的分子，其简正振动模式，对红外和拉曼都是活性的。

【思考题】

对于顺式和反式 N_2F_2 分子，如何通过红外光谱和拉曼光谱测定，将顺式和反式 N_2F_2 异构体分辨出来？

实验27　乙硼烷和 N_2O_4 分子的结构与化学键讨论

【实验目的】

乙硼烷是一个久有争论的分子。乙硼烷主要有乙烷式和桥式两种主要的结构模型。利普斯康提出的双电子桥式三中心键模型，是目前被认为最满意的模型。具有平面结构的四氧化二氮分子是一个非常特殊的分子，因为它的 N—N 键长比一般的 N—N 单键要长，而且绕 N—N 键的旋转势垒又很大。对于此分子中的化学键人们普遍认为：每个 N 原子除了以 sp^2

杂化轨道与两个氧原子形成 σ 键外，两个氮原子用剩下的一条 sp^2 杂化轨道形成一个 σ 键，同时分子中的每个原子用 $2p_z$ 轨道上的电子形成大 π 键。但是这种理论难以说明：N—N 原子之间既然既有 σ 键作用，又有 π 键作用，为什么键长反而比普通的 N—N 单键要长。若认为 N—N 之间以单键结合，不存在 π 键作用，又与 N—N 键的旋转势垒很大相矛盾。通过本实验，可以明确这两个分子的结构和化学键性质。

【实验原理】

根据 Bader 等人提出的分子中原子的电子密度拓扑分析理论，一个分子的电子密度分布的拓扑性质取决于电荷密度的梯度矢量场 $\nabla\rho(r_c)$ 和 Laplacian 量 $\nabla^2\rho(r_c)$。电荷密度的 Laplacian 量 $\nabla^2\rho(r_c)$ 是 $\rho(r_c)$ 的二阶导数，Laplacian 量越大，化学键的共价键越强。并且有 $\nabla^2\rho(r_c) = \lambda_1 + \lambda_2 + \lambda_3$，此处 λ_i 为键鞍点处电荷密度的 Hessian 矩阵本征值。如果 Hessian 矩阵的三个本征值为一正两负，记作（3，−1）关键点，称为键鞍点（BCP），表明两原子间成键。如果 Hessian 矩阵的三个本征值为二正一负，记作（3，+1）关键点，称为环鞍点（RCP），环鞍点的存在标志着体系当中存在着环状结构。一般来讲，键鞍点处的电荷密度 $\rho(r_c)$ 越大，该化学键的强度越强。键的椭圆度 $\varepsilon = \lambda_1/\lambda_2 - 1$ 越大，化学键越显示出明显的 π 键特性。当 $\varepsilon = 0$ 时，则为明显的 σ 键。键的弯曲度越大，化学键越容易断裂。

【软件与仪器】

1. 软件：Gaussian、GaussVIEW 计算软件，Uedit 编辑软件。

2. 仪器：微机 1 台。

【实验步骤】

1. 利用 GaussVIEW 程序搭建 B_2H_6 和 N_2O_4 分子结构，注意分子的对称性。

2. 采用 GAUSSIAN-98 程序包的 Hartree-Fock 方法（RHF），对 B_2H_6 和 N_2O_4 分子构型进行优化，得到其稳定构型。

3. 对优化得到的构型进行单点性质计算，得到其电子密度分布矩阵。

4. 利用 AIM2000 程序对 B_2H_6 和 N_2O_4 中的化学键进行电子密度拓扑分析，得到分子图和关键点处的拓扑性质。

5. 利用 GaussVIEW 程序找到 N_2O_4 中的 π 键。

6. 对计算得到的数据进行分析，判断化学键的属性。

【数据记录与处理】

1. 优化得到的 B_2H_6 和 N_2O_4 构型图和构型参数，分别列于表 4-9 和表 4-10，并与实验值进行比较。

表 4-9　B_2H_6 构型图和构型参数

构型图	点群	构型参数	计算值	实验值/pm
		$R_{B-H(桥)}$		132.9
		$R_{B-H(端)}$		119.2
		$A_{B-H(桥)-B}$		96.5
		$A_{H(端)-B-H(端)}$		

注：R 为键长；A 为键角。

表 4-10　N₂O₄ 构型图和构型参数

构型图	点群	构型参数	计算值	实验值/pm
		R_{N-O}		121
		R_{N-N}		175
		A_{O-N-O}		134
		A_{N-N-O}		113

2. AIM 得到的 B_2H_6 的分子图和拓扑参数列于表 4-11。

表 4-11　B_2H_6 关键点处的拓扑参数

项目	ρ	λ_1	λ_2	λ_3	$\nabla^2\rho$	ε
B—H(桥)						
B—H(端)						

3. 绘出 N_2O_4 中的 π 轨道。

【思考题】

1. B_2H_6 中 B 原子采取哪种型式的杂化?
2. B_2H_6 中存在几类 B—H 键、性质如何? 分析 B—H—B 桥键的形成过程?
3. 分析 N_2O_4 中的化学键。

实验 28　乙烷分子的旋转势垒

【实验目的】

1. 确定重叠式和完全交叉式乙烷分子的稳定结构。
2. 确定由重叠式向完全交叉式构型转换过程中 C—C 单键的旋转势垒。

【实验原理】

构型优化的目的是确定势能面的能量极值的位置，极小值对应势能面上的稳定构型，极大值对应反应的过渡态。在这些极值点，不论极大值还是极小值，它们能量对坐标的一阶导数均为 0，即 $\dfrac{\partial E}{\partial q_i}=0$，均称为稳定点。

在构型优化过程中，程序首先根据输入的构型求解薛定谔方程，得到能量和波函数。然后计算能量对坐标的一阶导数，如果得到的一阶导数不为 0，程序根据能量对坐标的二阶导数数值自动控制对分子坐标进行调整，得到稳定点。判定一个体系是稳定构型的指标是分子中的振动频率均为正值。过渡态的判据是在所有振动频率中有且只有一个振动虚频。

【软件与仪器】

1. 软件：Gaussian、GaussVIEW 计算软件，Uedit 编辑软件。
2. 仪器：微机 1 台。

【实验步骤】

1. 利用 GaussVIEW 程序搭建重叠式和完全交叉式乙烷分子结构，注意分子的对称性。
2. 改变 HCCH 的二面角，采取部分优化方法得到固定二面角时的能量。

3. 做出 D_{HCCH} 与体系总能量 E 之间的关系。

4. 分析旋转势垒，讨论乙烷的最低能量构型。

【数据记录与处理】

表 4-12 不同构象乙烷的能量和构型参数

表 4-12　不同构象乙烷的能量和构型参数

D_{HCCH}	E/a. u	R_{C-C}	R_{C-H}	A_{HCC}
0.0				
20.0				
40.0				
60.0				
80.0				
85.0				
87.0				
89.0				
89.5				
89.9				
90.0				
93.0				
95.0				
100.0				
120.0				
140.0				
160.0				
180.0				

【思考题】

计算重叠式和完全交叉式乙烷的能量差，此能量差为重叠式（0）和完全交叉式（180.0）乙烷的旋转势垒，此数值与实验值（12.05kJ·mol^{-1}）比较，计算相对误差。

实验 29　有机共轭烯烃的 HMO 处理

【实验目的】

1. 掌握有机直链共轭烯烃和环状共轭烯烃的 π 型分子轨道、轨道能级的计算方法。

2. 讨论直链共轭烯烃的 π 分子轨道能级和 π 型分子轨道图形节面间的关系。

3. 掌握分子图的做法。

【实验原理】

有机共轭分子具有平面结构。每个碳原子均有一个单电子占据的 $2p_z$ 轨道，因此可形成离域 π 键。

以苯分子为例，介绍 HMO 方法处理有机共轭分子的原理。

1. 苯分子的 π 分子轨道和轨道能级

苯分子的 π 分子轨道的表达式可以表示为

$$\psi = c_1\phi_1 + c_2\phi_2 + c_3\phi_3 + c_4\phi_4 + c_5\phi_5 + c_6\phi_6$$

其中 $\phi_1 \sim \phi_6$ 为 $C_1 \sim C_6$ 原子提供的参与形成 π 分子轨道的 p 轨道；$c_1 \sim c_6$ 为各个 C 原子的组合系数，由变分法确定。

将 $\psi = c_1\phi_1 + c_2\phi_2 + c_3\phi_3 + c_4\phi_4 + c_5\phi_5 + c_6\phi_6$ 代入变分积分公式

$$\overline{E} = \frac{\int \psi^* \hat{H}_\pi \psi \, \mathrm{d}\tau}{\int \psi^* \psi \, \mathrm{d}\tau}$$

展开，并引入积分

$$H_{ii} = \int \phi_i \hat{H}_\pi \phi_i \, \mathrm{d}\tau$$

$$H_{ij} = \int \phi_i \hat{H}_\pi \phi_j \, \mathrm{d}\tau$$

$$S_{ij} = \int \phi_i \phi_j \, \mathrm{d}\tau$$

进一步利用变分处理 $\dfrac{\partial \overline{E}}{\partial c_1} = \dfrac{\partial \overline{E}}{\partial c_2} = \cdots = \dfrac{\partial \overline{E}}{\partial c_6} = 0$，得久期方程：

$$\begin{bmatrix} H_{11} - ES_{11} & H_{12} - ES_{12} & \cdots & H_{16} - ES_{16} \\ H_{21} - ES_{21} & H_{22} - ES_{22} & \cdots & H_{26} - ES_{26} \\ \cdots & \cdots & \cdots & \cdots \\ H_{61} - ES_{61} & H_{62} - ES_{62} & \cdots & H_{66} - ES_{66} \end{bmatrix} \begin{bmatrix} c_1 \\ c_2 \\ \cdots \\ c_6 \end{bmatrix} = 0$$

方程有非零解的条件是系数行列式（即久期行列式）为零。

$$\begin{vmatrix} H_{11} - ES_{11} & H_{12} - ES_{12} & \cdots & H_{16} - ES_{16} \\ H_{21} - ES_{21} & H_{22} - ES_{22} & \cdots & H_{26} - ES_{26} \\ \cdots & \cdots & \cdots & \cdots \\ H_{61} - ES_{61} & H_{62} - ES_{62} & \cdots & H_{66} - ES_{66} \end{vmatrix} = 0$$

引入休克尔近似，令

同一原子的库仑积分 $H_{ii} = \alpha$

交换积分 $H_{ij} = \int \phi_i \hat{H}_\pi \phi_j \, \mathrm{d}\tau = \begin{cases} 0 & \text{非键连} \\ \beta & \text{键连} \end{cases}$

重叠积分 $S_{ij} = \int \phi_i \phi_j \, \mathrm{d}\tau = \begin{cases} 1 & (i = j) \\ 0 & (i \neq j) \end{cases}$

则苯分子的 HMO 行列式方程简化为：

$$\begin{vmatrix} x & 1 & 0 & 0 & 0 & 1 \\ 1 & x & 1 & 0 & 0 & 0 \\ 0 & 1 & x & 1 & 0 & 0 \\ 0 & 0 & 1 & x & 1 & 0 \\ 0 & 0 & 0 & 1 & x & 1 \\ 1 & 0 & 0 & 0 & 1 & x \end{vmatrix} = 0$$

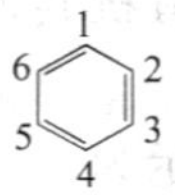

图 4-10　苯分子的结构

苯的结构如图 4-10 所示，其中有 6 个共轭 C 原子，把这 6 个 C 原子编号，根据编号和苯的结构编写一个 HMO 程序的输入文件，通过 HMO 程序来进行计算，得到 6 个 x 值，从而得到对应的 6 个 π 分子轨道能级：

$$x_1 = -2 \qquad\qquad E_1 = \alpha + 2\beta$$
$$x_2 = x_3 = -1 \qquad\qquad E_2 = E_3 = \alpha + \beta$$
$$x_4 = x_5 = 1 \qquad\qquad E_4 = E_5 = \alpha - \beta$$
$$x_6 = 2 \qquad\qquad E_6 = \alpha - 2\beta$$

同时可以计算得到对应的 π 分子轨道组合系数，从而得到相应的 6 个 π 分子轨道波函数为：

$$\psi_1 = 0.4282\phi_1 + 0.4282\phi_2 + 0.4282\phi_3 + 0.4282\phi_4 + 0.4282\phi_5 + 0.4282\phi_6$$
$$\psi_2 = 0.5774\phi_1 + 0.2887\phi_2 - 0.2887\phi_3 - 0.5774\phi_4 - 0.2887\phi_5 + 0.2887\phi_6$$
$$\psi_3 = 0.5000\phi_2 + 0.5000\phi_3 - 0.5000\phi_5 - 0.5000\phi_6$$
$$\psi_4 = 0.5000\phi_2 - 0.5000\phi_3 + 0.5000\phi_5 - 0.5000\phi_6$$
$$\psi_5 = 0.5774\phi_1 - 0.2887\phi_2 - 0.2887\phi_3 + 0.5774\phi_4 - 0.2887\phi_5 - 0.2887\phi_6$$
$$\psi_6 = 0.4282\phi_1 - 0.4282\phi_2 + 0.4282\phi_3 - 0.4282\phi_4 + 0.4282\phi_5 - 0.4282\phi_6$$

其 π 分子轨道如图 4-11 所示。

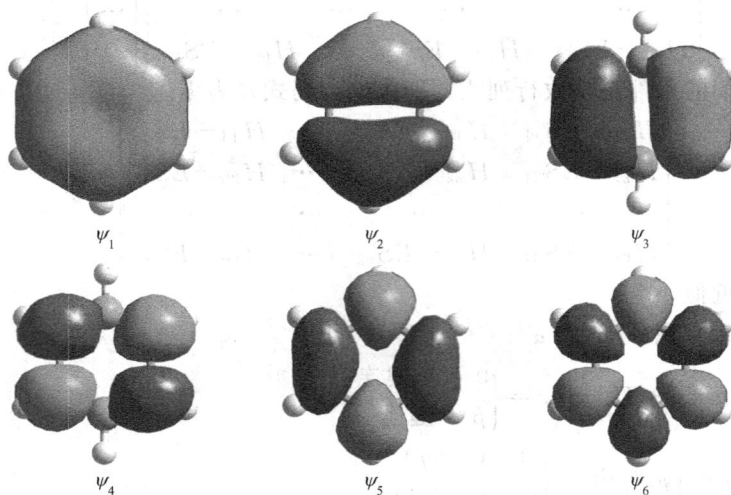

图 4-11　苯的 π 分子轨道图

2. 苯分子的 HMO 参量

根据苯分子的 π 分子轨道和能级，可用计算公式求得电荷密度、键级、自由价。

苯分子基态的电子排布：$\psi_1^2 \psi_2^2 \psi_3^2$

（1）π 电荷密度：$q_1 = q_2 = q_3 = q_4 = q_5 = q_6 = 1.00$

（2）π 键级：$p_{12} = p_{23} = p_{34} = p_{45} = p_{56} = 0.667$

（3）自由价：$F_1 = F_2 = F_3 = F_4 = 4.732 - (3 + 0.667 + 0.667) = 0.398$

3. 苯的分子图

苯的分子图如图 4-12 所示。

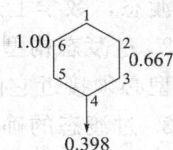
图 4-12 苯的分子图

【实验步骤】

1. 建立 HMO 程序的输入文件。输入文件中需要给出每个体系中参与共轭的原子总数、参与离域的 π 电子总数、π 电子占据的 π 轨道总数、每个原子提供的参与形成离域 π 键的电子数以及 π 电子占据的哪些 π 轨道等信息。

2. 执行 HMO 程序，查看输出结果中的本征值 x 与本征向量 c_i。

3. 通过运用以下公式：

$$E = \alpha + \beta x$$
$$\psi = c_1\phi_1 + c_2\phi_2 + \cdots + c_n\phi_n$$

得到体系的 π 分子轨道能级和轨道波函数。

4. 结合 Hyperchem 程序，得到 π 分子轨道图形。

5. 计算每个体系的 π 电子密度、键级、自由价，绘制分子图。

【实验说明】

需要讨论的体系包括：烯丙基自由基、丁二烯、1,3-戊二烯、己三烯、苯和萘（见图 4-13）。

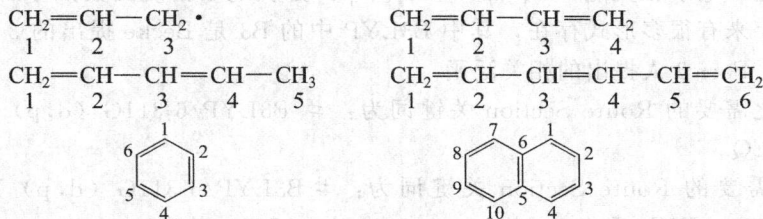

图 4-13 烯丙基自由基、丁二烯、1,3-戊二烯、己三烯、苯和萘的结构图

【思考题】

1. 总结有机直链共轭烯烃中 π 分子轨道能级与节面之间的关系。

2. 根据萘分子的分子图，哪些位置容易与亲核试剂发生反应，哪些位置容易与亲电试剂发生反应？

实验30 XNO→NOX（X＝F，Cl）异构化反应的理论研究

【设计要求】

在前面的实验中学习了分子构型搭建与优化，并可在得到的优化构型的基础上计算分子的各种性质。前面的计算均属于分子稳定态的计算。对一个基元反应来说，除反应物和产物外，还要经历一定的过渡态，本实验要求通过过渡态的计算，对化学反应过程进行预测，讨论化学反应的活化能和热效应。

【知识背景】

1. 过渡态的数学定义：过渡态理论认为，分子碰撞生成产物要经过一个活化配合物，

即过渡态，数学上过渡态是反应势能面上的一个鞍点。

2. 过渡态构型的猜想：首先根据反应物和产物的结构猜测过渡态的初始猜测构型，猜测构型必须接近它的真实构型。

3. 过渡态的确定：因为过渡态属于反应势能面的一个极大值，因此要求过渡态的能量二阶导数矩阵有唯一的负本征值。所以优化得到的过渡态构型需要进行振动分析验证：一是看过渡态的所有振动频率中是否有唯一的虚频（负频率）；二是通过内禀反应坐标（IRC）计算，从过渡态开始，看其是否与反应物和产物相连接。

4. 根据化学热力学，正反应活化能＝过渡态能量－反应物能量；逆反应活化能＝过渡态能量－产物能量；反应热＝产物能量－反应物能量。

【设计内容】

寻找 XNO→NOX（X＝F，Cl）异构化过程的过渡态，并通过 IRC 计算验证其与反应物、产物的连接关系，计算反应过程的活化能和反应热。

【方法提示及说明】

B3LYP 是一种密度泛函理论（DFT）方法，它建立在 HF 求解过程的基础上，即对 Schrödinger 的近似求解过程是相同的。区别在于，在 Schrödinger 方程的哈密顿算符中增加了电子交换能和电子相关能这两项。DFT 方法分别用交换泛函 $E_x(\rho)$ 和相关泛函 $E_c(\rho)$ 描述电子交换能和电子相关能，$E_x(\rho)$ 和 $E_c(\rho)$ 是从电子密度函数推导出来的带有经验性的函数，近年来有很多形式存在，其中 B3LYP 中的 B3 是 Becke 提出的 3 参数交换泛函和 Lee、Yang、Parr 3 人提出的相关泛函。

过渡态优化需要的 Route Section 关键词为：♯ B3LYP/6-311G（d,p）opt（TS,EF,CALCFC）FREQ。

IRC 计算需要的 Route Section 关键词为：♯ B3LYP/6-311G（d,p）NOSYMM scf（maxcycle＝400）　IRC（forward/reverse，stepsize＝10，calcfc，maxpoints＝400）。

【实例分析】

以 HNO→NOH 异构化为例：

1. 优化反应物和产物的构型，并做频率分析验证其是稳定点。

2. 根据反应物和产物的构型猜测过渡态的构型。

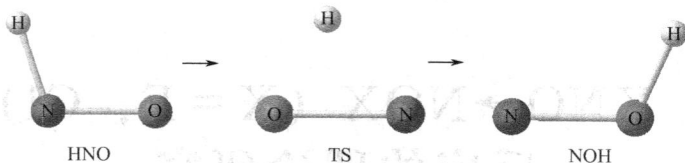

3. 优化过渡态的构型，并检验其振动频率。

HNO 异构化过程有 3 个原子，计算得到的过渡态 TS 为非线性结构，因此其振动自由度为 $3N-6＝3$ 个。由输出结果可以看到，在 B3LYP/6-311G（d,p）基组水平上计算得到的振动频率分别为 -2244.8929cm^{-1}、1260.1075cm^{-1} 和 2811.4274cm^{-1}，有且仅有一个虚频，证明所得到的构型为过渡态。

4. 从过渡态出发进行 IRC 计算，验证其与反应物、产物的连接关系。

5. 作出反应势能面，讨论热力学性质。

第 ⑤ 章 综合化学实验

综合化学实验是把基础化学的理论知识和各种实验技能、实验方法加以融合，在学生完成基础化学实验，掌握化学实验基本原理和基本操作的基础上开设的一门独立课程。综合化学实验是一多学科的、较高层次的、综合性的实验技能训练的课程。其目的是使学生能融会贯通化学各二级学科，熟练掌握实验技能，并培养学生综合应用化学知识及多种化学研究方法和分析问题、解决问题的能力。

实验 31　Keggin 型十二钼磷酸的制备及催化性质研究

【实验目的】

通过 Keggin 型阴离子簇十二钼磷酸的制备、表征及性质研究，了解并掌握无机配位化合物及大离子簇的常见制备工艺、物理化学表征手段和性质测试方法。

【实验原理】

多酸化合物也称多金属氧酸盐（polyoxometalate，POM），是一类前过渡金属氧阴离子簇，为纳米级尺度范畴的金属-氧负离子群。钼酸和钨酸、钒酸、磷酸等在一定条件下，易自聚或与其他元素缩合，形成多金属氧簇或其酸盐。该类化合物种类繁多，结构多样，酸度是影响产物结构类型的重要因素之一。多金属氧簇类化合物的主要用途是作为一类新型催化剂。由于多酸化合物既有很强的 Bronnstred 酸性，又有在温和条件下表现出的快速、可逆的氧化-还原转变特性，因此可作为用途广泛的新型催化剂。

在众多的多酸化合物中，拥有 12 个 $\{MoO_6\}$ 八面体和一个 $\{PO_4\}$ 四面体通过共角及共边而组装成的 $[PMo_{12}O_{40}]^{3-}$ 阴离子簇的 Keggin 结构（见图 5-1）是典型代表之一，其直径约 1.03nm。它是相应元素的简单化合物在溶液中经过酸化缩合得到的。

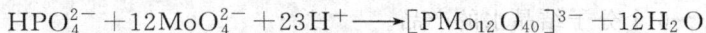

图 5-1　$[PMo_{12}O_{40}]^{3-}$ 阴离子簇的 Keggin 结构

$$HPO_4^{2-} + 12MoO_4^{2-} + 23H^+ \longrightarrow [PMo_{12}O_{40}]^{3-} + 12H_2O$$

在制备过程中，H^+ 与 MoO_4^{2-} 中的氧结合形成 H_2O 分子，从而使得钼原子之间通过共享氧原子的配位形成多核簇状结构的杂多钼酸阴离子。

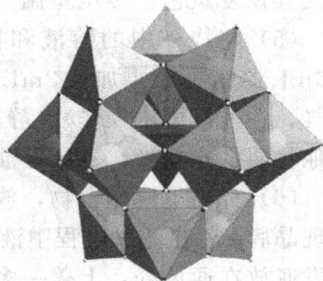

产率计算公式：

$$H_3[PMo_{12}O_{40}] \text{的产率}(\%) = \frac{12m_{\text{P-Mo}}}{n_{\text{Mo}}M_{\text{P-Mo}}} \times 100\% \qquad (5-1)$$

式中，$m_{\text{P-Mo}}$ 为 $H_3[PMo_{12}O_{40}]$ 的实际产量；n_{Mo} 为钼酸钠的起始物质的量；$M_{\text{P-Mo}}$ 为 $H_3[PMo_{12}O_{40}]$ 的摩尔质量。

十二钼磷酸的催化性质可依据苯甲醛被过氧化氢氧化为苯甲酸来表征，反应方程式如下：

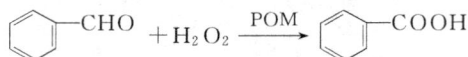

$$\text{苯甲酸的产率}(\%) = \frac{m_2 M_1}{\rho V M_2} \times 100\% \qquad (5-2)$$

式中，m_2 为苯甲酸的实际产量；ρ 为苯甲醛的密度；V 为苯甲醛起始的体积；M_1 为苯甲醛的摩尔质量；M_2 为苯甲酸的摩尔质量。

【仪器与试剂】

1. 烧杯（50mL，100mL，250mL），分液漏斗（125mL），玻璃砂芯漏斗（5～6cm），三颈烧瓶（100mL），量筒（10mL，200mL），锥形瓶，冷凝管，恒压漏斗，表面皿，温度计，循环水真空泵，磁力搅拌器（带加热套），氮气钢瓶，冰箱，电子天平，电吹风，真空干燥箱。

2. 钼酸钠，盐酸（6mol·L^{-1}），偏磷酸钠，H_2O_2（30%）或浓硝酸，乙醚，苯甲醛。

【实验步骤】

1. 十二钼磷酸 α-$H_3[PMo_{12}O_{40}]$ 的制备

（1）称取 5.0g Na$_2$MoO$_4$·2H$_2$O（0.0206mol）溶于 30mL 水中，转移至三颈烧瓶中，搅拌，加热至 80℃使其溶解。保持温度，磁力搅拌下向溶液中缓慢滴加 4.0mL 6mol·L^{-1}盐酸，得一黄色澄清溶液。

（2）称取 3.0g 偏磷酸钠（0.005mol），溶于 5mL 水中（可稍微加热）。

（3）在磁力搅拌子的强烈搅拌下，将所配制的偏磷酸钠溶液滴加到钼酸钠溶液中，前面所有过程约 40min。

（4）剧烈搅拌下用恒压漏斗滴加 15.0mL 6mol·L^{-1}盐酸，整个过程约 30min，滴完后继续加热半分钟。在滴加时若黄色的澄清溶液被还原变为绿（蓝）色，可以加入少量过氧化氢使其恢复黄色。冷至室温。

（5）将烧杯中的溶液和析出的少量固体一并转移至分液漏斗中。向分液漏斗中加入 8.0mL 乙醚[1]，再加入 2mL 6mol·L^{-1}盐酸，充分振荡（注意防止气流将液体带出，适当排气，在通风橱中操作）。静置 30min，液体分三层。上层是醚层，中间是氯化钠、盐酸和其他物质的水溶液，下层是油状的十二钼磷酸醚合物。

（6）分出下层醚合物，放入蒸发皿中。在水浴上蒸醚（小心！醚易燃），直至液体表面出现晶膜。若在蒸发过程中液体变蓝，则需滴加少许 30%过氧化氢或浓硝酸至蓝色褪去。将蒸发皿放在通风处，上盖一多孔的滤纸防止灰尘，使醚在空气中渐渐挥发掉（也可用电吹风机吹入干净的空气流置换出其中的乙醚），即可得白色或浅黄色十二钼磷酸水合物固体。

2. 十二钼磷酸 α-$H_3[PMo_{12}O_{40}]$ 的提纯

上步所得晶体产品中约含有 29 个结晶水，可在 60℃下真空干燥 60min 除去绝大部分结晶水，得到含有 5～6 个分子结晶水的产品。

3. 十二钼磷酸 α-$H_3[PMo_{12}O_{40}]$ 的红外表征[2]

采用 KBr 压片，将所得产品压制成透明薄片，于 4000～400cm^{-1} 范围内扫描。

$1064cm^{-1}$ 处的吸收峰来自磷与内氧键 $P—O_c$ ($O_c = \mu_4$-bridge oxygen) 的伸缩振动；$960cm^{-1}$ 处有 $Mo—O_t$ 键 (O_t = terminal oxygen) 的伸缩振动吸收峰；$Mo—O_b—Mo$ 键 ($O_b = \mu_2$-bridge oxygen) 的伸缩振动吸收峰位于 $869cm^{-1}$，同时 $Mo—O_c—Mo$ 键的伸缩振动吸收峰出现在 $779cm^{-1}$。这四个吸收峰表明所合成的杂多酸为具有 Keggin 结构的十二钼磷酸。

4. 催化氧化反应

（1）量取 10.0mL 苯甲醛和 20.0mL 30% H_2O_2 注于一干净的三颈烧瓶中，加入 0.20g 上述制备的晶体。在 N_2 保护氛围下，磁力搅拌器上加热搅拌，温度为 50℃，反应 1.5h。反应过程中，反应溶液颜色逐渐加深，约 40min 后产生白色固体。

（2）冷至室温后转移至锥形瓶中，盖上塞子在 5℃冰箱中冷藏 24h，有大量结晶析出。

（3）减压过滤，滤出白色结晶（可用 30mL 5℃的饱和苯甲酸溶液洗涤）。如果产品发黄，可用少量水进行重结晶[3]。产物真空干燥后称量，计算产率。

（4）产品用红外光谱表征，并测定熔点。

【思考题】

十二钼磷酸具有较强的氧化性，与橡胶、纸张、塑料等有机物质接触，甚至与空气灰尘接触时，均易被还原为"杂多蓝"。因此在制备过程中，要注意哪些问题？

【附注】

[1] 乙醚沸点低，挥发性强，燃点低，易燃，易爆，因此，在使用时一定要加倍小心！

[2] 十二钼磷酸的红外光谱（见图 5-2）。

[3] 苯甲酸，熔点 122.3℃。溶于热水，难溶于冷水（溶解度：75℃，2.2g/100mL 水；4℃，0.18g/100mL 水），在 100℃时容易升华。苯甲酸的红外光谱见中册实验 32。

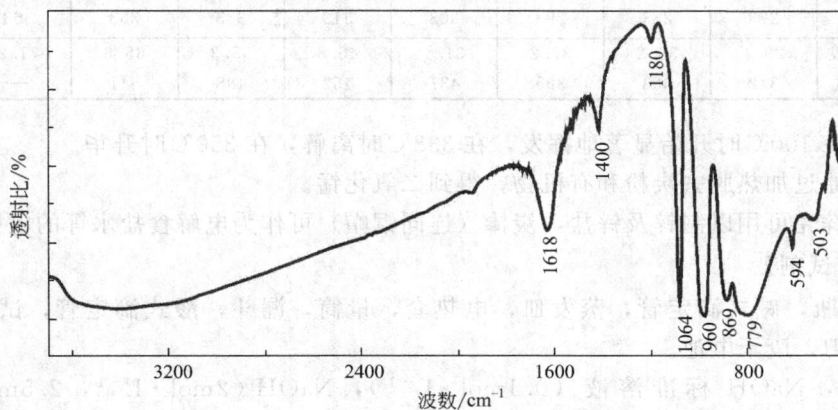

图 5-2 十二钼磷酸的红外光谱

实验 32 废干电池的综合利用

【实验目的】

1. 进一步熟练无机物的实验室提取、制备、提纯、分析等方法与技能。

2. 学习实验方案的设计。

3. 了解废弃物中有效成分的回收利用方法。

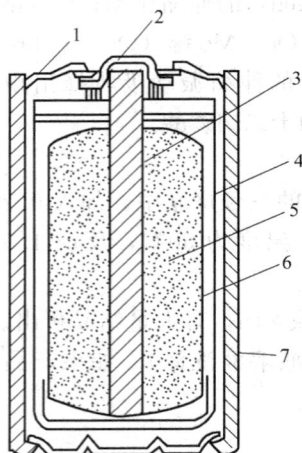

图 5-3　锌-锰电池构造

1—火漆；2—黄铜帽；3—石墨棒；

4—锌筒；5—MnO_2 和炭粉；

6—电解液＋淀粉；7—包

装纸（或铁壳）

【实验原理】

日常生活中用的干电池为锌锰干电池。其中铵型锌锰干电池的负极为作为电池壳体的锌电极，正极是石墨电极，其周围被 MnO_2、炭粉和 NH_4Cl 的混合物包围着，总称为"炭包"。在炭包与锌壳之间填充着用淀粉糊化的氯化锌和氯化铵的水溶液，其为电池的电解质。电池结构如图 5-3 所示。电池反应为：

$$Zn+2NH_4Cl+2MnO_2 =\!=\!= Zn(NH_3)Cl_2+2MnOOH$$

电池在使用过程中，锌皮消耗最多，二氧化锰只起氧化作用，氯化铵作为电解质没有消耗，炭粉是填料。回收处理废干电池可以获得多种有用物质，如铜、锌、二氧化锰、氯化铵和炭棒等，实为变废为宝的一种可利用资源。为防止锌皮因快速氧化而使电池渗漏电解质，通常在锌皮中掺入汞，形成汞齐，因此乱扔废干电池将对环境造成危害。

回收时，将电池中的黑色混合物浸泡于水中，可得到溶于水的氯化铵和氯化锌混合液，以及不溶于水的二氧化锰、炭粉和其他少量有机物，将其过滤，滤液用于提取氯化铵，滤渣用于提取二氧化锰。

氯化铵的提取可以根据它与氯化锌的溶解度不同来分离，它们的溶解度见表 5-1。

表 5-1　NH_4Cl 和 $ZnCl_2$ 的溶解度　　　　　　单位：$g\cdot(100g\ H_2O)^{-1}$

温度/K	273	283	293	303	313	333	353	363	373
NH_4Cl 的溶解度	29.4	33.2	37.2	31.4	45.8	55.3	65.6	71.2	77.3
$ZnCl_2$ 的溶解度	342	363	395	437	452	488	541	—	614

氯化铵在 100℃时开始显著地挥发，在 338℃时离解，在 350℃时升华。

滤渣可通过加热脱去炭粉和有机物，得到二氧化锰。

电池的锌壳可用以制锌及锌盐，炭棒（连同铜帽）可作为电解食盐水等的电极。

【仪器与试剂】

1. 锥形瓶，碱式滴定管，蒸发皿，电热套，量筒，漏斗，酸式滴定管，试管，烧杯，剪刀，螺丝刀，废干电池。

2. 甲醛，NaOH 标准溶液（0.1mol·L^{-1}），NaOH（2mol·L^{-1}，2.5mol·L^{-1}），$KClO_3$，浓 HCl，浓 H_2SO_4，$KMnO_4$ 标准溶液（0.02mol·L^{-1}），EDTA 标准溶液（0.01mol·L^{-1}），酚酞（0.2%乙醇溶液），甲基红（0.2%乙醇溶液），二甲酚橙（0.2%），HNO_3（2mol·L^{-1}），H_2O_2（3%），$AgNO_3$（0.1mol·L^{-1}），$Hg(NO_3)_2$（0.2mol·L^{-1}），NH_4SCN（0.1mol·L^{-1}），六亚甲基四胺（200g·L^{-1}）。

【实验步骤】

1. 材料准备

取一节 R20 型废干电池，剥去电池外层包装纸（或拆掉铁壳），用螺丝刀撬去顶盖，再撬去盖下面的沥青层，即可用钳子慢慢拔出炭棒（连同铜帽），可留着作电解食盐水等的电极用。用剪刀（或钢锯片）把废电池锌筒剥开，即可取出里面黑色的物质，它为二氧化锰、炭粉、氯化铵、氯化锌等的混合物。

取 20g 黑色混合物倒入烧杯中，加入 50mL 蒸馏水，搅拌，浸泡 3h，过滤，滤液用以提取氯化铵，滤渣用以制备 MnO_2 及锰的化合物。电池的锌壳可用以制锌及锌盐。

2. 氯化铵的提取与分析

（1）提取　将滤液放入蒸发皿中，加热蒸发，至滤液中有晶体出现时，改用小火加热，并不断搅拌（防止局部过热致使氯化铵分解）。待蒸发皿中只留有少许母液时，停止加热，冷却后即得氯化铵固体，用滤纸吸干，称量。

（2）定性分析

① 先取少量所制备的氯化铵配成溶液，再加入 HNO_3 和 $AgNO_3$ 溶液，若出现白色沉淀即可证实为氯化物。

② 先取少量所制备的氯化铵配成溶液，再取两只干净的表面皿制成气室，在下面的表面皿中滴入所配制的氯化铵溶液和适量 $2mol \cdot L^{-1}$ NaOH 溶液，上面的表面皿内部贴一小块 pH 试纸，将两个表面皿对扣。下面用水浴加热，若 pH 试纸变蓝色，则证实为铵盐。

（3）定量分析

① 甲醛法　准确称取约 0.2g 固体 NH_4Cl 产品两份，分别置于锥形瓶中，加 30mL 蒸馏水溶解，加入 40mL EDTA 溶液，摇匀，放置 5min，然后加 1 滴甲基红指示剂，滴加 NaOH 溶液至恰好变黄色。再加入 2mL 40% 的甲醛（以酚酞为指示剂，预先用 $0.1mol \cdot L^{-1}$ NaOH 中和甲醛中的酸）、3～4 滴酚酞指示剂（此时变红色），然后用 $0.1mol \cdot L^{-1}$ NaOH 标准溶液滴定至溶液由浅黄色变微红，30s 不褪色即为终点，计算 NH_4Cl 的含量。

② 蒸馏法　称取 0.25～0.30g 试样，放入 250mL 锥形瓶中，加 80mL 水溶解，再加入 10mL $2.5mol \cdot L^{-1}$ NaOH 溶液（此时要防止 NH_3 逸出）。在另一锥形瓶中，准确加入 30～35mL $0.5mol \cdot L^{-1}$ HCl 标准溶液，放入冰浴中冷却。

按图 5-4 装配好仪器，从安全漏斗中加 3～5mL $2.5mol \cdot L^{-1}$ NaOH 溶液于小试管中，漏斗下端插入液面下 2～3cm，整个操作过程中漏斗下端的出口不能露在液面之上。小试管口的胶塞要切去一个缺口，使试管内与锥形瓶相通。加热试样，先用大火加热，当溶液接近沸

图 5-4　氨蒸馏吸收装置

腾时，改用小火，保持微沸状态，蒸馏 1h 左右，即可将氨全部蒸出。蒸馏完毕后，取出插入 HCl 溶液中的导管，用蒸馏水冲洗导管内外，洗涤液收集在氨吸收瓶中。从冰浴中取出吸收瓶，加 2 滴甲基红溶液，用 $0.5mol \cdot L^{-1}$ NaOH 标准溶液滴定剩余的 HCl 溶液。此过程中反应式如下：

$$NH_4Cl + NaOH \xrightarrow{\quad\quad} NH_3 \uparrow + NaCl + H_2O$$

按下式计算 NH_3 含量：

$$w_{NH_3} = \frac{[(cV)_{HCl} - (cV)_{NaOH}] \times 17.04}{m_s} \tag{5-3}$$

3. 二氧化锰的提取与分析

（1）提取　将步骤 2 中得到的黑色混合物滤渣用蒸馏水冲洗 2～3 次，冲洗后将滤渣放

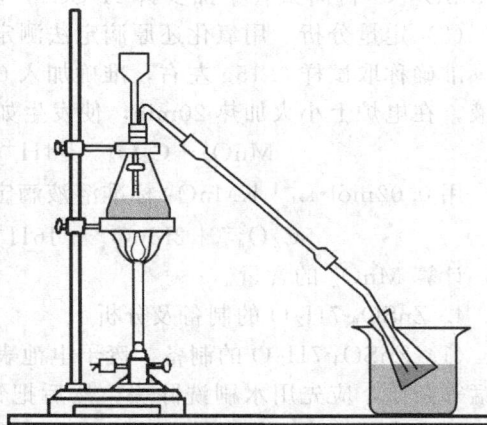

入蒸发皿中，先用小火加热烘干，再在搅拌下用大火灼烧，以除去所含炭粉及有机物。到不冒火星时，再灼烧 $5\sim10\ min$，冷却后得 MnO_2。

（2）定性分析　步骤（1）制得的粗二氧化锰中尚含有一些低价锰和少量其他金属氧化物，应设法除去以获得精制二氧化锰。纯二氧化锰密度为 $5.03\ g\cdot cm^{-3}$，$535℃$ 时二氧化锰分解为氧气和三氧化锰，二氧化锰不溶于水、硝酸、稀硫酸中。

二氧化锰的精制方法为：将粗二氧化锰溶于适量 $1.5\ mol\cdot L^{-1}\ H_2SO_4$ 溶液中，在 $75\sim85℃$ 下，保温搅拌 $2h$，粗二氧化锰中含有的 Mn_2O_3 即发生如下反应：

$$Mn_2O_3 + H_2SO_4 =\!\!=\!\!= MnSO_4 + MnO_2 + H_2O$$

同时其他金属氧化物也会溶于 H_2SO_4 溶液中。过滤，将滤渣多次洗涤，并于 $100\sim110℃$ 烘干，产物即为纯度较高的二氧化锰。

取精制二氧化锰做如下性质实验。

① 催化作用　二氧化锰对氯酸钾热分解反应有催化作用，可以用带火星木条检验。

② 与浓 HCl 的作用　二氧化锰与浓盐酸发生如下反应：

$$MnO_2 + 4HCl =\!\!=\!\!= MnCl_2 + Cl_2\uparrow + 2H_2O$$

注意：所设计的实验方法（或采用的装置）要尽可能避免产生实验室空气污染。

③ MnO_4^{2-} 的生成及其歧化反应　在大试管中加入 $5\ mL\ 0.02\ mol\cdot L^{-1}\ KMnO_4$ 及 $5\ mL$ $2\ mol\cdot L^{-1}\ NaOH$ 溶液，再加入少量所制备的 MnO_2 固体，可稍加热加速反应，产物为绿色 MnO_4^{2-}。再向试管中加少许 H_2SO_4，验证所生成的 MnO_4^{2-} 的歧化反应。

（3）定量分析　用氧化还原滴定法测定 MnO_2 的纯度。

准确称取试样 $0.15g$ 左右，准确加入 $0.20g$ 左右的 $Na_2C_2O_4$、$20\ mL\ 6\ mol\cdot L^{-1}\ H_2SO_4$ 溶液，在电炉上小火加热 $20min$，使发生如下反应：

$$MnO_2 + C_2O_4^{2-} + 4H^+ =\!\!=\!\!= Mn^{2+} + 2CO_2\uparrow + 2H_2O$$

用 $0.02\ mol\cdot L^{-1}\ KMnO_4$ 标准溶液滴定剩余的 $C_2O_4^{2-}$，反应如下：

$$5C_2O_4^{2-} + 2MnO_4^- + 16H^+ =\!\!=\!\!= 2Mn^{2+} + 10CO_2\uparrow + 8H_2O$$

计算 MnO_2 的含量。

4. $ZnSO_4\cdot7H_2O$ 的制备及分析

（1）$ZnSO_4\cdot7H_2O$ 的制备　废干电池表面剥下的锌皮，可能粘有氯化锌、氯化铵及二氧化锰等杂质，应先用水刷洗除去，然后把锌皮剪碎。锌皮上还可能粘有石蜡、沥青等有机物，用水难以洗净，但它们不溶于酸，可将锌皮溶于酸后过滤除去。

将洁净的 $5g$ 碎锌皮以适量的酸（如 $3\ mol\cdot L^{-1}$ 硫酸）溶解。加热，待反应较快（产生大量气泡）时停止加热。溶解过程中要注意补充少量水，以防止硫酸锌析出。然后将溶液澄清后过滤。把滤液加热近沸，加入 $1\ mL\ 3\%$ 双氧水溶液。在不断搅拌下滴加 $2\ mol\cdot L^{-1}$ 氢氧化钠溶液，逐渐有大量白色氢氧化锌沉淀生成。当加入氢氧化钠溶液 $20\ mL$ 时，加水 $150\ mL$，充分搅拌下继续滴加至溶液 $pH=8$ 时为止。用布式漏斗减压抽滤，取后期滤液 $2\ mL$，加 $2\ mol\cdot L^{-1}$ 硝酸溶液 $2\sim3$ 滴和 $0.1\ mol\cdot L^{-1}$ 硝酸银溶液 $2\sim3$ 滴，振荡试管，观察现象（可用去离子水代替滤液作对照试验）。如有浑浊，说明沉淀中有可溶性杂质，需用去离子水洗涤，直至滤液中不含氯离子时为止，弃去滤液。

将氢氧化锌沉淀转入烧杯中，取 $2\ mol\cdot L^{-1}$ 硫酸溶液约 $30\ mL$，滴加到氢氧化锌沉淀中去（不断搅拌），当溶液 $pH=4$ 时，即使还有少量白色沉淀未溶，也不必再加酸，加热搅拌后自会逐渐溶解。将溶液加热至沸，促使铁离子水解完全，生成 $Fe(OH)_3$ 沉淀，趁热过滤，弃去沉淀。在除铁的滤液中，滴加 $2\ mol\cdot L^{-1}$ 硫酸，使溶液 $pH=2$（为什么？），将其转入蒸发皿中，在水浴上蒸发、浓缩至液面上出现晶膜。自然冷却后，用布式漏斗减压抽滤，将晶体放在两层滤纸间吸干，称量。计算产品 $ZnSO_4 \cdot 7H_2O$ 的产率。

（2）定性分析

① 先取少量所制备的晶体配成溶液，再加入一定量的氯化钡溶液，若出现白色沉淀，即可证实为硫酸盐。

② 取一只小试管，先加入 2 滴 $0.2mol \cdot L^{-1}$ 的 $Hg(NO_3)_2$ 溶液，然后逐滴加入 $0.1mol \cdot L^{-1}$ 的 NH_4SCN 溶液会有白色的 $Hg(SCN)_2$ 沉淀生成，继续滴加 NH_4SCN 溶液，白色沉淀逐渐溶解生成无色的 $[Hg(SCN)_4]^{2-}$；再加入少量制备的 $ZnSO_4$ 产品，若有白色的 $Zn[Hg(SCN)_4]$ 沉淀生成，即可证实为锌盐。

③ 检验其中是否含有 Cl^-、Fe^{3+}

Cl^- 的检验：先取少量所制备的晶体配成溶液，向小试管中加入 10 滴试样溶液，再加入 $2mol \cdot L^{-1}$ 硝酸溶液 2～3 滴和 $0.1mol \cdot L^{-1}$ 硝酸银溶液 2～3 滴，振荡试管，观察现象（可用去离子水代替滤液做对照试验）。如有浑浊，说明其中含氯离子。

Fe^{3+} 的检验：取一滴用少量所制备的晶体配成的溶液于点滴板上，加一滴 NH_4SCN，生成深红色 $Fe(SCN)_3$，加入 NaF 红色褪去，则表示有 Fe^{3+} 存在。

（3）定量分析

① $ZnSO_4$ 含量的测定　准确称取 0.7g 左右产品于小烧杯中，加少量水溶解，定量转入 250mL 容量瓶中，用蒸馏水稀释至刻度，摇匀备用。

从容量瓶中取出 25.00mL 试液于锥形瓶中，加 2 滴二甲酚橙指示剂，滴加 $200g \cdot L^{-1}$ 六亚甲基四胺至溶液呈现稳定紫红色，再加 5mL 六亚甲基四胺。用 $0.01mol \cdot L^{-1}$ EDTA 标准溶液（以 Zn 标准溶液标定）滴定，当溶液由紫红色恰好转变为黄色时即为终点。平行滴定 3 次，取平均值，计算产品中 $ZnSO_4$ 含量。

② 结晶水个数的测定　准确称取一定量的产品，放入已恒重的坩埚中，再将坩埚放入马弗炉中，于 280℃灼烧 30min，取出后放入干燥器中冷至室温，称量。再在相同温度下灼烧第二次，至恒重。计算结晶水个数。

【注意事项】

除铁的方法：先加少量的 H_2O_2，把 Fe^{2+} 氧化成 Fe^{3+}，控制 pH 值为 8，使 Zn^{2+} 和 Fe^{3+} 均生成氢氧化物沉淀，再用硫酸控制溶液 pH 值为 4，此时氢氧化锌溶解，而氢氧化铁不溶解，可过滤除去。

【思考题】

1. $ZnSO_4 \cdot 7H_2O$ 的实验过程中有几次调节 pH？它们分别起什么作用？
2. 为什么要加入少量过氧化氢把 Fe^{2+} 氧化成 Fe^{3+}？

实验33　阳离子交换树脂的制备及性能测定

【实验目的】

1. 了解悬浮聚合的反应原理及各组分的作用。
2. 通过共聚物的磺化反应了解高分子化学反应的一般规律。
3. 掌握离子交换树脂的净化和交换容量的测定方法。

【实验原理】

自从 1935 年亚当斯（A. Adoms）和霍姆斯（E. L. Holmes）创制离子交换树脂以来，离子交换树脂已广泛应用于石油化工、医药、轻工、食品及生物等领域，主要用于水处理、分离纯化、脱色、脱盐及催化等工艺中。约有 80％以上的离子交换树脂用于水处理工艺，而在石油、化工、医药等领域每年的需求量仅占 10％～15％。目前，我国生产的离子交换树脂主要品种的质量已达到或接近国际同类产品水平，满足我国各行业的技术和产量的要求。

按所带活性基团的性质，离子交换树脂大体分为阳离子交换树脂和阴离子交换树脂两类。阳离子交换树脂能够交换阳离子，它的分子结构中含有活泼的酸性基团，常用的有磺酸型强酸性阳离子交换树脂和羧酸型弱酸性阳离子交换树脂。阴离子交换树脂能够交换阴离子，它的分子结构中含有碱性活泼基团，常用的有季铵型强碱性阴离子交换树脂和伯胺型弱碱性阴离子交换树脂。离子交换树脂是一种具有离解能力的高聚物，与溶液接触时，离子交换树脂上的可离解基团（主要是 H^+ 和 OH^-）能和溶液中的离子（如 Na^+、Cl^-）起交换反应：

$$R—SO_3^- H^+ + NaCl \longrightarrow R—SO_3^- Na^+ + HCl$$
$$R—N^+(CH_3)_3 OH^- + NaCl \longrightarrow R—N^+(CH_3)_3 Cl^- + NaOH$$

式中，R 代表树脂母体，最常见的是苯乙烯和二乙烯苯的共聚物。

本实验分两步，第一步是苯乙烯和二乙烯苯在过氧化苯甲酰引发下，经悬浮共聚而生成珠状共聚体，第二步用浓硫酸磺化，生成强酸型阳离子交换树脂。磺化过程的反应原理如下：

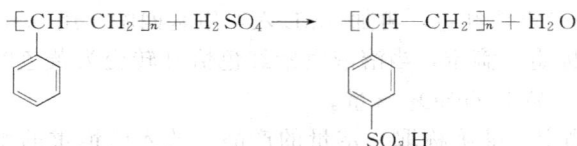

$$\{CH—CH_2\}_n + H_2SO_4 \longrightarrow \{CH—CH_2\}_n + H_2O$$

为了使磺化反应容易渗入树脂内部，使磺化比较均匀，磺化前一般先用二氯乙烷使树脂溶胀。

离子交换树脂的性能指标中最重要的是交换容量，它表示树脂离子交换能力的大小，其表示方法是：每克干树脂所能交换的物质的量（mmol）。

交换容量可用动态法或静态法来测定。动态法就是将树脂装在交换柱中让溶液以一定的流速流过，测定交换离子的数量。静态法则用浸泡的方法进行测定。本实验采用静态法。

【仪器与试剂】

1. 搅拌器，三口瓶，锥形瓶，抽滤瓶，砂芯漏斗，温度计等。

2. 苯乙烯，二乙烯苯，$NaOH$（$2mol \cdot L^{-1}$，$0.1mol \cdot L^{-1}$），浓硫酸，二氯乙烷，丙酮，硫酸银，过氧化苯甲酰，聚乙烯醇，亚甲基蓝（0.1％水溶液），氯化钠（$1mol \cdot L^{-1}$）。

【实验步骤】

1. 苯乙烯-二乙烯苯的悬浮共聚（制备白球）

首先配制含有引发剂的单体混合物：取 11mL 苯乙烯及 2mL 二乙烯苯，混合后用 $2mol \cdot L^{-1}$ 的 NaOH 溶液洗涤 2 次，每次 30mL，在洗涤后的混合物中加入 0.2g 过氧化苯甲酰。

在装有搅拌器、温度计和回流冷凝管的 250mL 三口瓶内加入 120mL 蒸馏水和 0.5g 聚乙烯醇，加热搅拌使聚乙烯醇全部溶解。停止搅拌，稍冷（30～40℃）后加入 0.1％亚甲基蓝水溶液和含有引发剂的单体混合物。

调节搅拌叶高度，使其略低于温度计，并位于液体中上部，开动搅拌器，搅拌速度由慢逐渐增加，直至能目测到比较均匀的小油珠为止（约 140r·min⁻¹）。

开始加热，迅速升温至 80℃，反应 2h，观察到小球下沉后，升温至 95℃，再反应 1.5h，使小球进一步硬化。反应结束后倾出上层液体，用 80～85℃ 热水洗涤几次，再用冷水洗涤几次，然后过滤。在烘箱中 80℃ 干燥 2h，称量。过 30～70 目标准筛，称量筛留物，计算小球合格率。

2. 共聚小球的磺化

称取上步制备的合格小球 10～15g 放入 250mL 三口瓶中，加入 60mL 二氯乙烷，缓慢搅拌，在 60℃ 溶胀 0.5h。然后升温至 70℃，加入 0.5g 硫酸银固体作催化剂，通过滴液漏斗缓慢滴加浓硫酸 50mL（在 20～30min 时间段内加完），加完后升温至 80℃ 继续反应 2～3h。

用砂芯漏斗过滤去掉滤液，将磺化产物倒入 400mL 烧杯内，用冷水冷却，加入 25～30mL 70% 硫酸，在搅拌下逐渐滴加蒸馏水稀释（150～200mL），温度不要超过 35℃。放置 0.5h，待小球内部酸度达到平衡，再加水稀释，并不断搅拌。将小球抽滤出来，用 20mL 丙酮洗涤两次以除去二氯乙烷。最后用大量水洗涤到滤液呈中性，过滤抽干。

3. 湿树脂含水量的测定

在称量瓶中称 1.000g 湿树脂，放在 105℃±2℃ 的烘箱中烘 2h 取出，在干燥器中冷却至室温，再称量，按下式计算湿树脂水分含量（w_{H_2O}）。

$$w_{H_2O} = \frac{m_1 - m_2}{m} \times 100\% \tag{5-4}$$

式中，m_1 为湿树脂＋称量瓶质量；m_2 为干树脂＋称量瓶质量；m 为湿树脂质量。

4. 树脂交换容量的测定

称取三份 1.000g 左右的湿树脂，分别放入 250mL 锥形瓶中，各加入 1mol·L⁻¹ NaCl 溶液 100mL，浸泡 1～1.5h，期间用玻璃棒搅拌数次，使树脂转化为 Na 型，交换下来的 H⁺ 以 HCl 形式存在于溶液中。各加酚酞指示剂三滴，用 0.1mol·L⁻¹ NaOH 标准溶液滴定到微红色，记下 NaOH 溶液消耗量并计算交换容量。

$$交换容量 = \frac{c_{NaOH} V_{NaOH}}{m(1 - w_{H_2O})} \tag{5-5}$$

式中，m 为树脂质量，g；V_{NaOH} 为所消耗 NaOH 溶液的体积，mL；c_{NaOH} 为 NaOH 溶液的浓度，mol·L⁻¹。

【注意事项】

1. 二氯乙烷溶胀时搅拌不要过快，以免小球变形。
2. 滴加浓硫酸时，搅拌要均匀，不要过快，以免打碎小球。
3. 磺化时温度不宜太高。

实验34 羧甲基纤维素的合成及醚化度的测定

【实验目的】

1. 了解纤维素的化学改性、纤维素衍生物的种类及其应用。
2. 掌握羧甲基纤维素的制法和醚化度的测定方法。

【实验原理】

纤维素是自然界广泛存在的可再生的天然资源，纤维素的研究和应用涉及许多领域和部门，如纺织、造纸、化工、石油、医药卫生、生物技术、环境保护及能源等。但是，由于纤维素分子间和分子内存在很强的氢键作用，难以溶解和熔融，加上成型性能差，限制了纤维素的使用。天然纤维素经过化学改性后，可以破坏这些氢键作用，使纤维素的衍生物能够进行纺丝、成膜和成型等加工工艺过程。按取代基的种类可将纤维素的衍生物分为醚化纤维素（纤维素的羟基与卤代烃或环氧化物等醚化试剂形成醚键）和酯化纤维素（纤维素的羟基与羧酸或无机酸反应形成酯键）。

羧甲基纤维素是一种醚化纤维素，将纤维素用浓碱溶液浸泡，可使其中的部分—OH转变为—ONa，称为碱纤维素。碱纤维素再与氯乙酸反应便制得羧甲基纤维素。当纤维素结构单元中引入了亲水型的羧甲基基团后，不仅可以提高纤维素的溶胀性，而且可以改善纤维素与阳离子的亲和力。

制备羧甲基纤维素为碱性反应体系，在水存在的条件下伴随一些副反应，有羟乙酸钠、羟乙酸等副产物生成。这些副反应的存在，既消耗碱和醚化剂，降低醚化效率；又产生众多的盐类杂质，给产物的纯化造成困难，影响产物的使用性能，如耐酸、耐热和耐盐性等。副反应程度与体系中游离碱量和含水量有关。体系中的游离碱量越高，副反应越强烈；体系的含水量过高会导致生成的碱纤维素水解程度增大，使游离碱量进一步增大，副反应加剧。

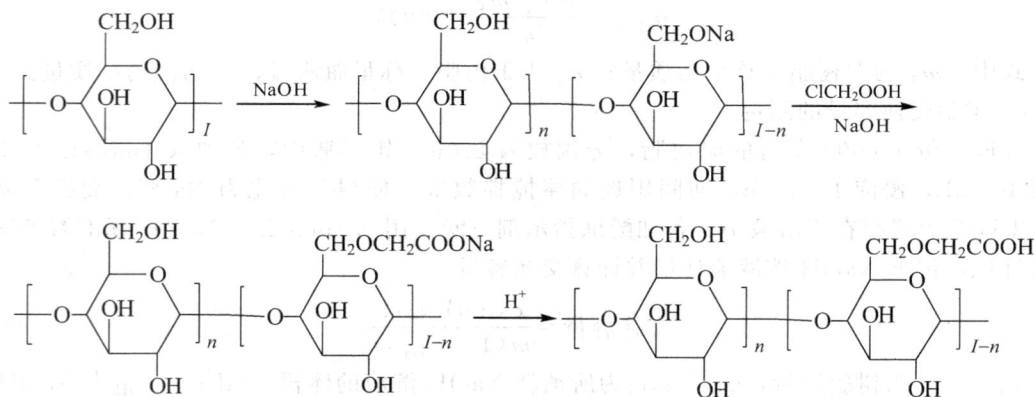

为了抑制副反应，就要合理控制用碱量和加水量，原则上碱纤维素的碱量不应超过活化纤维素羟基的必要量，并尽可能降低纤维素的含水量。此外，温度对副反应也有影响，合理的升温速度和反应温度有利于纤维素的均匀醚化，提高醚化效率和抑制副反应的发生。

醚化反应结束后，用适量的酸中和未反应的碱以终止反应，产物经分离、精制和干燥后即可得到所需的产品。

【仪器与试剂】

1. 烧杯（250mL，500mL），酸式滴定管，温度计，锥形瓶，研钵，分析天平。

2. NaOH标准溶液（$0.1mol \cdot L^{-1}$），氢氧化钠（35%），酚酞指示剂，$AgNO_3$溶液（$0.1mol \cdot L^{-1}$），pH试纸，氯乙酸（8g氯乙酸，用80mL 90%的乙醇溶解），脱脂棉（医用棉花），乙醇（90%，70%），盐酸标准溶液（$0.1mol \cdot L^{-1}$），盐酸-甲醇溶液（$1mol \cdot L^{-1}$，用70%的甲醇配制）。

【实验步骤】

1. 羧甲基纤维素的制备

将 2g 脱脂棉扯碎后装入 100mL 烧杯中，加入 40mL 35％氢氧化钠溶液。控制温度在 40～50℃浸泡 45min，间歇地轻轻搅拌。将碱液倾出回收。用粗长的玻璃钉将棉花挤压并回收挤出的碱液，得到碱化棉。加入 20mL 90％乙醇，将碱化棉搅散，然后分批加入氯乙酸溶液，边加边搅拌，控制在 35～40℃之间反应。随后将反应混合物在 65℃搅拌反应 4h。反应后期留意取样检验反应终点。方法是取出少量产物放在大试管中，加入热水振荡片刻，能完全溶解时即达到终点。

将反应混合物中的乙醇溶液完全倾出回收。向余下的醚化棉中加入 30mL 70％的乙醇，搅拌 10min，然后加入几滴酚酞指示剂，如呈红色则用 5％盐酸中和至红色刚好消失为止。倾出乙醇液并将醚化棉压干。用 30mL 70％乙醇洗涤（搅拌 10min），以除去残余的无机盐。按同样方法重复洗涤一次，抽滤，压干。所有乙醇液均要回收。

把制得的含溶剂产物扯开，在不超过 80℃的温度下通风干燥，最后粉碎成白色粉末，留作取代度的测定。

2. 取代度（醚化度）的测定

用 70％的甲醇溶液配制 1mol·L^{-1} 的 HCl-CH$_3$OH 溶液，取 0.5g 醚化纤维素浸于 20mL 上述溶液中，搅拌 3h，使纤维素的羧甲基钠完全酸化，抽滤，用蒸馏水洗至溶液无氯离子。用过量的 NaOH 标准溶液溶解，得到透明溶液，以酚酞作指示剂，用盐酸标准溶液滴定至终点，计算取代度。

$$取代度 = \frac{0.162n}{1-0.058n} \tag{5-6}$$

式中，n 为每克羧甲基纤维素消耗的 NaOH 的物质的量，mmol；0.162 为纤维素的失水葡萄糖单元的毫摩尔质量，g·mmol^{-1}；0.058 为失水葡萄糖单元中的一个羟基被羧甲基取代后失水葡萄糖单元毫摩尔质量的净增值，g·mmol^{-1}。

【思考题】

1. 纤维素中葡萄糖单元有三个羟基，哪一个最容易与碱形成醇盐？碱浓度过大对纤维素醚化反应有何影响？

2. 二级和三级氯代烃为什么不能作为纤维素的醚化剂？

3. 取代度的计算公式是如何得到的？

【附】

影响取代度的因素

1. 氢氧化钠浓度

当氢氧化钠的用量少时，碱化不完全，也不足以形成碱纤维素和中和醚化剂，产品黏度低，纯度也低；氢氧化钠用量过多时，游离碱含量高，过量的碱与氯乙酸发生反应，使醚化剂消耗，降低醚化程度，产品取代度下降，以 35％ NaOH 最为合适。

2. 醚化温度和时间

醚化反应温度越高，反应速率越快，时间越短，但副反应也越快。从化学平衡角度来看，主反应系放热反应，温度升高对生成羧甲基纤维素是不利的；过高的反应温度还会引起乙醇的挥发加快，使反应的均匀性下降；反应温度过低，反应时间延长，醚化剂的利用率低。醚化温度应控制在 65℃，反应 4h 较适宜。

实验 35　解热止痛药阿司匹林的合成、鉴定与含量测定

【实验目的】

1. 掌握乙酰水杨酸的合成、鉴定及含量测定的方法。
2. 进一步熟练重结晶及熔点测定等基本操作。
3. 通过实践了解紫外光谱法、红外光谱法、核磁共振谱法在有机合成及分析中的应用。

【实验原理】

阿司匹林是一种常用的退热镇痛药和抗风湿类药。近年来的研究表明，阿司匹林在防治心血管疾病方面也有较好的疗效，而且服用阿司匹林还能使胆道再次结石的可能性减少 50%，使人患白内障的可能性减少 70%，对防治乳腺癌、肺癌、皮肤癌等也有较好的功效。它与"非那西汀"（phenacetin）、"咖啡因"（caffeine）一起组成的"复方阿司匹林"（APC）是最广泛使用的复方解热止痛药。

1. 合成

阿司匹林的主要成分是乙酰水杨酸，其微溶于水，易溶于乙醇，是由水杨酸（邻羟基苯甲酸）和乙酸酐反应制得的，此反应涉及水杨酸的酚羟基在酸性催化条件下的乙酰化。

反应式：

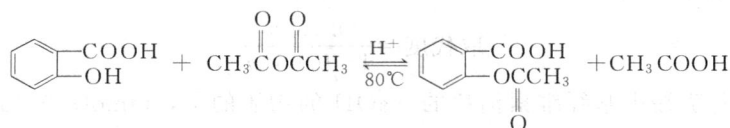

在生成乙酰水杨酸的同时，水杨酸分子之间可以发生酯化反应，生成少量的聚合酯：

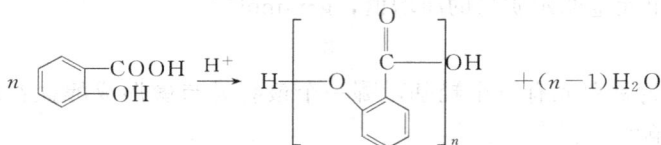

乙酰水杨酸能与 $NaHCO_3$ 反应生成水溶性钠盐，而副产物聚合酯不能溶于 $NaHCO_3$ 溶液，这种性质上的差别可用于阿司匹林的纯化。

由于乙酰化反应不完全，在产物中可能含有水杨酸，它可以在各步纯化过程和产物的重结晶过程中被除去。与大多数酚类化合物一样，水杨酸可与 $FeCl_3$ 形成深色配合物，而阿司匹林因酚羟基已被酰化，不再与 $FeCl_3$ 发生颜色反应，因而未作用的水杨酸很容易被检出。

2. 阿司匹林的鉴定

纯乙酰水杨酸为无色晶体，熔点 138℃。

乙酰水杨酸的红外光谱如图 5-5 所示，核磁共振谱如图 5-6 所示。

3. 乙酰水杨酸含量的测定

（1）紫外分光光度法　为了测定产品中乙酰水杨酸的含量，产品用稀 NaOH 溶液溶解，乙酰水杨酸水解生成水杨酸二钠。

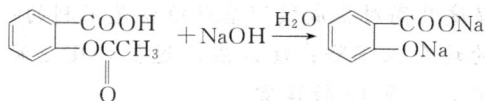

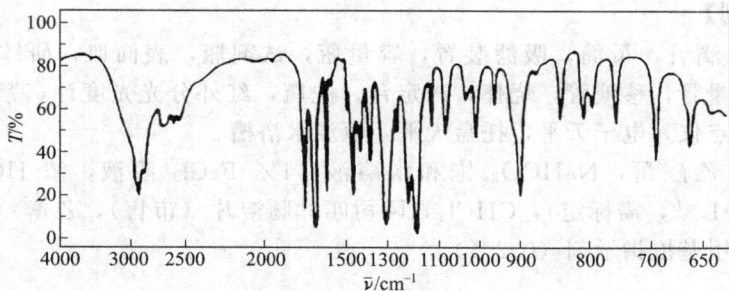

图 5-5　乙酰水杨酸的红外光谱图

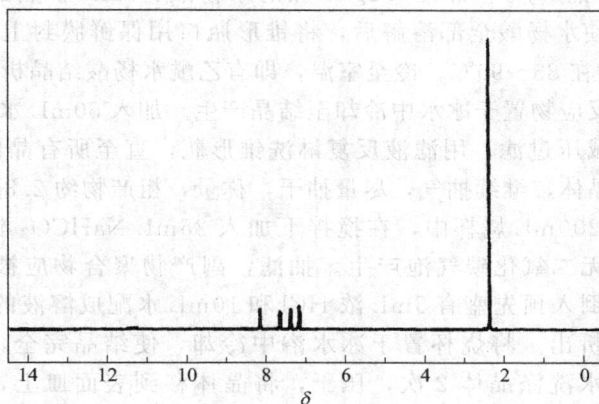

图 5-6　乙酰水杨酸的核磁共振谱图

该溶液在 296.5nm 左右有个吸收峰，测定稀释成一定浓度乙酰水杨酸的 NaOH 水溶液的吸光度值，并用已知浓度的水杨酸的 NaOH 水溶液作一条标准曲线，则可从标准曲线上求出相当于乙酰水杨酸的含量。根据两者的相对分子质量，即可求出产物中乙酰水杨酸的浓度：

$$乙酰水杨酸的浓度(mg·mL^{-1})=水杨酸浓度×\frac{180.15}{138.12} \tag{5-7}$$

（2）酸碱滴定法　乙酰水杨酸是有机弱酸，$K_a=1×10^{-3}$，还可以用酸碱滴定法进行定量分析。

合成产品的分析较为简单，可用 NaOH 标准溶液直接进行滴定。

由于阿司匹林药片中一般都添加一定量的赋形剂如硬脂酸镁、淀粉等不溶物，不宜直接滴定，可采用返滴定法进行测定。将药片研磨成粉状后加入过量的 NaOH 标准溶液，加热一段时间使乙酰基水解完全，再用 HCl 标准溶液回滴过量的 NaOH，滴定至溶液由红色变为接近无色即为终点。在这一滴定反应中，1mol 乙酰水杨酸消耗 2mol NaOH。

反应式为：

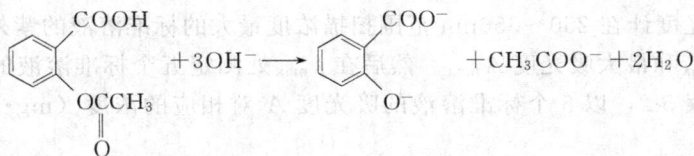

【仪器与试剂】

1. 锥形瓶，滴管，量筒，吸滤装置，容量瓶，试剂瓶，表面皿，研钵，碱式滴定管，酸式滴定管，吸量管，移液管，烧杯，滴定台，洗瓶，红外分光光度计，紫外分光光度计，核磁共振仪，熔点仪，电子天平，托盘天平，恒温水浴槽。

2. 水杨酸，乙酸酐，$NaHCO_3$ 饱和水溶液，1% $FeCl_3$ 溶液，浓 HCl，浓 H_2SO_4，NaOH（$0.1mol \cdot L^{-1}$，需标定），$CHCl_3$，阿司匹林肠溶片（市售），乙醇（95%），酚酞指示剂（0.2%），甲基橙指示剂（0.2%）。

【实验步骤】

1. 阿司匹林的合成

在干燥的 125mL 锥形瓶中加入 3.2g 干燥的水杨酸、8mL 新蒸的乙酸酐[1]和 5 滴浓 H_2SO_4，摇动锥形瓶使水杨酸全部溶解后，将锥形瓶口用保鲜膜封上，在水浴上加热 5～10min，控制水浴温度在 85～90℃，冷至室温，即有乙酰水杨酸结晶析出。如不结晶，可用玻璃棒摩擦瓶壁并将反应物置于冰水中冷却至结晶产生。加入 50mL 水，混合物继续在冰水中冷却至结晶完全。减压过滤，用滤液反复淋洗锥形瓶，直至所有晶体被收集到布氏漏斗中，用少量冷水洗涤晶体，继续抽气，尽量抽干，称量，粗产物约 2.8g。

将粗产物转移到 200mL 烧杯中，在搅拌下加入 25mL $NaHCO_3$ 饱和溶液，加完后继续搅拌几分钟，直至无二氧化碳气泡产生。抽滤，副产物聚合物应被滤出，用 5mL 水冲洗漏斗，合并滤液，倒入预先盛有 5mL 浓 HCl 和 10mL 水配成溶液的烧杯中，搅拌均匀，即有乙酰水杨酸沉淀析出。将烧杯置于冰水浴中冷却，使结晶完全，抽滤并用玻璃塞压干晶体，再用少量冷水洗涤晶体 2 次，压干，将晶体移到表面皿上，干燥后称量，计算产率。

取几粒晶体加入盛有 5mL 水的试管中，滴加 1～2 滴 1% $FeCl_3$ 溶液，观察有无颜色反应[2]。

2. 阿司匹林的鉴定

（1）熔点测定。乙酰水杨酸易受热分解，因此熔点不很明显，它的分解温度为 128～135℃。测定熔点时，将热载体加热至 120℃左右，然后放入样品测定。文献值 133～135℃。

（2）用 KBr 压片法作产物的红外光谱，指出各主要吸收特征峰对应的官能团，并与乙酰水杨酸的标准谱图比较。

（3）以氘代氯仿为溶剂，测定^{1}H NRM 谱图，解析谱图进一步证实产物为乙酰水杨酸。

3. 产品乙酰水杨酸含量的测定

（1）紫外分光光度法　准确称量 0.1000g 水杨酸于 100mL 烧杯中，加入 50mL 蒸馏水，温热使水杨酸溶解。溶解后冷却溶液，全部转入 100mL 容量瓶中，加入蒸馏水至刻度，摇匀。标记为"原始标准储备液"。

用 5.0mL 吸量管，分别吸取 1.0mL、2.0mL、3.0mL、4.0mL、5.0mL 原始标准储备液于五只 100mL 容量瓶中。并在每瓶中各加入 1.0mL $0.1mol \cdot L^{-1}$ NaOH，用蒸馏水定容至刻度，摇匀，分别标注为 1 号、2 号、3 号、4 号、5 号水杨酸标准溶液，并计算每只瓶中标准溶液的浓度（单位为 $mg \cdot mL^{-1}$）。

用紫外分光光度计在 250～350nm 范围扫描浓度最大的标准溶液的紫外吸收光谱，记录最大吸收波长 λ_{max} 和最大吸光度 A_{max}。然后在 λ_{max} 处测定五个标准溶液的吸光度 A。将有关实验数据填入表 5-2，以 5 个标准溶液的吸光度 A 对相应的浓度（$mg \cdot mL^{-1}$）绘制工作曲线。

表 5-2 水杨酸标准溶液浓度-吸光度数据表

水杨酸标准溶液编号	1	2	3	4	5
浓度/mg·mL^{-1}					
吸光度 A					

准确称取 0.1000g 本实验合成的乙酰水杨酸，加 40mL 0.1mol·L^{-1} NaOH 溶液，80℃ 水浴加热 10min，冷却后，转移到 100mL 容量瓶中，用蒸馏水稀释至刻度，摇匀。再取 2.0mL 上述溶液于一只 100mL 容量瓶中，用蒸馏水稀释至刻度，摇匀。用此稀释液作为未知样，测定紫外吸收光谱，记录 λ_{max} 的吸光度值。

根据实验合成的乙酰水杨酸溶液在 λ_{max} 处的吸光度值，从工作曲线上查到该待测的水杨酸质量浓度（单位 mg·mL^{-1}），然后换算成乙酰水杨酸的质量，再求出样品中乙酰水杨酸的含量。

$$乙酰水杨酸质量(mg) = 乙酰水杨酸浓度(mg·mL^{-1}) \times \frac{100}{2} \times 100$$

$$= 水杨酸浓度(mg·mL^{-1}) \times \frac{180.15}{138.12} \times \frac{100}{2} \times 100$$

$$乙酰水杨酸含量 = \frac{乙酰水杨酸质量(g)}{样品质量(g)} \times 100\% \qquad (5-8)$$

（2）酸碱滴定法[3] 准确称取合成的产品阿司匹林试样 0.3～0.35g，置于干燥的锥形瓶中，加 20mL 中性乙醇[4]，使乙酰水杨酸溶解，加入 2～3 滴酚酞指示剂，用 0.1mol·L^{-1} NaOH 标准溶液滴定，当溶液的颜色从无色变为淡红色时，即为终点。平行测定 3 份，计算乙酰水杨酸纯度。

4. 药片中乙酰水杨酸含量的测定

（1）NaOH 标准溶液与 HCl 标准溶液体积比的测定[5] 在锥形瓶中加入 20.00mL NaOH 和 20mL 水，在与测定药片粉相同的实验条件下进行加热、冷却、滴定。平行滴定 2～3 次，计算 V_{NaOH}/V_{HCl} 值。

（2）乙酰水杨酸含量的测定 取 10 片阿司匹林肠溶片，在研钵中研细后混合均匀[6]。准确称取药片粉 0.3500～0.4500g，置于 250mL 锥形瓶中，加 20mL 中性乙醇，振摇使乙酰水杨酸溶解，加入 40.00mL 0.1mol·L^{-1} NaOH 标准溶液，置水浴上加热 15min，并不断振摇，迅速用冷水冷至室温，加 2～3 滴酚酞指示剂，用 0.1mol·L^{-1} HCl 标准溶液滴定剩余的 NaOH，当溶液的颜色由淡红色转变为无色，即为终点。平行测定三份，根据加入的 HCl 标准溶液的体积及滴定所消耗 NaOH 标准溶液的体积，计算阿司匹林肠溶片中乙酰水杨酸的质量分数。

【思考题】

1. 在进行水杨酸的乙酰化反应时，加入硫酸的目的是什么？
2. 反应中产生的副产物是什么？如何将产品与副产物分开？
3. 紫外分光光度法测定产品的乙酰水杨酸含量时，为什么要加入 NaOH 稀溶液？

【附注】

[1] 如果有水，易使乙酸酐水解，故水杨酸和锥形瓶均应干燥，乙酸酐应是新蒸馏分。

[2] 粗产品杂质主要是水杨酸，因此若结晶不纯，则加入 FeCl$_3$ 时溶液显蓝紫色。

[3] 乙酰水杨酸的 pK_a=3.0，由于它的 pK_a 较大，按理可进行直接滴定，但随着被滴定溶液的 pH 增大，它的乙酰基会缓慢发生水解，为防止乙酰基水解，可在乙醇中进行滴

定。为防止滴定过程中局部碱度过大而导致水解，要不断摇动，且迅速滴定，不宜久置。

[4] 因是酸碱滴定法，所用乙醇必须是中性的。乙醇久储后可能有部分氧化为乙酸，使之成酸性，带来滴定误差，故必须事先中和：取乙醇，加酚酞 2 滴，用 $0.1mol \cdot L^{-1}$ NaOH 标准溶液滴至微红色即可。

[5] 这是一种空白实验。由于 NaOH 溶液在加热过程中会受到空气中 CO_2 的干扰，给测定造成一定程度的系统误差，而在与测定样品相同的条件下测定两种溶液的体积比就可扣除空白值。

[6] 为使测定结果有代表性，应取较多药片，研磨后分取。由于每个厂家生产的片剂的乙酰水杨酸含量不同，因此，称取的量也要相应变动。

实验 36　纳米 TiO_2 的制备及光催化性能的研究

【实验目的】

1. 能运用已学知识查阅相关资料及工具书，熟悉实验原理。

2. 能独立设计实验方案（包括实验方法、主要仪器及试剂、主要实验步骤及实验装置图等）。

3. 了解纳米材料光催化降解典型有机污染物的原理。

4. 掌握制备纳米 TiO_2 的过程中反应条件的选择和控制。

5. 进一步掌握分光光度计的使用方法。

【实验原理】

当用光子能量高于半导体带隙能（如 TiO_2，其带隙能为 3.2eV）的光照射半导体时，半导体的价带电子发生带间跃迁，即从价带跃迁到导带，从而使导带产生高活性的电子（e^-），而价带上则生成带正电荷的空穴（h^+），形成氧化还原体系。

TiO_2 是一种 n 型半导体材料，氧化性和还原性很强。半导体粒子具有能带结构，一般由填满电子的低能价带（valence band，VB）和空的高能导带（conduction band，CB）构成，价带和导带之间存在禁带。TiO_2 的带隙能为 3.0～3.2eV，相当于波长为 387.5nm 的光子的能量。当用波长小于 387.5nm 的光（其能量等于或大于禁带宽度，也称带隙，Eg）照射半导体时，价带上的电子（e^-）被激发跃迁到导带，在价带上产生空穴（h^+），并在电场作用下分离、迁移到离子表面。对 TiO_2 催化氧化反应的研究表明，光化学氧化反应的产生主要是由于光生电子被吸附在催化剂表面的溶解氧俘获，空穴则与吸附在催化剂表面的水作用，最终都产生具有高活性的羟基自由基 $\cdot OH$。而 $\cdot OH$ 具有很强的氧化性，可以氧化许多难降解的有机化合物（R）。反应式如下：

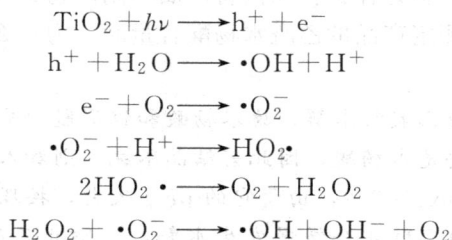

$$TiO_2 + h\nu \longrightarrow h^+ + e^-$$
$$h^+ + H_2O \longrightarrow \cdot OH + H^+$$
$$e^- + O_2 \longrightarrow \cdot O_2^-$$
$$\cdot O_2^- + H^+ \longrightarrow HO_2 \cdot$$
$$2HO_2 \cdot \longrightarrow O_2 + H_2O_2$$
$$H_2O_2 + \cdot O_2^- \longrightarrow \cdot OH + OH^- + O_2$$

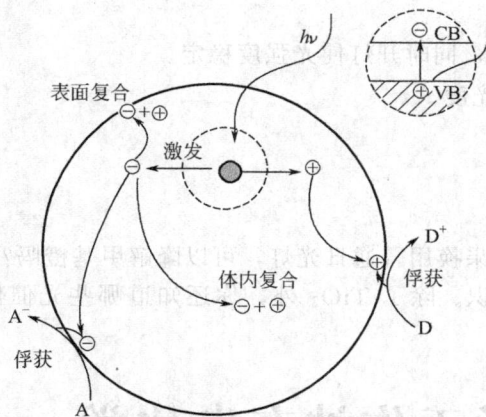

图 5-7　TiO$_2$ 半导体粒子内电子-空穴对的产生、复合、分离与俘获示意图

光生空穴因具有极强的得电子能力而具有很强的氧化能力。可将其表面吸附的 OH$^-$ 和 H$_2$O 分子氧化成 ·OH，而几乎无选择地将有机物氧化，并最终降解为 CO$_2$ 和 H$_2$O。也有部分有机物与 h$^+$ 直接反应，而迁移到表面的 e$^-$ 则有很强的还原能力。整个光催化反应 ·OH 起着决定性作用。半导体内产生的电子-空穴对存在分离/被俘获与复合的竞争，如图 5-7 所示。电子与空穴复合的概率越小，光催化活性越高。

【仪器与试剂】

1. 超声波发生器，离心机，磁力搅拌加热套，分光光度计，LED 灯，自制避光箱，真空泵，微孔滤膜（0.22μm），烧杯，移液管，具塞锥形瓶（100mL），圆底烧瓶，冷凝管。

2. 四氯化钛，硫酸钠溶液（0.1mol·L^{-1}），甲基橙（1.000g·L^{-1}），硝酸（1+5）。

【实验步骤】

1. 纳米二氧化钛的制备：用 10mL 干燥的移液管取一定量的分析纯 TiCl$_4$，搅拌下缓慢滴加到带有若干蒸馏水的锥形瓶中，该锥形瓶浸泡在冰水浴中，使 TiCl$_4$ 溶液的浓度为 2mol·L^{-1}，在冰箱中储存。取该溶液 25mL，水 25mL 加入到 100mL 圆底烧瓶中，并加入适量硫酸钠溶液，使最终的四氯化钛和硫酸钠浓度分别为 1mol·L^{-1} 和 0.008mol·L^{-1}。在磁力搅拌下，沸腾回流 3h，产物经抽滤、去离子水洗涤数次，在远红外干燥箱中 60℃烘干 24h，研碎后密封保存。

2. 取一定量 1.000g·L^{-1} 甲基橙溶液，配成 100mL 浓度为 50.00mg·L^{-1} 的溶液，分别取 50mg·L^{-1} 甲基橙溶液 1mL、3mL、5mL、7mL、10mL、15mL 于 6 个 50mL 的容量瓶中，用硝酸调节 pH 为 3 后，以 pH 为 3 的去离子水稀释至刻度，摇匀，在波长 464nm 处，测定吸光度，以吸光度值为纵坐标、浓度为横坐标绘制工作曲线。

3. 在烧杯中加入 15mg·L^{-1} 的甲基橙溶液 100mL，用硝酸（1+5）调其 pH 值为 3，然后加入一定量的纳米 TiO$_2$，使其浓度为 0.8g·L^{-1}，超声分散 15min，然后开启磁力搅拌器，在避光处搅拌 30min。取样经离心分离、微孔滤膜过滤后，采用分光光度计测定溶液的吸光度，用 LED 灯照射并开始计时，每 30min 取一次样，直到反应进行 120min。

4. 分别改变步骤 3 中纳米 TiO$_2$ 的浓度为 1.2g·L^{-1}、1.6g·L^{-1}，重复上述实验。

【数据处理】

1. 降解效果的表征采用甲基橙溶液的降解率（η）表示：

$$\eta = \frac{A_0 - A}{A_0} \times 100\% \tag{5-9}$$

式中，A_0 为甲基橙溶液最大吸收峰的初始吸光度；A 为甲基橙溶液 t 时刻最大吸收峰的吸光度。

绘制甲基橙溶液的降解率随时间变化曲线。

2. 甲基橙降解的动力学分析：确定反应级数，求解反应的速率常数。

【注意事项】

1. 降解时，加入 TiO_2 后，应超声分散 15min，同时开灯使光强度稳定。

2. 光照前取样大约 8mL，经离心分离后测吸光度 A。

3. 光照后即开始计时。

4. 定时取样大约 8mL，经离心分离后测 A。

【思考题】

1. 本实验中为什么采用 LED 灯作为光源？如果换用普通日光灯，可以降解甲基橙吗？

2. 通过该实验，谈一谈你对光催化材料的认识。除了 TiO_2 外，你还知道哪些光催化材料？

实验 37　CHI 电化学工作站在电化学测试中的应用

【实验目的】

1. 了解 Belousov-Zhabotinsky 反应（简称 B-Z 反应）的基本原理及研究化学振荡反应的方法。掌握在硫酸介质中以金属铈离子作催化剂时，丙二酸被溴酸氧化体系的基本原理。了解化学振荡反应的电势测定方法。

2. 了解 CHI 电化学测试软件包中的循环伏安方法，加深对扩散控速电极过程的认识。

3. 了解金属腐蚀的特点、腐蚀电化学研究的方法，了解金属缓蚀剂的缓蚀作用及机理。

【实验原理】

1. BZ 化学振荡反应

有些自催化反应有可能使反应体系中某些物质的浓度随时间（或空间）发生周期性的变化，这类反应称为化学振荡反应。

最著名的化学振荡反应是 1959 年首先由别诺索夫（Belousov）观察发现，随后柴波廷斯基（Zhabotinsky）继续了该反应的研究。他们报道了以金属铈离子作催化剂时，柠檬酸被 $HBrO_3$ 氧化可发生化学振荡现象，后来又发现了一批溴酸盐的类似反应，人们把这类反应称为 B-Z 振荡反应。例如丙二酸在溶有硫酸铈的酸性溶液中被溴酸钾氧化的反应就是一个典型的 B-Z 振荡反应。

1972 年，Fiel、Koros、Noyes 等人通过实验对上述振荡反应进行了深入研究，提出了 FKN 机理，反应由三个主过程组成：

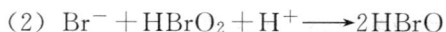

过程 A　（1）$Br^- + BrO_3^- + 2H^+ \longrightarrow HBrO_2 + HBrO$

　　　　（2）$Br^- + HBrO_2 + H^+ \longrightarrow 2HBrO$

过程 B　（3）$HBrO_2 + BrO_3^- + H^+ \longrightarrow 2BrO_2^{\cdot} + H_2O$

　　　　（4）$BrO_2^{\cdot} + Ce^{3+} + H^+ \longrightarrow HBrO_2 + Ce^{4+}$

　　　　（5）$2HBrO_2 \longrightarrow BrO_3^- \longrightarrow H^+ + HBrO$

过程 C　（6）$4Ce^{4+} + BrCH(COOH)_2 + H_2O + HBrO \longrightarrow 2Br^- + 4Ce^{3+} + 3CO_2 + 6H^+$

过程 A 是消耗 Br^-，产生能进一步反应的 $HBrO_2$，$HBrO$ 为中间产物。

过程 B 是一个自催化过程，在 Br^- 消耗到一定程度后，$HBrO_2$ 才按式（3）、式（4）进行反应，并使反应不断加速，与此同时，Ce^{3+} 被氧化为 Ce^{4+}。$HBrO_2$ 的累积还受到式（5）的制约。

过程 C 为丙二酸被溴化为 $BrCH(COOH)_2$，与 Ce^{4+} 反应生成 Br^- 使 Ce^{4+} 还原为 Ce^{3+}。

过程 C 对化学振荡非常重要，如果只有 A 和 B，就是一般的自催化反应，进行一次就完成了，正是 C 的存在，以丙二酸的消耗为代价，重新得到 Br^- 和 Ce^{3+}，反应得以再启动，形成周期性的振荡。

该体系的总反应为：

$$2H^+ + 2BrO_3^- + 3CH_2(COOH)_2 \xrightarrow{Ce^{3+}} 2BrCH(COOH)_2 + 3CO_2 + 4H_2O$$

振荡的控制离子是 Br^-。

由上述可见，产生化学振荡需满足三个条件：

（1）反应必须远离平衡态。化学振荡只有在远离平衡态，具有很大的不可逆程度时才能发生。在封闭体系中振荡是衰减的，在敞开体系中，可以长期持续振荡。

（2）反应历程中应包含有自催化的步骤。产物之所以能加速反应，因为是自催化反应，如过程 A 中的产物 $HBrO_2$ 同时又是反应物。

（3）体系必须有两个稳态存在，即具有双稳定性。

化学振荡体系的振荡现象可以通过多种方法观察到，如观察溶液颜色的变化，测定吸光度随时间的变化，测定电势随时间的变化等。

本实验通过测定离子选择性电极上的电势（U）随时间（t）变化的 U-t 曲线（见图5-8）来观察 B-Z 反应的振荡现象，同时测定不同温度对振荡反应的影响。根据 U-t 曲线得到诱导期（$t_{诱}$）。

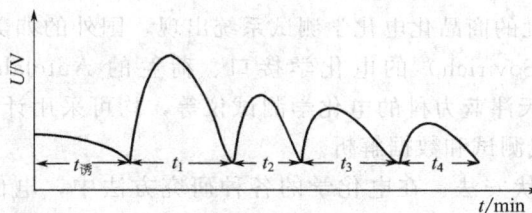

图 5-8　U-t 图

设反应的速率方程是：

$$-\frac{dc}{dt} = kc^n \tag{5-10}$$

在温度 T_1 时速率常数为 k_1，诱导期为 t_1，那么：

$$-\int_{c_0}^{c} \frac{dc}{c^n} = \int_0^{t_1} k_1 dt = k_1 t_1$$

温度 T_2 时速率常数为 k_2，诱导期为 t_2，有：

$$-\int_{c_0}^{c} \frac{dc}{c^n} = \int_0^{t_2} k_1 dt = k_2 t_2$$

由于起始浓度相同，反应程度相同，所以两式的左边积分值应相同，则有：

$$k_1 t_1 = k_2 t_2$$

即

$$\frac{k_1}{k_2} = \frac{t_2}{t_1} \tag{5-11}$$

根据阿伦尼乌斯公式：

$$\ln \frac{k_2}{k_1} = \frac{E_a}{R}\left(\frac{1}{T_1} - \frac{1}{T_2}\right) = \ln \frac{t_1}{t_2} \tag{5-12}$$

由式（5-12）即可根据诱导期推算出表观活化能。

或者按照文献的方法，依据 $\ln \frac{1}{t_诱} = -\frac{E_诱}{RT} + C$ 及 $\ln \frac{1}{t_振} = -\frac{E_振}{RT} + C$ 公式，计算出表观活化能 $E_诱$、$E_振$。

2. 可逆电极过程的循环伏安表征

在研究电极过程时，把电解池看作一个类似"黑盒子"的体系，在确定一些外部变量条件下，对这个体系施加一个扰动或激发（如恒定电位/电流、恒电位/电流阶跃、循环电位扫描、方波/三角波脉冲、交流电等），测定与施加变量互动的变量与体系变量或时间的函数关系（相应于扰动的响应曲线），以获得电化学体系的特征信息，采用恰当模型可解析电极过程相关的动力学参数。

一般而言，在确定电化学体系外部变量、电极变量和溶液变量条件下，研究电极过程中电学变量传质、变量及时间之间相互关系的常规电化学实验方法有稳态与暂态两类方法。稳态方法包括稳态极化曲线、分解电压曲线、电化学阻抗谱（EIS）等，暂态方法包括恒电位阶跃（计时电流/计时电量）、恒电流阶跃（计时电位）、循环伏安法、方波/三角波伏安法等。不同类型速率控制步骤电极过程的稳态与暂态响应具有不同的特征。

稳态极化曲线指速控步骤的速率在一定时间内相对不变时的电流/电位关系曲线，测试系统由恒电位/电流仪、电解池和电位/电流记录仪组成。暂态测试系统包括产生电位/电流信号的信号发生器、控制测量工作电极电位的恒电位/电流仪、电解池和快速记录电位/电流随时间变化的信号采集装置。计算机技术的应用使激励信号发生、响应信号采集采用 A/D、D/A 转换自动完成，大批的商品化电化学测试系统出现，国外的如美国 EG&G 的电化学测试系统、英国苏力强（Sovirich）的电化学接口、荷兰的 Autolab 等，国内上海华辰的（CHI）电化学工作站、天津蓝力科的电化学测试仪等，均可采用计算机控制完成常规的电化学稳态与暂态响应曲线测试和数据解析。

电位扫描技术-循环伏安：在电化学的各种研究方法中，电位扫描技术应用的最为普遍，而且这些技术的数学解析亦有了充分的发展，已广泛用于测定各种电极过程的动力学参数和鉴别复杂电极反应的过程。可以说，当人们首次研究有关体系时，几乎总是选择电位扫描技术中的循环伏安法，进行定性和定量的实验，推断反应机理和计算动力学参数等。

循环伏安法（cycle voltammetry）是指加在工作电极上的电势从原始电位 E_0 开始，以一定的速度 v 扫描到一定的电势 E_1 后，再将扫描方向反向进行扫描到原始电势 E_0（或进一步扫描到另一电势值 E_2），然后在 E_0 和 E_1 或 E_2 和 E_1 之间进行循环扫描。其施加电势和时间的关系为：

$$E = E_0 - vt \tag{5-13}$$

式中，v 为扫描速度；t 为扫描时间。循环伏安法实验得到的电流-电位关系称循环伏安曲线（见图 5-9），在曲线上，在负扫描方向出现了一个阴极还原峰，对应于电极表面氧化态物种的还原，在正扫描方向出现了一个氧化峰，对应于还原态物种的氧化。值得注意的是，由于氧化-还原过程中双电层的存在，峰电流不是从零电流线测量，而是应扣除背景电流。循环伏安图上峰电位、峰电流的比值以及阴阳极峰电位差是研究电极过程和反应机理、

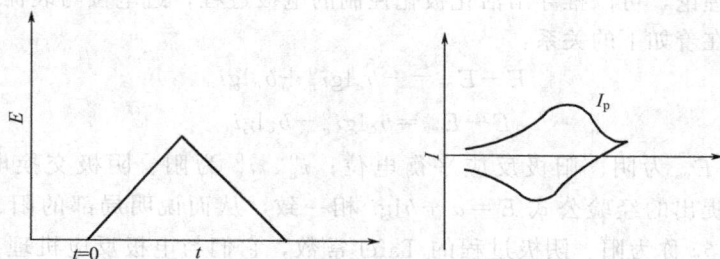

图 5-9 循环伏安曲线示意图

测定电极反应动力学参数最重要的参数。

对于符合 Nernst 方程扩散控速的电极反应（可逆反应），其阳极和阴极峰电位差在 25℃为：

$$\Delta E_p = E_{pa} - E_{pc} = (57 \sim 63)/n \qquad (mV) \tag{5-14}$$

25℃时峰电位与标准电极电位的关系为：

$$E^{\ominus} = \frac{E_{pa} + E_{pc}}{2} + \frac{0.059}{n} \ln \frac{D_{Ox}}{D_{Red}} \tag{5-15}$$

式中，$E^{\ominus}$ 为氧化还原电对的标准电极电势；D_{Ox}、D_{Red} 分别为氧化态物种和还原态物种的扩散系数；n 为电子转移数。

25℃时氧化还原峰电流 I_p 可表示为：

$$I_p = -2.69 \times 10^5 n^{3/2} c_{Ox}^* D_{Ox}^{1/2} v^{1/2} \tag{5-16}$$

式中，c_{Ox}^* 为溶液中物种的浓度；D_{Ox} 为其扩散系数；v 为扫描速度。依据方程式不难发现，对于扩散控制的电极反应（可逆反应），其氧化-还原峰电流密度正比于电活性物种的浓度，正比于扫描速率和扩散系数的平方根。故方程式的一个重要应用是分析测定反应物的浓度。表 5-3 为对于不同电极过程的循环伏安判据。

本试验采用 m270 软件对铂电极上 $[Fe(CN)_6]^{3-/4-}$ 体系进行循环伏安表征，以了解电化学测试体系。

表 5-3　不同电极过程的循环伏安判据

电极过程	电势响应的性质	电流函数的性质	阴阳极电流比性质
可逆电子传递反应	峰电位 E_p 与扫描速度 v 无关；25℃时，峰电位差为：$E_{pa} - E_{pc} = (57 \sim 63)/n$，且与 v 无关	峰电流 I_p 与扫描速度 v 的平方根之比与 v 无关	阳极和阴极峰电流之比为 1，且与 v 无关
半可逆电子传递反应	峰电位 E_p 随扫描速度 v 移动；25℃时，峰电位差接近于 $(57 \sim 63)/nmV$，且随 v 增加而增大	峰电流 I_p 与扫描速度 v 的平方根之比与 v 无关	阳极和阴极峰电流之比仅在 $\alpha = 0.5$ 时为 1，且与 v 无关
不可逆电子传递反应	随扫描速度 v 增加 10 倍，峰电位 E_p 移向阴极化 $30/(an)V$	峰电流 I_p 与扫描速度 v 的平方根之比是常数	反扫描时没有电流

3. 腐蚀的电化学表征

当组成腐蚀电极时，根据混合电位理论，腐蚀体系的电位为自腐蚀电位 E_{corr}、自腐蚀电流密度为 i_{corr}，当 E_{corr} 远离阳、阴极的平衡电位时，阳、阴极自腐蚀电流可以忽略。根据电化学动力学理论，可以推导出活化极化控制的电极过程，过电位与表征电极反应速率的电流密度之间存在着如下的关系：

阳极反应 $\qquad E-E_{ea}=-b_a\lg i_a^0+b_a\lg i_a$

阴极反应 $\qquad E-E_{ec}=b_c\lg i_c^0-b_c\lg i_c$

式中，E_{ec}、E_{ea} 为阴、阳极反应平衡电位；i_a^0、i_c^0 为阳、阴极交换电流密度。这与 Tafel 在 1905 年提出的经验公式 $E=a+b\lg i$ 相一致，从而说明局部的阳、阴极反应服从 Tafel 关系。b_a、b_c 称为阳、阴极过程的 Tafel 常数，它们与电极反应机理有关，不同的电化学反应机理 b_a、b_c 的表达形式不同：

$$b_a=\frac{2.303RT}{\beta nF} \qquad b_c=\frac{2.303RT}{\alpha nF}$$

式中，α、β 称为传递系数，分别表示过电位对阳极和阴极反应活化能的影响程度，$\alpha+\beta=1$。对于一般金属通常取 $\alpha=\beta=0.5$，对于组成腐蚀金属电极的局部阴、阳极，反应式中的 β 与 α 应用 β_a 和 α_c 表示，且 $\alpha_c+\beta_a\neq1$。n 是电极反应速率控制步骤的得失电子数，局部阳、阴极反应的 n 不一定相等，分别用 Z_a、Z_c 表示，则：

$$b_a=\frac{2.303RT}{\beta_a Z_a F}, \quad b_c=\frac{2.303RT}{\alpha_c Z_c F}$$

式中，F 为法拉第常数，96500C；R 为气体常数，8.314J·mol^{-1}·K^{-1}。此数值是按迟缓放电机理得到的，由于不同的电化学反应机理 b_a、b_c 的表达形式不同，且 α、β 并不均为 0.5，阴、阳极反应的得失电子数也不尽相同，因此，通常 b_a、b_c 并不相等。

腐蚀速率方程式是大部分测定腐蚀速率的电化学测试方法的理论基础。它说明了外加电流 I 和电极极化 ΔE 之间的关系。当局部阴、阳极反应均为电荷传递控制，且浓差极化可以忽略时，腐蚀金属电极的一般速率方程式为：

$$I=i_{corr}\left[10^{\frac{\Delta E}{b_a}}-10^{\frac{-\Delta E}{b_c}}\right]_b \qquad (5-17)$$

当外加阳极极化时，ΔE 为正值，故 I 为正值；而外加阴极极化时，正好相反，其对应的极化曲线及半对数坐标上的极化曲线如图 5-9 所示。极化曲线上，根据极化值 ΔE 的大小可分为三个区：①微极化区；②强极化区；③弱极化区。不同的极化区域，腐蚀速率方程式不同，但各个区域的分界不是十分严格。

（1）微极化区测量——线性极化法　在自腐蚀电位附近，即 ΔE 很小时（通常在 ±10mv 左右），极化曲线为线性关系，其腐蚀速率方程式可以化简为

$$\frac{\Delta I}{\Delta E}=i_{corr}\left(\frac{2.303}{b_a}-\frac{2.303}{b_c}\right)$$

直线的斜率称为极化电阻，$R_p=\Delta E/\Delta I$。代入上式可得 Stem-Geary 线性极化方程式：

$$i_{corr}=\frac{b_a b_c}{2.303(b_a+b_c)}\times\frac{1}{R_p} \qquad (5-18)$$

不同的腐蚀体系可以通过比较 R_p 定性地判断其耐腐蚀性能。

（2）强极化区测量——Tafel 外推法　当外加极化 ΔE 较大时（通常 $>\frac{100}{n}$mV），腐蚀速率方程式可表示为：

阳极极化 $\qquad \Delta E_a=-b_a\lg i_{corr}+b_a\lg i_a$

阴极极化 $\qquad \Delta E_c=b_c\lg i_{corr}-\lg i_c$

由式中可知，在极化曲线的强极化区，外加
电流与电极极化呈 Tafel 关系，在 ΔE-$\lg i$ 半对数
坐标上是直线。这直线也就是 ΔE-$\lg i'_c$ 局部阳、阴
极极化曲线，两直线相交于 E_{corr} 点，此时，$i_a =$
$i_c = i_{corr}$，因此，从 Tafel 直线的交点可以求出腐
蚀金属电极的腐蚀电流 i_{corr}，如图5-10所示。

由强极化区阳、阴极半对数坐标极化曲线的斜
率可得 Tafel 常数 b_a、b_c。

（3）弱极化区测量　介于强极化区和微极化区
之间的为弱极化区，其测试方法一般可分为两类。
一类是计算机解析法，由实验测得数据，利用腐蚀

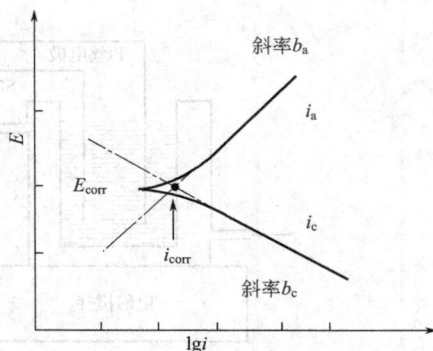

图 5-10　塔费尔直线外推法求 i_{corr} 示意图

速率方程式，曲线拟合后计算出金属的腐蚀方程式；
另一类是选取弱极化区中适当的几组特定数据点，依据腐蚀速率方程式通过不同的数学演
算，计算出 i_{corr} 及 Tafel 常数 b_a、b_c。在弱极化区的测试，对金属腐蚀的动力学方程式未作
任何近似处理，极化电位范围也较为适中，因此理论上说，由弱极化区测试方法得到的腐蚀
金属电极更加接近实际腐蚀情况。

【仪器与试剂】

1. B-Z 化学振荡反应

（1）超级恒温槽，磁力搅拌器，BZOAS-ⅡS 型微机测定（BZ 振荡反应试验系统），恒
温反应器（50mL）。

（2）丙二酸（0.45mol·L^{-1}），溴酸钾（G.R.，0.25mol·L^{-1}），硫酸铈铵（A.R.，$4 \times$
10^{-3}mol·L^{-1}），硫酸（A.R.，3.00mol·L^{-1}）。

2. 可逆电极过程的循环伏安表征

（1）CHI660B 型电化学工作站，三电极体系。

（2）[Fe(CN)$_6$]$^{3-}$ 溶液（0.001mol·L^{-1}），饱和 KCl 溶液。

3. 腐蚀的电化学表征

（1）CHI660B 型电化学工作站，三电极体系（工作电极：45$^\#$碳钢；辅助电极：铂片
电极；参比电极：饱和甘汞电极），玻璃盐桥。

（2）聚天冬氨酸，H$_2$SO$_4$（0.5mol·L^{-1}）。

【实验步骤】

1. B-Z 化学振荡反应

（1）按图 5-11 连接好仪器，饱和甘汞电极连负极，铂电极连正极，打开超级恒温槽，
将温度调节到 35.0℃±0.1℃。

（2）打开计算机上的 B-Z 振荡测量运行程序，设定相应的参数。

（3）在恒温反应器中加入已配好的 0.45mol·L^{-1}丙二酸溶液 15mL、0.25mol·L^{-1}溴酸
钾溶液 15mL、3.00mol·L^{-1}硫酸溶液 15mL，恒温 10min 后加入 4×10^{-3}mol·L^{-1}硫酸铈铵
溶液 15mL，同时点击开始实验按钮，观察溶液的颜色变化（溶液由黄色变成无色），同时
记录相应的诱导时间。

（4）用上述方法改变温度为 35℃、40℃、45℃、50℃、55℃，重复上述实验。

2. 可逆电极过程的循环伏安表征

（1）结合讲解了解测试系统及测试软件的使用。

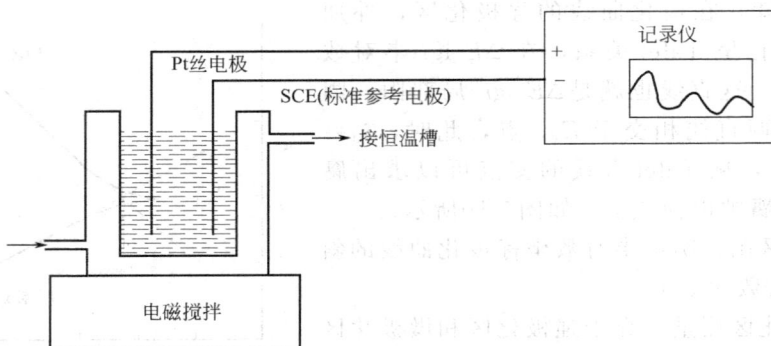

图 5-11　B-Z 化学振荡反应测试装置示意图

（2）连接好测试系统和三电极体系。

（3）在 $10 \sim 500 mV \cdot s^{-1}$ 扫描速度下测试 $0.001 mol \cdot L^{-1}$ $[Fe(CN)_6]^{3-}$ 溶液在铂电极上的循环伏安曲线。注意记录实验条件和参数。

（4）输出数据，关机，整理好台面。

3. 腐蚀的电化学表征

实验前处理：每次实验前，将工作电极依次用 $1^\#$、$2^\#$、$3^\#$、$4^\#$、$5^\#$、$6^\#$ 金相砂纸逐级打磨光亮，经蒸馏水冲洗，再用无水乙醇清洗，滤纸吸干，然后将处理好的电极表面尽快浸入预先准备好的待测溶液中，至自腐蚀电位 E_{corr} 稳定后，进行阻抗测试及动电位扫描。

稳态测试采用动电位扫描法测量极化曲线。微区极化电位：$\Delta E_c = \pm 10 mV$，极化曲线电位范围：$\Delta E_c = \pm 300 mV$，电位扫描速率均为 $v = 0.2 mV \cdot s^{-1}$。阻抗测试实验均在开路电势下进行，所加正弦扰动电势为 $\pm 5 mV$，交流信号频率范围为 0.05 Hz～100kHz。

实验介质：以 $0.5 mol \cdot L^{-1}$ H_2SO_4 为原液，分别添加不同浓度的聚天冬氨酸（PASP），作 Tafel 曲线。并应用 Origin 软件作图，计算聚天冬氨酸对碳钢在硫酸体系中的缓蚀率。

【数据记录与处理】

1. B-Z 化学振荡反应

参数设置：横坐标，1000s；纵坐标，700 ～ 1200mV；目标温度，20℃；走波阈值，6mV。

（1）数据记录：

T/K	308	313	318	323	328
$1/T$	0.003247	0.003195	0.003145	0.003096	0.003049
$t_{诱}/s$	172	115	93	86	60
$\ln(1/t_{诱})$	-5.1495	-4.7449	-4.5325	-4.4543	-4.0943

（2）由 Origin5.0 作 $\ln(1/t_{诱})$-$1/T$ 图，并进行数据分析，对 $\ln(1/t_{诱})$-$1/T$ 图进行线性拟合（见图 5-12）。由直线的斜率求出表观活化能 $E_{诱}$。

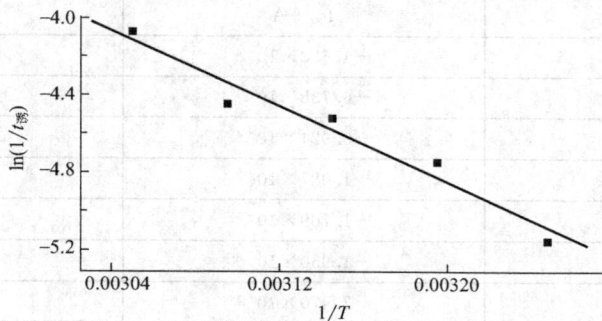

图 5-12　ln（$1/t_{诱}$)-$1/T$ 图的线性拟合

（3）设直线方程为：$Y=A+BX$

项目	测量值	误差
A	10.66927	1.88577
B	-4851.3377	599.20423

R	SD	P	N
-0.97787	0.09372	0.00394	5

所得直线方程为：　　　　　　　$Y=10.66927-4851.3377X$

直线斜率　　　　　　　　$k=-4851.3377=-E_{诱}/R$

$$E_{诱}=4851.3377\times8.314=40.3340\text{kJ·mol}^{-1}$$

2. 可逆电极过程的循环伏安表征

图 5-13 为在不同扫描速度下 0.001mol·L^{-1} $[Fe(CN)_6]^{3-}$ 溶液在铂电极上的循环伏安曲线，以还原电流与扫描速度的平方根作图，所得直线斜率 $k=0.472$（如图 5-14）。由电流与扫描速度平方根的线性关系，可以得出本实验体系是由扩散控制的电极反应（可逆反应）。

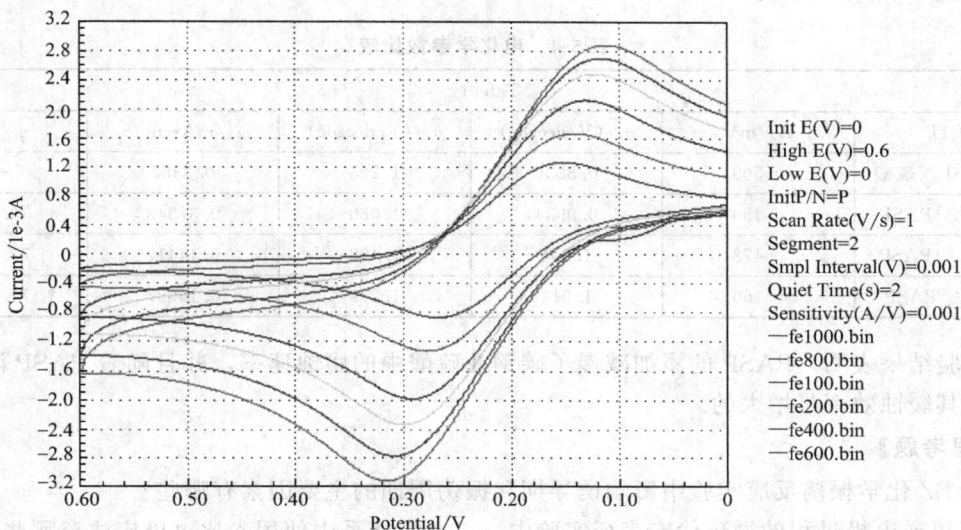

Init E(V)=0
High E(V)=0.6
Low E(V)=0
InitP/N=P
Scan Rate(V/s)=1
Segment=2
Smpl Interval(V)=0.001
Quiet Time(s)=2
Sensitivity(A/V)=0.001
—fe1000.bin
—fe800.bin
—fe100.bin
—fe200.bin
—fe400.bin
—fe600.bin

图 5-13　可逆电极过程的循环伏安图

扫描速度/V·s^{-1}	I_{p-} /A	I_p/A
0.020	-4.633×10^{-4}	6.275×10^{-4}
0.040	-6.735×10^{-4}	8.509×10^{-4}
0.080	-9.924×10^{-4}	1.131×10^{-3}
0.100	-1.087×10^{-3}	1.230×10^{-3}
0.200	-1.709×10^{-3}	1.622×10^{-3}
0.400	-1.950×10^{-3}	2.081×10^{-3}
0.600	-2.470×10^{-3}	2.373×10^{-3}
0.800	-2.718×10^{-3}	2.570×10^{-3}
1.000	-2.925×10^{-3}	2.689×10^{-3}

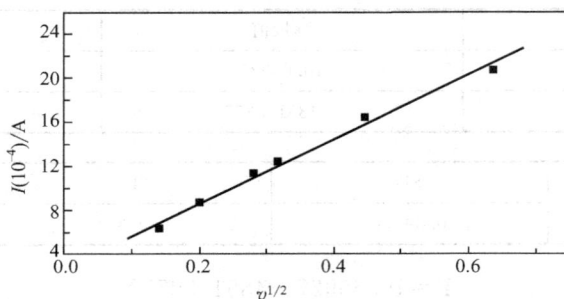

图 5-14　还原电流与扫描速度关系图

R	SD	P	N
0.99679	0.472	0.0001	6

3. 腐蚀的电化学表征

见表 5-4 和图 5-15。

表 5-4　电化学参数比较

项目	Tafel 区				
	E_c/mV	b_c/(V/decade)	b_a/(V/decade)	i_c/mA·cm^{-2}	η_i/%
0.5mol·L^{-1}硫酸	-509	0.8239	1.228	0.5382	—
0.1g·L^{-1}PASP	-489	0.9934	1.080	0.37543	30.26
2.5g·L^{-1}PASP	-473	1.206	1.498	0.14417	73.22
10g·L^{-1}PASP	-460	1.014	1.279	0.16097	73.79

　　实验结果表明，PASP 的添加减慢了碳钢在硫酸中的腐蚀速率，并且随着 PASP 浓度的增加，其缓蚀效率是增大的。

【思考题】

1. BZ 化学振荡反应实验中影响诱导期和振荡周期的主要因素有哪些？

2. 可逆电极过程的循环伏安表征实验中，三电极体系中使用参比电极应注意哪些问题？

3. 腐蚀的电化学表征实验中，腐蚀与电解和电池的过程比较有何特点？

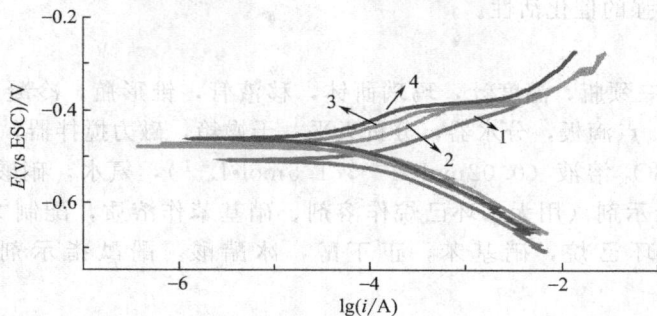

图 5-15　碳钢电极在添加不同浓度 PASP 的 $0.5mol \cdot L^{-1}$ H_2SO_4 溶液中的极化曲线

1—$0.5mol \cdot L^{-1}$ H_2SO_4 原液；2—添加 $0.1g \cdot L^{-1}$ PASP；

3—添加 $2.5g \cdot L^{-1}$ PASP；4—添加 $10g \cdot L^{-1}$ PASP

实验 38　固体超强酸 SO_4^{2-}/TiO_2 的制备及催化乙酸丁酯的合成

【实验目的】

1. 了解固体超强酸的概念及优点和固体 SO_4^{2-}/TiO_2 超强酸的制备方法。
2. 熟悉用固体超强酸的酸强度手段对催化剂进行表征。
3. 了解固体超强酸 SO_4^{2-}/TiO_2 对乙酸丁酯合成的催化活性。

【实验原理】

所谓固体超强酸是指比 100％硫酸的酸强度还强的固体酸，其酸强度用 Hammett 指示剂的酸度函数 H_0[1] 表示。已知 100％硫酸的 $H_0 = -11.93$，凡是 H_0 值小于 -11.93 的固体酸均称为固体超强酸，H_0 值越小，该固体超强酸的酸强度越强。SO_4^{2-}/TiO_2 就是固体超强酸，由于其不含卤素离子、无污染、无腐蚀、易与反应产物分离，以及在高温仍然能保持活性和稳定性等优点，得到了广泛和深入的研究。

对 SO_4^{2-}/TiO_2 固体超强酸的制备，大多是在钛盐［$TiCl_4$ 或 $Ti(SO_4)_2$］溶液中，通过滴加氨水调节溶液的 pH 值，得到无定形氢氧化钛，经过滤、洗涤、干燥并用硫酸浸泡后，在一定温度下焙烧，制得 SO_4^{2-}/TiO_2 固体超强酸。目前 TiO_2 的制备方法主要分为气相法、液相法和固相法三大类。硫酸修饰的固体超强酸的制备一般都是用可溶性金属盐经氨水或铵盐沉淀制备无定形氢氧化物，氢氧化物烘干后用硫酸或硫酸铵处理，在一定的温度下焙烧后合成。本实验采用沸腾回流强迫水解法先合成出锐钛型[2]的 TiO_2 粉体，然后用一定浓度的 H_2SO_4 浸渍，再焙烧制成固体超强酸 SO_4^{2-}/TiO_2。可以用固体超强酸的酸强度手段对催化剂进行表征。由于 Hammett 指示剂均为弱碱，它们碱性形态的颜色为无色，酸性形态的颜色为黄色，若超强酸样品能使指示剂变黄，那么表面 H_0 函数数值应等于或小于该指示剂的共轭酸的 pK_a 值。

本实验用正丁醇和冰醋酸的酯化反应为探针，研究固体超强酸 SO_4^{2-}/TiO_2 的催化活性，对制备催化剂的条件进行优化，并对催化剂的催化范围进行扩展。同时，用硫酸来代替固体超强酸 SO_4^{2-}/TiO_2 催化剂，进行催化活性的对照实验，从而进一步说明固体超强酸

SO_4^{2-}/TiO_2 具有较强的催化活性。

【仪器与试剂】

1. 量筒，磨口三颈瓶，温度计，玛瑙研钵，移液管，锥形瓶，冷凝管，马弗炉，油浴锅，循环水真空泵，点滴板，分析天平，干燥箱，磁力搅拌器，碱式滴定管。

2. $TiCl_4$，H_2SO_4 溶液（$0.02mol \cdot L^{-1}$，$1.5mol \cdot L^{-1}$），氨水，硝酸银溶液（$0.1mol \cdot L^{-1}$），Hammett 指示剂（用无水环己烷作溶剂、硝基苯作溶质，配制 3% 的 Hammett 指示剂溶液），无水环己烷，硝基苯，正丁醇，冰醋酸，酚酞指示剂，氢氧化钠溶液（$0.1mol \cdot L^{-1}$）。

【实验步骤】

1. 固体超强酸 SO_4^{2-}/TiO_2 制备

（1）锐钛型 TiO_2 的制备　利用分析纯 $TiCl_4$ 溶液作为前驱物，在冰水冷却的条件下，用移液管移取 5mL，将其滴入 45mL 蒸馏水中，配成浓度为 $1.0mol \cdot L^{-1}$ 的溶液，加入一定量的添加剂 $0.02mol \cdot L^{-1}$ H_2SO_4 使 $TiCl_4$ 与 H_2SO_4 的摩尔比为 1∶0.02。在圆底烧瓶中磁力搅拌，油浴加热并回流 2h，在反应温度为 373 K 的条件下制备 TiO_2。反应完全后，静置，去除上层稀 HCl 溶液，加入氨水，抽滤水洗至滤液用 $0.1mol \cdot L^{-1}$ $AgNO_3$ 溶液检测不出 Cl^-，滤饼在真空干燥箱中 80℃ 烘干 2h[3]。

（2）固体超强酸 SO_4^{2-}/TiO_2 的制备　将制备的 TiO_2 用玛瑙研钵研碎，用 $1.5mol \cdot L^{-1}$ H_2SO_4 溶液按 $10mL \cdot g^{-1}$ 比例浸渍 0.5h，抽滤，滤饼置于真空干燥箱中，80℃ 真空干燥 2h。用玛瑙研钵将滤饼研碎，在 400℃ 空气氛围下焙烧 1h，得到固体超强酸 SO_4^{2-}/TiO_2。

2. 固体 SO_4^{2-}/TiO_2 超强酸酸强度的表征

取刚焙烧的固体超强酸[4]SO_4^{2-}/TiO_2 0.01g 左右于点滴板上，向点滴板注射已配好的 Hammett 指示剂，观察样品表面颜色的变化。Hammett 指示剂均为弱碱，它们碱性形态的颜色为无色，酸性形态的颜色为黄色，若超强酸样品能使指示剂变黄，那么表面 H_0 函数数值应等于或小于该指示剂的共轭酸的 pK_a 值。

3. 催化乙酸丁酯的合成

用移液管依次量取冰醋酸 12mL(0.2mol)、正丁醇 20mL(0.22mol)，加入带有分水器装置的磨口三颈瓶中，同时加入催化剂固体超强酸 SO_4^{2-}/TiO_2 0.30g；催化剂用量约为反应物总质量的 1%（质量分数）。迅速放入 120℃ 的油浴中，开启磁力搅拌，开始计时取样。每 0.5h 取样 0.50mL 进行定量分析，检测物料酸值变化，用硫酸来代替固体超强酸 SO_4^{2-}/TiO_2 催化剂进行上述实验。反应程度以乙酸的转化率来表示。酚酞作指示剂，用标准氢氧化钠溶液（$0.1mol \cdot L^{-1}$）滴定乙酸丁酯，然后计算其酯化率[5]。

测定产物酸值，按下式计算反应的酯化率：

$$酯化率 = [1 - 产物酸值 / 反应物酸值] \times 100\% \tag{5-19}$$

【附注】

[1] 超强酸和通常的酸一样，有 Bronsted 型（B 酸）和 Lewis 型（L 酸）。把质子给予碱 B∶的 HA 是 B 酸，而从碱 B∶接受电子对的 A 是 L 酸。

$$B: + HA \Longrightarrow B:H^+ + A^-$$
$$B: + A \Longrightarrow B:A$$

超强酸分为固体超强酸、液体超强酸和气体超强酸。

固体超强酸的酸强度是指固体表面的酸性中心使吸附其上的碱转变成为它的共轭酸的能

力。如果这一反应是通过质子从固体表面转移到被吸附物的话，则 Hammett 酸度函数 H_0 可表示为：

$$H_0 = pK_a + \lg[B]/[BH^+] \tag{5-20}$$

式中，pK_a 为 BH^+ 的解离常数 K_{BH^+} 的负对数；$[B]$ 和 $[BH^+]$ 分别为碱及其共轭酸的浓度。

如果反应是通过电子对从被吸附物转移到固体酸 A 的表面，则 H_0 可表示为：

$$H_0 = pK_a + \lg[B]/[BA] \tag{5-21}$$

式中，$[BA]$ 是同电子对受体 A 起反应的碱的浓度。

[2] 二氧化钛有锐钛型、金红石型和板钛矿型三种晶型。当 TiO_2 晶型不同时，制备的固体超强酸的酸强度不同，锐钛型 TiO_2 制备的固体超强酸的酸强度最大，其 $H_0 \leqslant -14.52$，而金红石型和混合晶型 TiO_2 制备的固体超强酸的酸强度分别为：$H_0 \leqslant -12.70$ 及 $H_0 \leqslant -13.16$。说明我们采用低温液相法合成的不同晶型 TiO_2 都可以制备固体超强酸，其 H_0 值均小于 -11.93，但是锐钛型 TiO_2 更适宜制备固体超强酸。

[3] 在制备锐钛型 TiO_2 时，一定要在冰水冷却的条件下，因为 $TiCl_4$ 特别容易水解，而且在取 $TiCl_4$ 时移液管一定要保证干燥。用移液管向去离子水中滴加 $TiCl_4$ 时一定要缓慢地一滴一滴地滴加，否则配制的溶液会发生水解而变得浑浊，制备的就不是锐钛型 TiO_2 了。

[4] 一定要取刚焙烧的固体超强酸 SO_4^{2-}/TiO_2 进行表征，因为它也容易吸水变性。

[5] 催化合成乙酸丁酯的优化条件是 $n_{酸}:n_{醇}=1:1.2$，反应时间为 2h，反应温度为 120℃，所用的催化剂焙烧温度为 400℃，硫酸浸泡浓度为 $1.5mol \cdot L^{-1}$，浸泡时间为 0.5h，催化剂用量为 0.3g，而且必须有搅拌和分水器。乙酸转化率可达 96.3%。

实验 39　有机改性蒙脱土的制备及对甲基橙的吸附性能

【实验目的】

1. 了解天然蒙脱土的结构特征及改性原理。
2. 了解改性蒙脱土处理染料废水的方法和原理。
3. 巩固分光光度定量分析的原理和操作方法。

【实验原理】

染料废水对环境的危害日益严重，我国印染废水排放量约为每年 6 亿～7 亿吨。偶氮染料是合成染料中为数最多的品种，占有机染料的 80%。偶氮染料中甲基橙是一种重要的指示剂，变色范围在 3.1～4.4。它是由对氨基苯磺酸经重氮化后与 N,N-二甲苯胺偶合而成，结构见图 5-16。甲基橙稍溶于水且呈黄色，不溶于乙醇，常用作模拟污染物进行研究。

蒙脱土是以蒙脱石类矿物为主要组分的岩石，是蒙脱石矿物达到可利用含量的黏土或黏土岩。它是由两层硅氧四面体和一层夹于其间的铝氧四面体构成的 2:1 型层状硅酸盐矿物，属单斜晶系，结构见图 5-17。

本实验制备十六烷基三甲基溴化铵（CTAB）改性的蒙脱土，并对吸附甲基橙的吸附性能进行研究。在蒙脱土中插入 CTAB 后，蒙脱土的层间距由原来的 1.2nm 增加到了

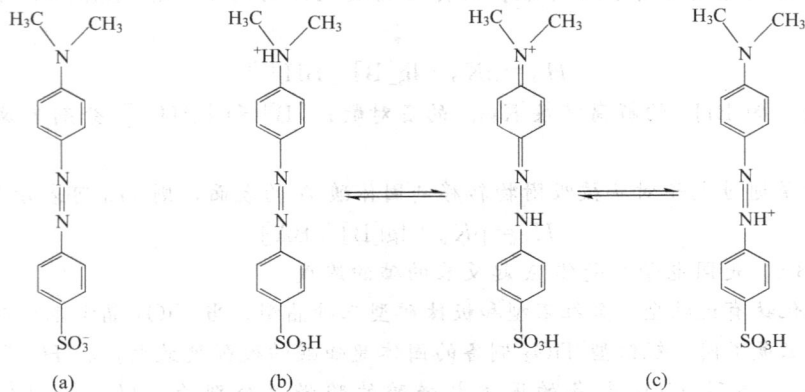

图 5-16 甲基橙的结构

（a）甲基橙的阴离子结构；（b）酸性条件下甲基橙

的互变异构体；（c）图（b）的共振结构

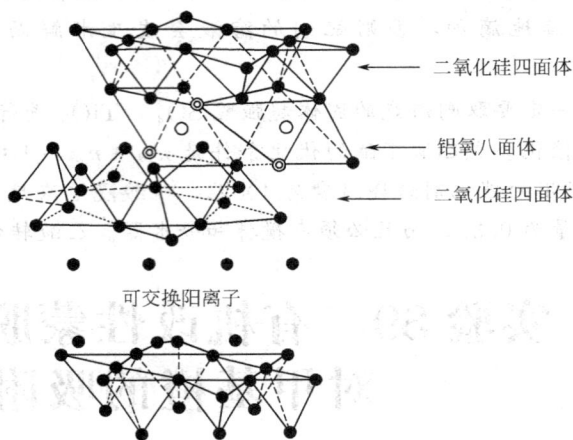

图 5-17　2∶1 型层状硅酸盐的结构

3.9nm，而且使得蒙脱土由原来的亲水性变成了疏水性，这都有利于吸附水中的甲基橙，而且其沉降能力增强，在水中极易沉淀下来。CTAB 改性的蒙脱土吸附甲基橙的效果最好，这对于染料废水的处理有一定的应用价值。

【仪器与试剂】

1. 分光光度计，台式低速离心机，分析天平，布氏漏斗，循环水式多用真空泵，抽滤瓶，容量瓶，移液管，烧杯。

2. 高纯度（蒙脱石含量≥90%）钠基蒙脱土（过 200 目筛），甲基橙（$C_{14}H_{14}N_3NaO_3S$），十六烷基三甲基溴化铵（CTAB），$AgNO_3$（A.R.）。

【实验步骤】

1. 改性蒙脱土的制备

将 20g 蒙脱土溶于 1000mL 水中，土的含量为 2%，搅拌，放置 24h 使其充分膨胀（改性蒙脱土需提前制备）。将一定量的十六烷基三甲基溴化铵（CTAB）溶于 50mL 水中。在

60℃，强烈搅拌下滴入 CTAB。继续搅拌 3h 后静置 2h，过滤，洗涤，用 $AgNO_3$ 检验无沉淀。在 90℃下干燥，研磨后备用。

2. 甲基橙水溶液标准曲线的绘制

准确称量分析纯甲基橙 2.0000g，配制成 1000mL 的溶液。移取 50mL 此溶液于 500mL 的容量瓶中，配制成浓度为 $200mg \cdot L^{-1}$ 的甲基橙溶液，然后分别移取此溶液 1mL、3mL、5mL、7mL、9mL、11mL 于 100mL 容量瓶中制成标准溶液。用可见分光光度计在 550nm 处测量各溶液吸光度。

3. 对模拟染料废水中甲基橙的吸附

准确配制 $300mg \cdot L^{-1}$ 的甲基橙模拟染料废水，用移液管准确移取 25mL 甲基橙模拟染料废水溶液于 100mL 锥形瓶中，向其中加入准确称量的约 0.2g 改性土，于 60℃搅拌 0min、10min、20min、30min、40min、50min 分别取样，静置 0.5h，取上层液 5mL 离心，吸取上层清液过滤，分别测其吸光度。同样条件下，用未改性蒙脱土做对照实验。

【实验结果处理】

1. 甲基橙水溶液标准曲线的绘制。
2. 改性蒙脱土对甲基橙的吸附-搅拌时间的影响。

【思考题】

1. CTAB 改性的蒙脱土各方面特性如何？
2. 影响改性蒙脱土对甲基橙的吸附的其他因素还有哪些？

实验 40　抗癫灵的制备

【实验目的】

1. 掌握烃化反应实验原理。
2. 熟悉减压蒸馏和常压蒸馏实验方法。

【实验原理】

抗癫灵又称丙戊酸钠，化学名 2-丙基戊酸钠，相对分子质量 166.19。丙戊酸钠为白色粉状结晶，味微涩，易溶于水、乙醇、热乙酸乙酯，几乎不溶于乙醚、石油醚，吸湿性强。丙戊酸钠是一种广谱的抗癫痫药物，对于各种癫痫如各种小发作、肌肉痉挛性癫痫、局限性发作、大发作和混合型癫痫均有效，多用于其他抗癫痫药物无效的各种癫痫病人，尤其对癫痫小发作疗效果佳。

抗癫灵先由丙二酸二乙酯与溴代正丙烷发生烃化反应，得到二丙基丙二酸二乙酯，在氢氧化钾催化下水解得到二丙基丙二酸，加热进行脱羧反应，得到二丙基乙酸，再经氢氧化钠中和，即得到丙戊酸钠。反应方程式如下：

【仪器与试剂】

1. 回流冷凝器，恒压滴液漏斗，三颈烧瓶，抽滤装置，减压蒸馏装置。

2. 乙醇钠，丙二酸二乙酯，溴代正丙烷，无水乙醇，无水硫酸钠，氢氧化钾，氢氧化钠。

【实验步骤】

1. 烃化

在装有密封搅拌器、恒压滴液漏斗和回流冷凝器（带氯化钙干燥管）的三颈烧瓶中，加入 95mL 质量分数 16%～18% 的乙醇钠溶液，搅拌下加热至 80℃ 左右，开始滴加 16g 丙二酸二乙酯。加毕，搅拌反应 10min 后，滴加 29g 溴代正丙烷，约 0.5h 加完，搅拌回流反应 2h。室温下静置 2h，过滤除去溴化钠，以少量无水乙醇洗涤滤饼，合并滤液和洗液，常压蒸馏回收乙醇，得到油状物二丙基丙二酸二乙酯粗品。经无水硫酸钠干燥后进行减压蒸馏，收集 110～124℃/(7～8)×133.3Pa 的馏分，产品为无色油状液体。

2. 水解、中和

在烧瓶中加入 23g 二丙基丙二酸二乙酯粗品，再加入 23g 氢氧化钾和 40mL 水配制的氢氧化钾水溶液，快速搅拌下加热回流 4h。蒸去乙醇，冷却至 10℃ 以下，用浓硫酸中和至 pH=2，过滤，得白色针状结晶二丙基二酸。

3. 脱羧

在反应器中加入 14g 二丙基二酸，加热至 160～180℃，反应物逐渐熔融，并伴有二氧化碳逸出，于 180℃ 保温 0.5h，直到无二氧化碳逸出。蒸出低沸物，改成减压蒸馏，收集 111～115℃/(10～12)×133.3Pa 馏分，得无色油状二丙基乙酸。

4. 中和成盐

在二丙基乙酸中缓慢加入质量分数为 14% 的 20mL 氢氧化钠水溶液，加热浓缩至干，得白色固体钠盐。

丙戊酸钠的红外光谱见图 5-18。

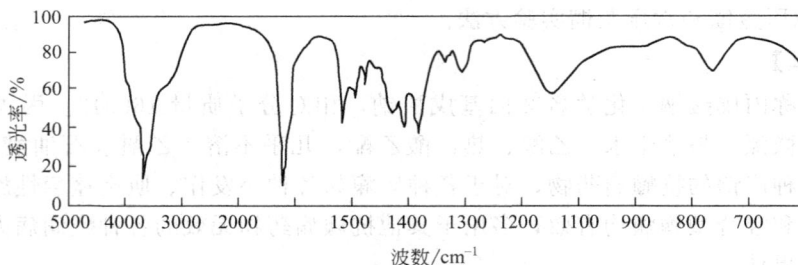

图 5-18 丙戊酸钠的红外光谱

5. 含量测定

取约 0.5g（准确至 0.001g）所合成样品于 100mL 小烧杯中，加 30mL 蒸馏水溶解后，再加入 30mL 乙醚。插入玻璃电极和饱和甘汞电极，放入磁子，连接电位滴定仪，用 0.100mol·L^{-1} 的盐酸标准溶液滴定至 pH 4.5，根据所消耗滴定剂的体积计算丙戊酸钠的含量。

【思考题】

1. 烃化反应原料是什么？

2. 在烃化反应中，安装氯化钙干燥管的目的是什么？

实验 41　　强碱性阴离子交换树脂的
制备及交换容量的测定

【实验目的】

1. 学习制备强碱性阴离子交换树脂的方法。
2. 了解强碱性阴离子交换树脂交换容量的测定方法。

【实验原理】

以 $ZnCl_2$ 为催化剂，对苯乙烯-二乙烯苯共聚小球的苯环进行 Friedel-Crafts 反应，可以得到主要为对位氯甲基化的共聚体。然后利用氯甲基中的活泼氯与胺类化合物进行胺化反应，就可以得到碱度不同的各种阴离子交换树脂。如果胺化后得到的是伯、仲、叔胺树脂，即为弱碱性阴离子交换树脂；若得到的是季铵树脂，则为强碱性阴离子交换树脂。

强碱性阴离子交换树脂有两种类型。一种是用三甲胺进行胺化所得到的树脂，称为Ⅰ型。由于其在应用时碱性过强，对 OH^- 的亲和力小，用 NaOH 再生时，再生效率较低。第二种是用二甲基乙醇胺进行胺化所得到的树脂，为Ⅱ型[$Ph\text{-}CH_2N^+(CH_3)_2(CH_2CH_2OH)$ Cl^-]。Ⅱ型强碱性阴离子交换树脂比Ⅰ型的碱性低，但再生效率高。

本实验以三甲胺对氯甲基化的苯乙烯-二乙烯苯共聚体进行胺化，制得Ⅰ型树脂，并对其交换容量进行测定。有关反应如下：

苯乙烯-二乙烯苯共聚反应

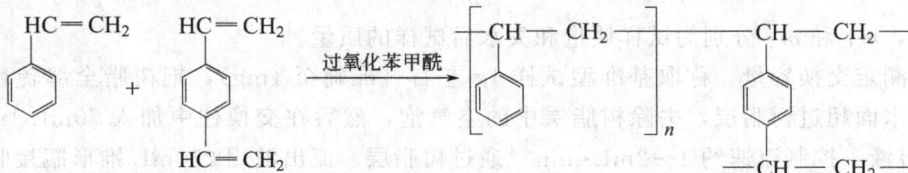

氯甲基化反应

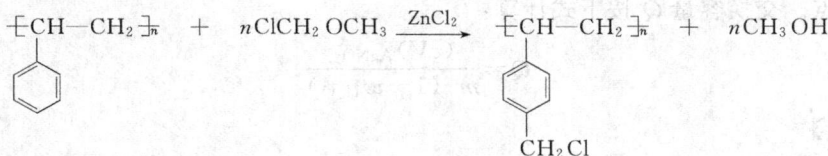

季铵化反应：

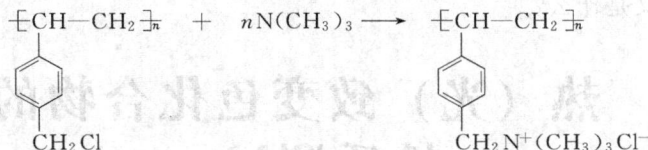

【仪器与试剂】

1. 三口瓶，四口瓶，搅拌装置，烧杯，标准筛，回流冷凝管，交换柱，玻璃砂芯漏斗，滴定管，移液管，称量瓶。
2. 苯乙烯（St），二乙烯苯（DVB），溶剂汽油，过氧化苯甲酰（BPO），明胶，氯甲基甲醚，$ZnCl_2$，三甲胺盐酸盐，NaOH 溶液（2%），Na_2SO_4 溶液（1mol·L^{-1}）。

【实验步骤】

1. 树脂的制备

（1）制备苯乙烯-二乙烯苯共聚小球　见实验 33。

（2）氯甲基化　在装有搅拌器、温度计和回流冷凝管的 250mL 三口瓶内加入所制备出的白球、氯甲醚 80mL，在室温下浸泡 2h。开动搅拌并加热至 30℃后加入 ZnCl₂ 6g，过 0.5h 后再加入 6g。升温至 38℃反应 10h，使树脂的氯含量达 15%，停止反应，吸掉母液。用乙醇洗 4～5 遍后晾干，得到氯甲基化共聚体——氯球。称量，检查树脂质量的变化。

（3）胺化　在装有搅拌、回流冷凝管、滴液漏斗和温度计的四口反应瓶内，加入氯球 20g、三甲胺盐酸盐（含量约为 70%）18g，并滴加 8g 二氯乙烷。控制温度在 30℃，在 3h 内滴加 50mL 20% NaOH 溶液。反应 1h 后接着再滴加 25mL（1h 内加完），使 pH 在 12 以上。于 30℃下再反应 1h，然后用水洗，除去大部分水，在搅拌下以 5%盐酸调至 pH 2～3，保持 1h 后进行转型处理。最后用水洗至中性，即得到强碱性阳离子交换树脂。

2. 交换容量的测定

（1）制备基准型试样　称取所制得的强碱性阴离子交换树脂置于交换柱中，让 250mL 1mol·L⁻¹的盐酸溶液以约 10mL·min⁻¹的速度流过树脂层，然后用蒸馏水冲洗，直至用 1%的 AgNO₃ 溶液检验流出液中无 Cl⁻ 为止。将树脂转入玻璃砂芯漏斗，接水泵抽滤（无水滴下再过 5min）后，立即移入一干燥、洁净的密闭容器中，留待测定含水量和交换容量。

（2）测定含水量　用已经恒重的扁形称量瓶称取基准型试样 1g 左右（准确至 1mg），敞口放入 105℃±2℃的烘箱中烘 2h，取出后放入干燥器中冷却至室温，称量。含水量按下式计算：

$$w_{H_2O} = \frac{m_1 - m_2}{m_1} \times 100\% \tag{5-22}$$

式中，m_1 和 m_2 分别为试样质量和失水后试样的质量。

（3）测定交换容量　称取基准型试样 1g 左右（准确至 1mg），把树脂全部转移到交换柱上，使水面超过树脂层，去除树脂层中的空气泡，然后在交换柱中加入 70mL 1mol·L⁻¹ Na₂SO₄ 溶液，控制流速约 1～2mL·min⁻¹ 通过树脂层。流出液用 250mL 锥形瓶接收。在流出液中加入 5%铬酸钾指示剂 1mL，用 0.1mol·L⁻¹ AgNO₃ 溶液滴定，至浅砖红色在 15s 内不褪色为终点。交换容量 Q 按下式计算：

$$Q = \frac{(cV)_{AgNO_3}}{m(1 - w_{H_2O})} \tag{5-23}$$

【思考题】

1. 交换容量的定义是什么？
2. 交联度的定义是什么？

实验 42　热（光）致变色化合物的合成及性质测试

【实验目的】

1. 学习具有敏感变色性能的双水杨醛缩芳胺类化合物的变色原理和合成方法。
2. 了解所合成的化合物的表征方法。

3. 研究测试其变色性能。

【实验原理】

新材料是高技术的重要物质基础，通过研究材料的性能与结构之间的内在规律，发展新的理论来指导特殊性能材料的设计、制备，缩短新材料的研制周期，是目前材料研究领域的热点问题之一。

敏感变色功能材料能感知环境条件及其变化的信息（如温度、压力、光、电、溶剂、化学环境等），使材料的结构发生变异，表现出可逆颜色变化的现象。水杨醛缩芳胺类化合物（Schiff 碱化合物）属于敏感变色功能材料，此类材料由于分子内 π 轨道重叠而引起分子内部快速质子迁移，是实现电荷转移、传递和分子开关的重要基础，具有光致变色、热致变色、压致变色及非线性光学性质，在高密度信息存储、分子开关、非线性光学器件以及信息显示等高科技领域有广阔的应用前景。其突出的优点是抗疲劳性能好，不易光化学降解，成色-消色循环可达 $10^4 \sim 10^5$ 次，响应速度快，热致变色性能优良，具有高重复性，结构稳定，改变结构可改变变色温度及性能。

另外，水杨醛缩芳胺类化合物在发生光致变色的同时，其光致发光性质（荧光）会发生改变，这可以拓宽化合物的应用领域。存在两组分子内氢键，在外界条件（如光、热、压力等）的作用下，可引起分子内可逆、快速氢迁移，使质子从氧原子迅速转移到氮原子上，产生变色现象。分子内质子转移发生在基态表现为热致变色现象，分子内质子转移发生在激发态表现为光致变色现象。在水杨醛缩芳胺类化合物中，酚羟基为酸性，邻近的 N 原子为碱性，分子吸收光辐射被激发后，酚羟基的酸性与基态时相比能增大几个 pK_a，其酸性大大增强，因此酚羟基中的质子很容易借助分子内氢键转移到呈碱性的邻近原子上，从而引起分子价键结构的变化，导致发生光致变色。

水杨醛与芳胺缩合反应方程式如下：

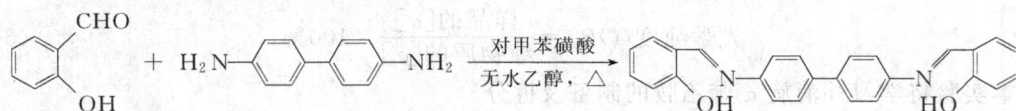

【仪器与试剂】

1. 显微熔点测定仪，紫外分析仪（长波 365nm，短波 254nm）。
2. 水杨醛，对甲苯磺酸，无水乙醇，4,4'-联苯二胺，N,N-二甲基甲酰胺（均为分析纯）。

【实验步骤】

取水杨醛 15mmol、对甲苯磺酸 20mg，与 50mL 无水乙醇共溶于三颈瓶中，在不断搅拌下慢慢滴加含 7.5mmol 4,4'-联苯二胺的 60mL 无水乙醇溶液，在 40～80℃反应 2～3h，冷却滤出沉淀，用少许乙醇洗涤 2～3 次，在空气中自然干燥，产物经多次重结晶得到目标化合物，重结晶所用溶剂为 DMF(N,N-二甲基甲酰胺)。熔点：254～257℃。

【性质测试】

1. **热致变色现象**：取适量固体产物放在显微熔点测定仪上，通过目镜观察在加热过程中产物颜色的变化。可以观察到随温度的升高，在 150℃左右开始有明显变色，并且随温度升高颜色逐渐加深，250℃左右达橘黄色，室温返回原色。

2. **光致变色现象**：将得到的产物的固体或氯仿溶液用黑色布或黑色塑料包裹，放置数日后，放在紫外灯下照射，可以发生变色现象。

【思考题】

你认为在本实验中光致变色和热致变色的机理有何区别？

实验 43　外消旋化合物的拆分

在非手性条件下，由一般合成反应所得的手性化合物为等量的对映体组成的外消旋体，故无旋光性。利用拆分的方法，把外消旋体的一对对映体分成纯净的左旋体和右旋体，即所谓外消旋体的拆分。早在 1848 年，Louis Pasteur 首次利用物理的方法，拆开了一对光学活性酒石酸盐的晶体，从而导致了对映异构现象的发现。但这种方法不适用于大多数外消旋体化合物的拆分。拆分外消旋体最常用的方法是利用化学反应把对映体变为非对映体。如果手性化合物的分子中含有一个易于反应的拆分基团，如羧基或氨基等，就可以使它与一个纯的旋光化合物（拆分剂）反应，从而把一对对映体变成两种非对映体。由于非对映体具有不同的物理性质，如溶解性、结晶性等，利用结晶等方法将它们分离、精制，然后再去掉拆分剂，就可以得到纯的旋光化合物，达到拆分的目的。

实际工作中，要得到单个旋光纯的对映体，并不是件容易的事情，往往需要冗长的拆分操作和反复的重结晶才能完成。常用的拆分剂有马钱子碱、奎宁和麻黄素等旋光纯的生物碱（拆分外消旋的有机酸）及酒石酸、樟脑磺酸等旋光纯的有机酸（拆分外消旋的有机碱）。

外消旋的醇通常先与丁二酸酐或邻苯二甲酸酐形成单酯，用旋光醇的碱把酸拆分，再经碱性水解得到单个的旋光性的醇。

此外，还可利用酶对它的底物有非常严格的空间专一性的反应性能，即生化的方法或利用具有光学活性的吸附剂即直接色谱法等，把一对光学异构体分开。

对映体的完全分离当然是最理想的，但在实际工作中很难做到这一点，常用光学纯度表示被拆分后对映体的纯净程度，它等于样品的比旋光度除以纯对映体的比旋光度。

$$光学纯度(OP) = \frac{样品的[\alpha]}{纯物质的[\alpha]} \times 100\% \tag{5-24}$$

本实验将学习外消旋 α-苯乙胺的制备及拆分。

Ⅰ. α-苯乙胺的制备

【实验目的】

通过外消旋 α-苯乙胺的制备，巩固萃取、水蒸气蒸馏等基本操作。

【实验原理】

醛或酮在高温下与甲酸铵作用得到伯胺的反应称为 R. Leuchart 反应，方程式如下：

$$\underset{O}{C_6H_5\overset{\parallel}{C}CH_3} + HC\overset{\parallel}{\underset{O}{-}}ONH_4 \xrightarrow{185℃} C_6H_5\overset{NH_2}{\underset{|}{C}HCH_3}$$

反应中氨首先与羰基发生亲核加成，接着脱水生成亚胺，亚胺随后被还原生成胺。与还原胺化不同，这里不是用催化氢化，而是用甲酸作为还原剂。反应过程如下：

$$HC\overset{\parallel}{\underset{O}{-}}ONH_4 \longrightarrow HCOOH + NH_3$$

$$\diagdown C=O + NH_3 \xrightarrow{-H_2O} \diagdown C=NH \xrightarrow{NH_4^+} \diagdown C\overset{+}{=}NH_2$$

$$\underset{O^-}{\overset{O}{\diagup}}C-H + \diagdown C\overset{+}{=}NH_2 \longrightarrow CO_2 + H-\overset{|}{\underset{|}{C}}-NH_2$$

外消旋 α-苯乙胺的合成：

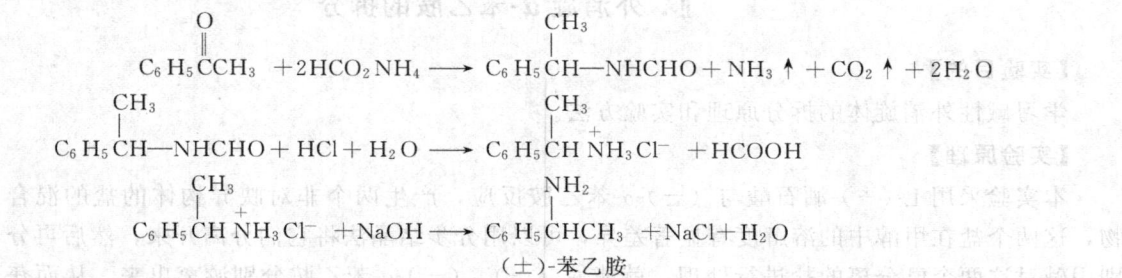

【仪器与试剂】

1. 圆底烧瓶，三口烧瓶，蒸馏装置，分液漏斗，水蒸气蒸馏装置。
2. 苯乙酮，甲酸铵，浓盐酸，氢氧化钠，甲苯。

【实验步骤】

在 100mL 圆底烧瓶中，加入 11.7mL（约 0.1mol）苯乙酮、20g（0.32mol）甲酸铵和几粒沸石，蒸馏头上口装上插入瓶底的温度计，侧口连接冷凝管配装成简单蒸馏装置。用电热套小火加热反应混合物，混合物先熔成两层并有物质流出，到 150~155℃时，甲酸铵开始熔化并分为两相，反应进行的同时产生泡沫。继续加热（应慢一些），反应物剧烈沸腾，并有水和苯乙酮蒸出，同时不断产生泡沫放出氨气。继续缓缓加热至温度到达 185℃，停止加热，通常约需 1~2h。反应过程中可能会在冷凝管上生成一些固体碳酸铵，需暂时关闭冷凝水使固体溶解，避免堵塞冷凝管。将馏出物转入分液漏斗，分出苯乙酮层，重新倒回反应瓶，再继续加热 1.5h，控制反应温度不超过 185℃。

将反应物冷至室温，转入分液漏斗中，用 10mL 水洗涤，以除去甲酸铵和甲酰胺，分出 N-甲酰-α-苯乙胺粗品，将其倒回原反应瓶。水层再用每份 5mL 甲苯提取两次，甲苯提取液也倒回反应瓶，弃去水层。向反应瓶中加入 10mL 浓盐酸和几粒沸石，把混合液小火热至微沸，然后缓缓沸腾 30min（迅速水解，除了一薄层苯乙酮及其他中性物质外，混合物都变得均匀）。将混合物冷却后用 20mL 甲苯分两次提取，以除去苯乙酮。（苯乙酮的提取液可回收，即用碱洗涤，干燥后蒸馏，收集 198~207℃馏分。）

把酸性水溶液移至圆底烧瓶中，通过分液漏斗及回流冷凝管向烧瓶中小心地加入 20mL 50% NaOH，然后把混合物进行水蒸气蒸馏直至无油状物流出为止（也可用 pH 试纸检查馏出液，开始为碱性，至馏出液 pH＝7 为止）[1]。遗留在烧瓶中的少量残渣含有 α-苯乙胺及中性物质，可以弃去。

馏出物用每份 10mL 甲苯提取两次，把甲苯溶液用粒状氢氧化钠充分干燥后进行蒸馏。先蒸去甲苯，然后改用空气冷凝管蒸馏收集 180~190℃馏分，产量 5~6g。塞好瓶口（用橡胶塞）准备进行拆分实验[2]。

纯 α-苯乙胺的沸点为 187.4℃。

【思考题】

1. 本实验中，还原胺化反应结束后，用水萃取的目的是什么？后面的实验中，先后两次用甲苯萃取的目的是什么？

2. 本实验中，为何在水蒸气蒸馏前要将溶液碱化？如不用水蒸气蒸馏，还可采取什么方法分离出游离胺？

【附注】

[1] 水蒸气蒸馏时，玻璃磨口接头应涂上润滑脂以防接口因受碱性溶液作用而被粘住。

[2] 游离胺易吸收空气中的二氧化碳形成碳酸盐，故应塞好瓶口隔绝空气保存。

Ⅱ. 外消旋 α-苯乙胺的拆分

【实验目的】

学习碱性外消旋体的拆分原理和实验方法。

【实验原理】

本实验采用 L-（＋）-酒石酸与（±）-α-苯乙胺反应，产生两个非对映异构体的盐的混合物，这两个盐在甲醇中的溶解度有显著差异，可以用分步结晶法将它们分离开来，然后再分别用碱对这两个已分离的盐进行处理，就能使（＋）、（－）-α-苯乙胺分别游离出来，从而获得纯的（＋）-α-苯乙胺及（－）-α-苯乙胺。

反应如下：

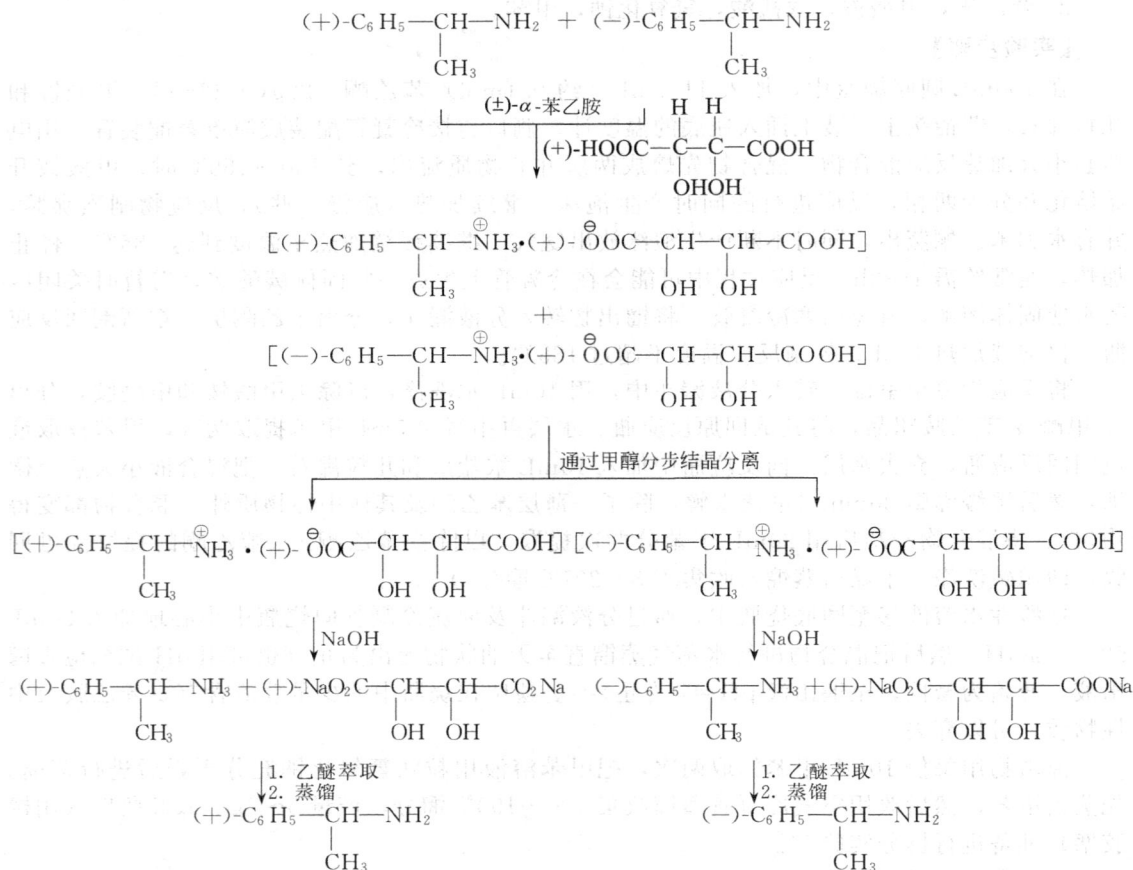

【仪器与试剂】

1. 锥形瓶，分液漏斗，蒸馏装置，拆分所用仪器（包括量筒）必须干燥。

2. L-（＋）-酒石酸，α-苯乙胺，甲醇，乙醚，50％氢氧化钠溶液，粒状 NaOH。

【实验步骤】

1. 分步结晶

在装有回流冷凝管的 100mL 锥形瓶中加入 3.8g L-（＋）-酒石酸和 50mL 甲醇，在水浴上加热使之溶解。小心慢慢加入 3g（±）α-苯乙胺到热的溶液中，晃动锥形瓶使之充分混合，如有沉淀则进行热过滤，在室温下放置，慢慢冷却结晶 24h 以上，析出白色棱状结晶（假如析出的是针形结晶，重新加热溶解，冷却至棱形结晶析出）[1]。

为确保 S-(—)-α-苯乙胺-L-(+)-酒石酸盐纯净，而不含有 R-(+)-α-苯乙胺-L-(+) 酒石酸盐，过滤前先不要搅动晶体，将清澈母液经一普通漏斗转入圆底瓶中，加少量冷甲醇于盛有晶体的容器中，洗涤晶体后，用布氏漏斗抽滤，洗涤晶体的甲醇滤到以上盛母液的圆底瓶中（母液保留），再用少量冷甲醇洗涤结晶，干燥产品，称量，计算产率。

2. 胺的分离

(1) S-(—)-α-苯乙胺的分离　将上述所得纯的 S-(—)-α-苯乙胺-L-(+)-酒石酸盐晶体溶于 10mL 水中，加入 2mL 50% NaOH 溶液呈强碱性，用 10mL 乙醚萃取 3 次，合并乙醚萃取液，以粒状 NaOH 干燥。

热水浴蒸去乙醚，然后进行减压蒸馏，收集 81～81.5℃/2.403Pa(18mmHg) 馏分，得 (—)-α-苯乙胺，为无色液体[2]。称量并计算产率。测 (—)-α-苯乙胺的比旋光度，计算其光学纯度（可合并几份棱柱体做此实验）。

(2) R-(+)-α-苯乙胺的分离　上述析出 S-(—)-α-苯乙胺-L-(+)-酒石酸盐的母液中含有大量的甲醇，因此必须先将甲醇在水浴中几乎蒸尽，残留物呈白色固体，这便是 R-(+)-α-苯乙胺-L-(+)-酒石酸盐，可用与 (1) 同样的方法，用水、NaOH 来处理该盐，用乙醚萃取，粒状 NaOH 干燥，水浴蒸去乙醚，然后进行减压蒸馏，收集 85～86℃/2.800Pa (21mmHg) 馏分，得 (+)-α-苯乙胺。称量并计算产率。测 (—)-α-苯乙胺的比旋光度，计算其光学纯度（可合并几份棱柱体做此实验）。

【思考题】

1. 你认为本实验中的关键步骤是什么？
2. 如何控制反应条件才能分离出纯的旋光异构体？

【附注】

[1] 必须得到棱状晶体，这是实验成功的关键。如溶液中析出针状晶体，可采取如下步骤：①由于针状晶体易溶解，可加热反应混合物到恰好针状结晶已完全溶解而棱状结晶尚未开始溶解为止，重新放置过夜。②分出少量棱状结晶，加热反应混合物至其余结晶全部溶解，稍冷后用取出的棱状晶体种晶。如析出的针状晶体较多时，此方法更为适宜。如有现成的棱状结晶，在放置过夜前接种更好。

[2] 蒸馏 α-苯乙胺时，容易起泡，可加 1～2 滴消泡剂（聚二甲基硅烷 3%～10% 的己烷溶液）。作为一种简化处理，可将干燥后的醚溶液直接过滤到一已事先称量的圆底烧瓶中，先在水浴上尽可能蒸去乙醚，再用水泵抽去残留的乙醚。称量烧瓶即可计算出 (—)-α-苯乙胺的质量，省去了进一步的蒸馏操作。

实验 44　相转移催化法制备顺、反-1,2-二苯乙烯

【实验目的】

熟悉掌握维悌希（Wittig）反应及其原理，以及用膦盐作相转移催化剂催化维悌希反应。

【实验原理】

维悌希反应能在醛或酮的羰基碳上引入碳碳双键。经典的维悌希反应，以三苯基膦与卤

化物（氯苄）生成苄基三苯基鏻盐，在无水条件强碱作用下得到叶立德（ylide），叶立德与羰基物反应生成烯烃产物。本反应以苄基三苯基鏻盐为相转移催化剂，在50%氢氧化钠溶液中，形成苄基三苯基鏻叶立德，与苯甲醛反应生成顺式和反式-1,2-二苯乙烯。

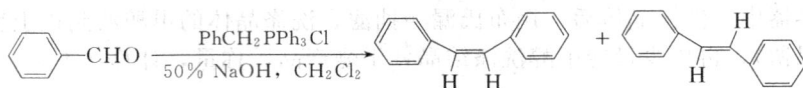

【仪器与试剂】

1. 四口烧瓶（250mL），搅拌器，温度计（200℃），球形回流冷凝管，抽滤装置，滴液漏斗，分液漏斗，量筒，加热套。

2. 苯甲醛（C.P.），苄基三苯基鏻盐（自制），氢氧化钠溶液（50%），二氯甲烷（C.P.）。

【实验步骤】

1. 苄基三苯基氯化鏻盐的制备

在装有回流冷凝管的250mL圆底烧瓶中加入9g氯化苄、26g三苯基膦、140mL二甲苯或苯，加热回流3h，静置，过滤，得到无色的苄基三苯基氯化鏻盐结晶，用50mL二甲苯或苯洗涤，干燥，得纯品，熔点310～311℃。

2. 顺、反-1,2-二苯乙烯的制备

装有温度计、回流冷凝管和滴液漏斗的250mL三口烧瓶中，加入4.24g（40mmol）苯甲醛、15.72g（40mmol）苄基三苯基氯化鏻和20mL二氯甲烷，剧烈搅拌下，滴加20mL 50%的氢氧化钠溶液，温度自然上升至50℃，滴加完毕，剧烈搅拌下回流30min，分出有机相，有机相先用30mL水洗涤，再用50mL饱和亚硫酸氢钠溶液洗涤，最后用水洗至pH中性，有机相用无水硫酸钠干燥20min，过滤，滤液蒸干，稠厚残余物加入30mL无水乙醇，在冰浴中冷却15min，过滤，得反式-1,2-二苯乙烯固体2g，熔点122～123℃。滤液蒸干后加入石油醚（30～60℃）40mL，以沉淀出三苯基氧膦，过滤，得固体约10g，熔点146～147℃。滤液室温真空抽干，得顺式-1,2-二苯乙烯油状物3g。

分别测定顺式-1,2-二苯乙烯（液膜）和反式-1,2-二苯乙烯（溴化钾）的红外光谱。

【思考题】

1. 顺式-1,2-二苯乙烯和反式-1,2-二苯乙烯的红外光谱图中如何区分其顺反构型？

2. 维悌希反应中除用叶立德外，还有哪些方法？

3. 一般的叶立德制备需要什么条件？为什么？

实验45　消炎痛的制备及含量测定

Ⅰ. 对甲氧基苯肼磺酸钠的制备

【实验目的】

1. 通过本实验掌握亚硝化反应的方法与原理。

2. 掌握Zn-HAc还原方法与原理。

【实验原理】

以对甲氧基苯胺为起始原料，经亚硝化反应，生成重氮盐，再与亚硫酸钠成盐。随后用锌粉还原，生成甲氧基苯肼磺酰钠。

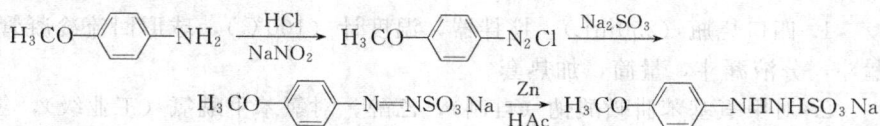

$$H_3CO-\underset{}{\bigcirc}-NH_2 \xrightarrow[NaNO_2]{HCl} H_3CO-\underset{}{\bigcirc}-N_2Cl \xrightarrow{Na_2SO_3}$$

$$H_3CO-\underset{}{\bigcirc}-N=NSO_3Na \xrightarrow[HAc]{Zn} H_3CO-\underset{}{\bigcirc}-NHNHSO_3Na$$

【仪器与试剂】

1. 四口烧瓶（250mL），搅拌器，温度计（—50～50℃，100℃），球形回流冷凝管，抽滤装置，滴液漏斗，分液漏斗，量筒，加热套。

2. 对甲氧基苯胺，亚硝酸钠（C. P.），淀粉-KI 指示剂，亚硫酸钠（C. P.），盐酸（C. P.），冰醋酸（C. P.），氢氧化钠（30%），锌粉。

【实验步骤】

在装有搅拌、温度计和滴液漏斗的四口烧瓶中，加入对甲氧基苯胺 10g、盐酸 20mL、水 43mL，搅拌，稍加热溶解，然后用冰水浴冷却，在 0～5℃ 内滴加亚硝酸钠溶液[1]（5.7g 亚硝酸钠溶于 13mL 水中），约需 20min，用淀粉-KI 指示剂测定终点，到达反应终点后继续搅拌 15min，然后在 8℃ 以下缓缓滴加碱液调节 pH 至 6，然后在 10℃ 左右迅速加入亚硫酸钠 13.5g，在 20～25℃ 搅拌 0.5h，升温至 55℃，缓缓加入冰醋酸 15mL，再将锌粉[2]7.5g 分批加入，在 80～85℃ 搅拌反应 0.5h，加入 15mL 水后趁热过滤，滤液置冰水浴中冷却 0.5h，使结晶析出完全，过滤，并用少量水洗，抽干，即得对甲氧基苯肼磺酸钠[3]，湿重约 20g。

【思考题】

1. 为什么重氮化反应温度要控制在 0～5℃？温度过高会怎样？
2. 加入亚硫酸钠后，为什么要先在 20～25℃ 搅拌 0.5h，然后再加热至 55℃？

【附注】

[1] 加亚硝酸钠溶液不宜过快，以免亚硝酸钠损失。
[2] 锌粉不可一次加入，否则易冲料，且还原不完全。
[3] 所得产品因不纯，不稳定，应浸泡在水中保存。

Ⅱ. N-对氯苯甲酰对甲氧基苯肼（简称氯肼）的制备

【实验目的】

掌握氨基与酰氯的缩合反应方法与原理。

【实验原理】

对甲氧基苯肼磺酸钠与对氯苯甲酰氯在碱性条件下缩合，生成 N-对氯苯甲酰对甲氧基苯肼。

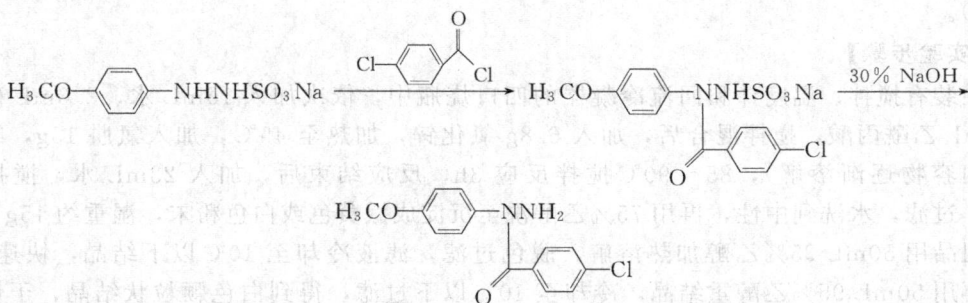

$$H_3CO-\underset{}{\bigcirc}-NHNHSO_3Na \xrightarrow{} H_3CO-\underset{}{\bigcirc}-NNHSO_3Na \xrightarrow{30\% NaOH}$$

$$H_3CO-\underset{}{\bigcirc}-NNH_2$$

【仪器与试剂】

1. 四口烧瓶（250mL），搅拌器，温度计（100℃），球形回流冷凝管，抽滤装置，滴液漏斗，分液漏斗，量筒，加热套。

2. 对甲氧基苯肼磺酸钠（自制），乙醇，对氯苯甲酰氯（工业级），氢氧化钠（30%）。

【实验步骤】

在装有搅拌、温度计的四口烧瓶中，加入对甲氧基苯肼磺酸钠（抽干的湿品）、70mL水，搅拌，加热至40～50℃，使其溶解，然后加入45mL乙醇，冷却至20℃，滴加对氯苯甲酰氯10mL，在30℃[1]下搅拌反应0.5h，然后在1h内缓缓升温至70～80℃，搅拌反应1h，然后冷却至60℃以下滴加碱液，调节pH至10～11，在60～65℃搅拌反应15min，然后冷却至20℃，过滤，水洗至中性，抽干，干燥，得氯肼约15g，熔点132～135℃。计算前两步收率。

【思考题】

1. 对甲氧基苯肼磺酸钠肼基上有两个氮原子，为什么反应只发生在临近苯环的一个氮上？

2. 为什么要滴加对氯苯甲酰氯？

【附注】

[1] 加对氯苯甲酰氯后，反应温度开始时不要超过30℃，以免酰氯分解。

Ⅲ. 消炎痛的制备

【实验目的】

1. 掌握氯肼与乙酰丙酸环合的原理、方法。

2. 掌握重结晶制备消炎痛多晶形[1]的方法。

【实验原理】

乙酰丙酸在酸性条件下与肼基环合成吲哚类化合物。

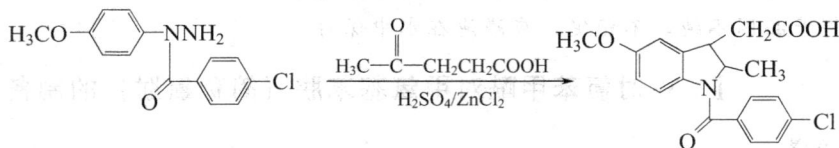

【仪器与试剂】

1. 四口烧瓶（250mL），搅拌器，温度计（100℃），球形回流冷凝管，抽滤装置，滴液漏斗，分液漏斗，量筒，加热套。

2. 氯肼（自制），浓硫酸（C.P.），乙酰丙酸（工业级），氯化锌（C.P.），乙醇（95%）。

【实验步骤】

在装有搅拌、温度计和回流冷凝器的四口烧瓶中，依次加入15mL水、2.3mL硫酸和10.5mL乙酰丙酸，搅拌混合后，加入6.8g氯化锌，加热至45℃，加入氯肼15g，继续升温（内容物逐渐溶解），85～90℃搅拌反应3h，反应结束后，加入23mL水，搅拌冷至20℃，过滤，水洗到中性，再用75%乙醇洗至沉淀成微黄色或白色粉末，湿重约15g。

粗品用50mL 95%乙醇加热溶解，脱色过滤，滤液冷却至10℃以下结晶，快速过滤，滤饼再用50mL 95%乙醇重结晶，冷却至10℃以下过滤，得到白色颗粒状结晶，干燥，得

10g 消炎痛，熔点 158～160℃。计算收率。

【思考题】

1. 在此反应中，氯化锌起何作用？
2. 加热温度低于 80℃会出现什么现象？

【附注】

[1] 消炎痛有两种晶形，一种是絮状，熔点低，溶解度大；另一种是颗粒状，熔点高，溶解度小。在重结晶过程中，如得到絮状结晶，应再溶解重新结晶，如得到 2 种晶体的混合物，可控制加热温度和时间，使絮状溶解，留下颗粒状结晶作晶种。

Ⅳ. 消炎痛含量测定

【实验目的】

掌握消炎痛含量测定方法。

【实验原理】

消炎痛分子中含有羧酸基团，利用酸碱滴定，可以对消炎痛含量进行测定。

【仪器与试剂】

1. 天平，移液管，滴定管，容量瓶（250mL）。
2. 消炎痛（自制），乙醇（A.R.），氢氧化钠标准溶液（0.1mol·L^{-1}），酚酞指示剂。

【实验步骤】

准确称量本品约 0.5g，加 30mL 乙醇，微热溶解，冷至室温，加水 20mL，加酚酞指示剂 8 滴，迅速用氢氧化钠溶液（0.1mol·L^{-1}）滴定，并将滴定的结果用空白实验校正。每 1mL 的氢氧化钠溶液（0.1mol·L^{-1}）相当于 35.78mg 的消炎痛。

实验 46　明胶的制备及其胶凝性质

【实验目的】

1. 学习从动物皮、骨或结缔组织中提取胶原制备明胶的方法。
2. 掌握明胶胶凝的性质。

【实验原理】

明胶是动物结缔组织中的胶原转化成的蛋白质，既是有机分子，也是高分子物质。胶原是动物结缔组织的主要成分之一，不溶于水，经转化成水溶型的、能凝冻的物质即明胶。因此明胶是一种动物胶。在我国药典记载的动物胶有：鹿胶、牛胶、鼠胶、鱼胶、黄明胶、白胶、龟板胶、龟鹿二仙胶、虎骨胶、鳖甲胶、明胶、阿胶、甘油明胶等近 20 种。

1. 明胶的分类

（1）明胶按照处理方法不同可以分为酸法胶（原料在酸性介质中预处理后在酸性介质中提取得的明胶，亦称 A 型胶）、碱法胶（原料在碱性介质中预处理，在近中性介质中提取的明胶，亦称 B 型胶）、酶法胶（原料经酶预处理，在适度 pH 值的介质中提取的明胶）。

（2）明胶按照品质不同可以分为高档明胶（原料预处理后经温和水解所得到的较高质量的明胶，一般简称明胶）、低档明胶（原料预处理经温和提取高质量的明胶后，再升高温度提取的低质量的明胶，常见的为皮胶）和骨胶（骨料预处理后经较强烈条件提取的低质量的明胶）。

（3）明胶按用途可分为食用明胶、照相明胶、药用胶、工业胶和皮胶。

2. 明胶生产工艺

（1）原料→漂洗→去毛→切碎→漂泡→入锅→加水→熬煮→提取→去渣→过滤→静置去杂→浓缩→凝冻→切块→阴干→成品。

（2）原料→分类→破碎→筛分→提浊→净化→浸酸或碱→水洗→复处理（碱）→水洗→中和→提胶→过滤→浓缩→冷冻成型→干燥→粉碎→成品。

3. 胶原转变成明胶的过程

（1）热变性　该过程使得氢键或静电性键断裂，引起胶原螺旋解体，相互缠绕的链彼此松开，进入溶液，形成许多无规线团。这个过程在约 40℃ 发生。但是单靠这个热变性过程还不足以使成熟的胶原转化为明胶，因为交联的稳定因素在起作用。

（2）共价交联的水解　胶原纤维的结构是由交联的多条去肽链组成的。其中的交联键至少断裂成明胶碎片，才能制得明胶。实际上，断裂键是随机过程，由所处条件下的概率决定，与 pH 值及温度直接相关。

4. 明胶的主要组分

明胶原料的胶原组织含有各种各样的物质，因而制得的明胶中含有水分以及原料和处理过程中残留的杂质。明胶中的氨基酸成分见表 5-5。

表 5-5　几种明胶中氨基酸含量（以每 1000 个残基中所含氨基酸残基计）

氨基酸残基名称	牛皮胶原	碱法骨胶	酸法猪皮胶
赖氨酸	24.8	27.6	26.2
羟基赖氨酸	5.2	4.3	5.9
组氨酸	4.8	4.2	6.0
精氨酸	47.9	48.0	48.2
天冬氨酸	47.3	46.7	46.8
谷氨酸	72.1	72.6	72.0
脯氨酸	129.0	124.2	130.4
羟基脯氨酸	94.1	93.3	95.5
丝氨酸	39.2	32.8	36.5
苏氨酸	16.6	18.3	17.1
甘氨酸	336.5	335.0	326.0
丙氨酸	106.6	116.6	110.8
缬氨酸	19.5	21.9	21.9
蛋氨酸	3.9	3.9	5.4
亮氨酸	24.0	24.3	23.7
异亮氨酸	11.3	10.8	9.6
酪氨酸	4.6	1.2	3.2
苯丙氨酸	12.6	14.0	14.4
附:酰胺基	41.8	15.7	40.8

5. 明胶的物理性质

明胶的物理性质主要包括溶胀与溶解性、光性质和热性质、凝聚与凝胶化性质等。

明胶的分子很大，在溶液中，随着介质的 pH 不同，带电的情况也不一样。当溶液在一定 pH 时，呈两性离子状态，这时电荷的总代数和为零，此 pH 就是明胶溶液的等电点（pI）。

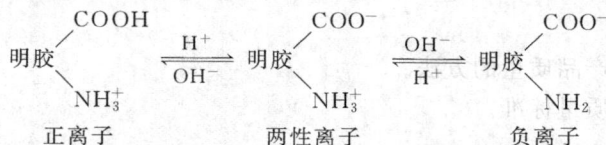

$$明胶 \overset{\begin{array}{c}COOH\\|\end{array}}{\underset{\begin{array}{c}|\\NH_3^+\end{array}}{}} \underset{OH^-}{\overset{H^+}{\rightleftharpoons}} 明胶 \overset{\begin{array}{c}COO^-\\|\end{array}}{\underset{\begin{array}{c}|\\NH_3^+\end{array}}{}} \underset{H^+}{\overset{OH^-}{\rightleftharpoons}} 明胶 \overset{\begin{array}{c}COO^-\\|\end{array}}{\underset{\begin{array}{c}|\\NH_2\end{array}}{}}$$

正离子　　　　　　两性离子　　　　　　负离子

明胶水溶液的胶体性质因水合作用而发生。明胶分子的侧链分布着各种不同的极性基团，为极性区。水分子在极性基团上以氢键结合，形成水分子膜包围的明胶分子。

【仪器与试剂】

1. 烧杯，小刀，尼龙滤布，恒温水浴槽，搪瓷盘，温度计。
2. 盐酸溶液（1+1），酚酞指示剂，甲醛，过氧化氢，过硫酸铵饱和溶液。

【实验步骤】

1. 猪皮的准备

将新鲜猪皮刮去皮下脂肪，经清洗后，在 2%～4% 的石灰水中浸泡 2～3 天（pH 为 12～12.5）当猪皮发白松软后取出，用水清洗，切成 1cm² 的小块，备用。

2. 明胶的制备

取制备好的猪皮 100g，用自来水反复冲洗，洗至酚酞试验为浅红色。然后用盐酸稀溶液反复洗涤，保持洗涤液的 pH 为 2.5～3。再用清水反复洗净酸液。

将猪皮放入 250mL 烧杯中，加入适量水（加水量以浸没猪皮并超出 1cm 为宜），以精密 pH 试纸检验，用稀盐酸调节 pH 为 5.5 左右。将烧杯置于恒温水浴中，保持温度在 60～65℃ 提胶 6h，提胶过程中要经常搅拌。提胶完毕后，趁热用细尼龙布过滤胶液，除去皮渣，所得胶液在减压下蒸发除去水分，蒸馏温度保持在 60～70℃，至胶液量为 60mL 左右，取出剩余胶液加 2～3 滴过氧化氢，倒入搪瓷盘中，冷却后凝固，用小刀划成小块放入烘箱中，在 50℃ 左右烘干，即得白色透明明胶。称量，计算产率。

3. 明胶的性质实验

（1）在 100mL 烧杯中加入 5g 明胶、40mL 水，在 60～70℃ 的水浴中加热，观察明胶溶解成均匀的胶体溶液。取出烧杯放入冷水中充分冷却，观察凝胶的形成，将生成的凝胶再放入温水浴中加热，明胶又溶解，冷后重新胶凝，解释明胶的可逆性胶凝现象。然后将明胶溶液溶解进行以下实验。

（2）取明胶溶液 5mL，共四份，分别加水 5mL、10mL、15mL、20mL 稀释，水浴中温热使其溶解均匀，充分冷却，观察是否形成凝胶以及胶凝的强度，解释明胶的浓度对凝胶的形成及凝胶强度的影响。

（3）取明胶溶液 5mL，滴加饱和硫酸铵 1mL，观察沉淀的产生，然后在水浴中温热，观察沉淀是否溶解，冷却后是否再形成凝胶。

（4）取明胶溶液 5mL，加入甲醛溶液 5 滴，冷却使其胶凝，再在温水浴中加热，观察凝胶是否再溶解，解释凝胶的不可逆性。

【注意事项】

提胶温度一般在 60～65℃，温度过高，胶原水解过度，分子量变小，影响明胶的胶性；温度太低，则提取率太低。增加提胶时间和次数可以提高明胶的收率。

实验 47　食品明胶质量标准及检验

【实验目的】

1. 学习检验明胶产品质量的方法。

2. 了解明胶产品质量标准。

【实验原理】

1. 产品分类

食用明胶分成 A 型与 B 型（A 型为酸法明胶，B 型为碱法明胶，二者等离子点 pI 显著不同）以及骨类与皮类。再将每一类明胶都分为 A、B、C 三级，A 级为国际先进水平，B 级为国际一般水平，C 级为合格产品（企业可再将 A、B、C 三级细分为 A$_1$、A$_2$、A$_3$、B$_1$、B$_2$、B$_3$、C$_1$、C$_2$、C$_3$、C$_4$ 等小级，称为"骨 A 型 A$_1$ 级食用明胶"、"皮 B 型 A$_1$ 级食用明胶"，依此类推）。

2. 理化指标（见表 5-6）

表 5-6　食用明胶的理化指标

| 项　　目 | A 型 | | | | | | B 型 | | | | | |
| | 骨食用明胶 | | | 皮食用明胶 | | | 骨食用明胶 | | | 皮食用明胶 | | |
	A 级	B 级	C 级	A 级	B 级	C 级	A 级	B 级	C 级	A 级	B 级	C 级
水分/% ≤	14						14					
灰分/% ≤	1.0	2.0	2.0	1.0	2.0	2.0	1.0	2.0	2.0	1.0	2.0	2.0
二氧化硫/mg·kg^{-1} ≤	40	100	150	40	100	150	40	100	150	40	100	150
pH	4.5～6.5						5.5～7.0					
等离子点 pH	7.0～9.0						4.7～5.2					
水不溶物/% ≤	0.2						0.2					
铬/mg·kg^{-1} ≤	—			1.0		2.0	—			1.0		2.0

【仪器与试剂】

1. 分光光度计，磁力搅拌器，分析天平，超级恒温器（可控制温度 10～100℃±0.1℃），平底带盖铝制或不锈钢小盒（直径 70～75 mm，高 15 mm，质量小于 20g），烘箱（可控制温度 105℃±2℃），pH 计（±0.01pH 单位），秒表（准确到 0.01s），温度计（准确至 0.1℃），碱式滴定管（50mL），高温炉（可升温至 700℃），圆底烧瓶（500mL），三角烧瓶（250mL），玻璃烧杯（600mL），直形冷凝管（24$^{\#}$，400mm），砂芯玻璃坩埚，瓷坩埚，干燥器。

2. 甲基红-亚甲基蓝混合指示剂：0.5g 甲基红和 0.33g 亚甲基蓝溶于 200mL 乙醇中。

3. 硫酸溶液（1+4，1mol·L^{-1}），过氧化氢溶液（1+9），氢氧化钠（0.025mol·L^{-1}），磷酸二氢钾标准缓冲液（pH 6.0），高锰酸钾溶液（0.5%），尿素溶液（10%），亚硝酸钠溶液（10%），焦磷酸钠溶液（0.5%）。

4. 二苯碳酰二肼丙酮溶液：称取 0.125g 二苯碳酰二肼 [CO(NH·NH·C$_6$H$_5$)$_2$，分析纯]，溶于由 25mL 丙酮和 25mL 水配成的混合液中，现用现配，放置于暗处。

5. 铬标准储备液：0.02mg·mL^{-1}，准确称取 0.0566g 重铬酸钾（优级纯，在玛瑙研钵中研细，并在 105～110℃干燥 3～4h 后，置于干燥器中冷却），置于小烧杯中，用水溶解，移入 100mL 容量瓶中，加水至刻度。

6. 阳离子交换树脂732型，阴离子交换树脂717型。

【实验步骤】

1. 水分测定

（1）步骤　准确称取 0.9～1.1g（准确至 0.001g）胶样，放入已知恒重的平底铝制或不锈钢小盒中，加入蒸馏水 10mL，膨胀 30min 后，将小盒去盖放在红外灯下加热，温度调节至 105～110℃，将胶样溶解，然后蒸至基本干燥。

将小盒移至烘箱中，在 105℃±2℃下烘 2h，在烘箱中将小盒盖严，取出置于干燥器内，冷却至室温，在分析天平上称量。

将小盒再移至烘箱中烘 30min 后，盖严盖子，取出，干燥器内冷却至室温，称量，直至两次质量相差小于 3mg。

（2）含水量计算　按下式计算：

$$X_1 = \frac{m - m_2}{m - m_1} \times 100\% \tag{5-25}$$

式中，X_1 为胶样含水量，%；m_1 为空盒的质量，g；m_2 为空盒加烘干后胶样的总质量，g；m 为空盒加原胶样总质量，g。

2. 灰分测定

（1）步骤　预先将坩埚灼烧至恒重。称取胶样 1g（以 12% 水分计），准确至 1mg，置于坩埚中。将坩埚置于弱火上焙烧，直至有机物完全烧去后，将坩埚置于 600℃±50℃高温炉中灼烧，使黑色炭氧化至坩埚中留下白色或淡黄色灰分为止。

取出坩埚放在干燥器中冷却至室温，然后称其质量。重复上述操作直至两次质量相差小于 2mg 为恒重。

（2）结果计算　灰分含量（X_2）按下式计算：

$$X_2 = \frac{G_2 - G_1}{G - G_2} \times 100\% \tag{5-26}$$

式中，X_2 为灰分含量，%；G 为胶样加坩埚的质量，g；G_1 为坩埚的质量，g；G_2 为灼烧后坩埚与残渣总的质量，g。

3. 二氧化硫的测定

（1）步骤　如图 5-19 所示，在 500mL 烧瓶内放入 75mL 蒸馏水和 20.0g 胶，溶胀后加入 25mL 硫酸溶液（1+4），使烧瓶与冷凝管连接，另外在接收器内放入 20mL 过氧化氢（1+9），并中和至指示剂终点（在过氧化氢内加入 2 滴甲基红-亚甲基蓝指示剂，颜色即呈浅紫色，用氢氧化钠中和到终点时，颜色呈草绿色）。将冷凝管用接管导入过氧化氢底部，加热煮沸三角烧瓶中的蒸馏水，将蒸气通入烧瓶的底部，收集 80mL 馏出液，包括 20mL 过氧化氢，接收器内溶液总体积为 100mL，补加甲基红-亚甲基蓝指示剂 1 滴，用氢氧化钠标准溶液滴定至颜色呈草绿色为终点。

（2）结果计算　明胶二氧化硫含量（X_3）按下式计算：

$$X_3 = \frac{c(V - V_1) \times 0.064 \times \frac{1}{2}}{G} \times 10^6 \tag{5-27}$$

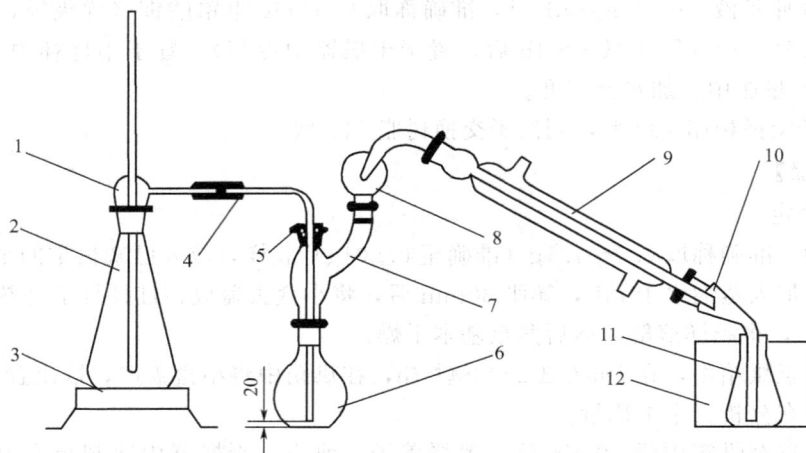

图 5-19　二氧化硫测定装置

1—24[#]标准磨塞接管；2—1000mL 24[#]标准磨口三角烧瓶；3—可调式控温电炉；

4—乳胶管；5—24[#]标准磨塞接管；6—500mL 24[#]标准磨口短颈平底烧瓶；

7—24[#]标准磨口平行三通连接管（U形连接管）；8—24[#]标准磨口回液管；

9—400mm 24[#]标准磨口直形冷凝管；10—24[#]标准磨口蒸馏接收管；

11—冷凝液接收瓶；12—冰水浴

式中，X_3 为二氧化硫含量，$mg\cdot kg^{-1}$；c 为标准氢氧化钠溶液的摩尔浓度，$mol\cdot L^{-1}$；V 为消耗标准氢氧化钠溶液的体积，mL；V_1 为空白消耗标准氢氧化钠溶液的体积，mL；0.064 为二氧化硫的摩尔质量，$g\cdot mmol^{-1}$；G 为称取样品质量，g。

4. pH 的测定

首先用 pH 6.0 的磷酸二氢钾溶液校正 pH 仪。然后配制 1%胶液，在 35℃ 温度下，用 pH 仪测定胶液的 pH。

5. 等离子点测定

（1）步骤　精确称取胶样 0.50g，放入有 100mL 纯水的 250mL 三角烧瓶中，在 15℃ 左右膨胀 2～3h 后在 65℃±2℃ 水中溶解。待胶液冷却至 32℃ 左右时，称取阴、阳离子交换树脂各 1.5g，置于胶液中，在胶液中放入搅拌磁子，将三角烧瓶置于磁力搅拌器平台上，于 30℃±2℃ 水浴中自动搅拌 1h。倾出胶液到 30mL 烧瓶中，用 pH 仪测定 pH。

（2）结果表示　pH 仪测定的 pH 值为胶的等离子点。

6. 水不溶物测定

（1）步骤　将玻璃坩埚在 105～110℃ 烘干，称量（W_1）。称取 10g±1g 胶样（W，准确至 0.1g），倒入烧杯中，加蒸馏水膨胀，并使之成 500g 胶液。将胶液通过玻璃坩埚抽滤。用热水洗坩埚上残渣 3 次。

将坩埚置于 105～110℃ 烘箱里烘干。从烘箱中取出坩埚，置于干燥器中冷却至室温，称量。重复上述操作，直至恒重（W_2）。

（2）结果计算

$$X_4 = \frac{W_2 - W_1}{W} \times 100\% \qquad (5-28)$$

式中，X_4 为水不溶物含量，%；W_1 为坩埚的质量，g；W_2 为坩埚与残渣的质量，g；W 为胶样的质量，g。

7. 铬的测定

（1）绘制标准工作曲线　吸取铬标准溶液 0.00mL、0.20mL、0.40mL、0.60mL、1.00mL、1.60mL、2.00mL、2.60mL，分别相当于含铬 0.0mg、4.0mg、8.0mg、12.0mg、20.0mg、32.0mg、40.0mg、52.0mg。置于烧杯中，分别加入 $1mol \cdot L^{-1}$ 硫酸 10mL 及纯水 10mL，加热煮沸，滴加 0.5％高锰酸钾至溶液不褪色，冷却，移入 50mL 容量瓶中，加入 10％尿素溶液 10mL，剧烈振摇下滴加 10％亚硝酸钠溶液至溶液褪色。加入 0.5％焦磷酸钠溶液 2.0mL、二苯碳酰二肼 0.5mL。补足水分至刻度，摇匀，放置半小时于波长 540nm 处测定吸光度值，绘制 $c_{Cr}\text{-}A_{540}$ 标准工作曲线。

（2）样品预处理及测定　准确称取明胶样品 1.000g 于坩埚中，缓慢升温，使之炭化，放冷。加浓硝酸数滴，慢慢加热，气体停止逸出时，移入马弗炉中 600℃下热至所有黑色颗粒消失（2h），取出，待冷却后加 $1mol \cdot L^{-1}$ 硫酸 10mL 和纯水 20mL 使残渣溶解，在水浴上加热 5min。滴加 0.5％高锰酸钾煮沸，溶液紫红色消失时再滴加 0.5％高锰酸钾溶液煮沸，如此反复直至紫红色不褪为止，放冷，加 10％尿素溶液 10mL，剧烈振摇下滴加 10％亚硝酸钠溶液，直至过量的高锰酸钾完全消除，溶液无色。如二氧化锰明显存在则过滤。把溶液移入 50mL 容量瓶中，加入 0.5％焦磷酸钠溶液 2mL、二苯碳酰二肼溶液 0.5mL，摇匀，加纯水至刻度，放置 30min。

取上述溶液，在 540nm 波长处测定出吸光度值，即可在 $c_{Cr}\text{-}A_{540}$ 标准曲线上查到明胶样品的铬含量。

实验 48　明胶相对分子质量的测定

【实验目的】
1. 了解 SDS-聚丙烯酰胺凝胶电泳法的原理。
2. 学习测定明胶蛋白相对分子质量的方法。

【实验原理】
由于不同的大分子化合物所带电荷的差异和分子大小不同，聚丙烯酰胺凝胶电泳能将不同的大分子化合物分开。如果将电荷差异这一因素除去或减小到可以忽略不计的程度，这些化合物在凝胶上的迁移率则完全取决于相对分子质量。

SDS 是十二烷基磺酸钠（sodium dodecyl sulfate）的简称，它是一种阴离子表面活性剂，可按一定比例与蛋白质分子结合成带负电荷的复合物。由于其负电荷远远超过蛋白质分子原有的电荷，因此可以降低或消除不同蛋白质之间原有的电荷差别，这样就使电泳迁移率只取决于分子大小，从而可根据标准蛋白质的相对分子质量的对数与迁移率所作的标准曲线求得未知蛋白质的相对分子质量。

SDS-聚丙烯酰胺电泳（SDS-PAGE）可以用圆盘电泳，也可以用垂直平板电泳。本实验采用常用的垂直平板电泳，样品的起点一致，便于比较。

【仪器与试剂】
1. 直流稳压电泳仪，垂直平板电泳槽，移液器（1.0mL，$200 \mu L$，$20 \mu L$），微量注射器（$20 \mu L$）；烧杯，试管，滴管，直尺。
2. 凝胶储备液：丙烯酰胺（Acr）29.2g，亚甲基双丙烯酰胺（Bis）0.8g，加高纯水至

100mL，外包锡纸，4℃冰箱保存，30 天以内使用。

3. 分离胶缓冲液（1.5mol·L^{-1} Tris-HCl，pH＝8.8）：称取 18.15g Tris（三羟甲基氨基甲烷），加高纯水约 80mL，用 1mol·L^{-1} HCl 调 pH 到 8.8，用高纯水稀释至最终体积为 100mL，4℃冰箱保存。

4. 浓缩胶缓冲液（0.5mol·L^{-1} Tris-HCl，pH＝6.8）：称取 6g Tris，加 60mL 高纯水，用 1mol·L^{-1} HCl 调至 pH6.8，用高纯水稀释至最终体积为 100mL，4℃冰箱保存。

5. SDS(10％，室温保存)，溴酚蓝（0.1％）。

6. 还原缓冲液（按表 5-7 比例配制）

表 5-7　还原缓冲液配比

0.5mol·L^{-1} Tris-HCl，pH 6.8	2.5mL	质量分数 0.1％溴酚蓝	0.5mL
甘油	2.0mL	β-巯基乙醇	1.0mL
质量分数 10％ SDS	4.0mL	总体积	10mL

7. 非还原缓冲液（按表 5-8 比例配制）

表 5-8　非还原缓冲液配比

高纯水	1.0mL	质量分数 10％ SDS	4.0mL
0.5mol·L^{-1} Tris-HCl，pH 6.8	2.5mL	质量分数 0.1％溴酚蓝	0.5mL
甘油	2.0mL	总体积	10mL

8. 电极缓冲液（pH＝8.3）：Tris 3g，甘氨酸 14.4g，加高纯水至 1000mL，4℃冰箱保存。

9. 低相对分子质量标准蛋白质（上海产），开封后溶于 200μL 高纯水，加 200μL 还原缓冲液，分装 20 小管，－20℃保存。临用前沸水浴 3～5min。其相对分子质量（M_t）见表 5-9。

表 5-9　蛋白质相对分子质量

标准蛋白质	M_t	标准蛋白质	M_t
兔磷酸化酶 B	97400	牛碳酸酐酶	31000
牛血清白蛋白	66200	胰蛋白酶抑制剂	20100
兔肌动蛋白	43000	鸡蛋清溶菌酶	14400

10. 过硫酸铵（10％质量分数，现用现配），琼脂（1.5％，1.5g 琼脂溶于 100mL 水中，加热至沸腾，未凝固前使用），染色液（0.25g 考马斯亮蓝 R250，加入 91mL50％甲醇、9mL 冰醋酸），脱色液（50mL 甲醇＋75mL 冰醋酸＋875mL 水）。

11. N,N,N',N'-四甲基乙二胺（TEMED）。

12. 待测相对分子质量的样品。

【实验步骤】

1. 垂直平板电泳槽的安装

先把垂直平板电泳槽和两块玻璃板洗净，晾干。通过硅胶带将两块玻璃板紧贴于电泳槽（玻璃板之间留有空隙），两边用夹子夹住。将 1.5％的琼脂熔化，冷至 50℃左右，用吸管吸取热的琼脂，沿电泳槽的两边条内侧加入电泳槽的底槽中，封住缝隙，冷后琼脂凝固，待用。

2. 分离胶的选择和配制方法

（1）按照蛋白质不同的相对分子质量选用不同浓度的分离胶（见表5-10）。

表5-10　分离胶的选择

蛋白质相对分子质量的范围	分离胶的浓度/%
$<10^4$	$20\sim30$
$1\times10^4\sim4\times10^4$	$15\sim20$
$4\times10^4\sim1\times10^5$	$10\sim15$
$1\times10^5\sim5\times10^5$	$5\sim10$
$>5\times10^5$	$2\sim5$

（2）不同分离胶的配制方法（见表5-11）

表5-11　分离胶的配制

分离胶的浓度/%	20	15	12	10	7.5
高纯水/mL	0.75	2.35	3.35	4.05	4.85
$1.5mol\cdot L^{-1}$ Tris-HCl,(pH=8.8)/mL	2.5	2.5	2.5	2.5	2.5
10% SDS/mL	0.1	0.1	0.1	0.1	0.1
凝胶储备液/mL	6.6	5.0	4.0	3.3	2.5
10%过硫酸铵/μL	50	50	50	50	50
TEMED/μL	5	5	5	5	5
总体积/mL	10	10	10	10	10

3. 分离胶的灌制

根据待测样品的相对分子质量选择合适的分离胶浓度。

在15mL试管中选择表5-11中适宜的分离胶，分别加入相应的体积，由于加入TEMED后凝胶开始聚合，所以应立即混匀混合液，然后用滴管吸取分离胶，在电泳槽的两玻璃板之间灌注，留出梳齿的齿高加1cm的空间以便灌注浓缩胶。用滴管小心地在溶液上覆盖一层水，将电泳槽垂直置于室温下约$30\sim60min$，分离胶则聚合，待分离胶聚合完全后，除去覆盖的水（尽可能去干净）。

4. 浓缩胶的配制和灌制

一般采用5%的浓缩胶，配制方法：水2.92mL、$0.5mol\cdot L^{-1}$ Tris-HCl（pH6.8）1.25mL、10% SDS 0.05mL、凝胶储备液0.8mL、10%过硫酸铵25μL、TEMED 5μL，在试管中混匀，灌注在分离胶上。小心插入梳齿，避免混入气泡，将电泳槽垂直静置于室温下至浓缩胶完全聚合（约30min）。

5. 样品的制备

（1）标准蛋白质样品的制备　取出一管预先分装好的20μL的低分子量标准蛋白质，放入沸水浴中加热$3\sim5min$，取出冷至室温。

（2）待测蛋白质样品的制备

① 10μL待测蛋白质样品加10μL还原缓冲液。

② 10μL待测蛋白质样品加10μL非还原缓冲液。

6. 电泳

（1）待浓缩胶完全聚合后，小心拔出梳齿，用电极缓冲液洗涤加样孔（梳孔）数次，然后将电泳槽注满电极缓冲液。

（2）用微量注射器按号向凝胶梳孔内加样。

（3）接上电泳仪，上电极接电源的负极，下电极接电源的正极。打开电泳仪电源开关，调节电流至 20～30mA 并保持电流强度恒定。待蓝色的溴酚蓝条带迁移至距凝胶下端 1cm 时，停止电泳。

7. 染色与脱色

小心地将胶取出，置于一大培养皿中，在溴酚蓝条带的中心插一细钢丝作为标志。加染色液染色 1h，倾出染色液，加入脱色液，数小时更换一次脱色液，直至背景清晰。

8. 相对分子质量的计算

用直尺分别量出标准蛋白质、待测蛋白质区带中心以及钢丝距分离胶顶端的距离，按下式计算相对迁移率：

$$相对迁移率 = \frac{样品迁移距离（cm）}{染料迁移距离（cm）} \qquad (5\text{-}29)$$

以标准蛋白质的相对分子质量的对数对相对迁移率作图，得到标准曲线。根据待测蛋白质样品的迁移率，从标准曲线上查出相对分子质量。

【注意事项】

1. 分离胶的体积应根据垂直平板电泳槽的大小而定。

2. 考马斯亮蓝染色可监测微克水平的蛋白质。

3. 以上待测蛋白质样品与标准蛋白质样品一样，在沸水浴中加热 3～5min，取出冷至室温。

实验 49　四组分一锅合成吡唑并嘧啶吡喃衍生物

发展高选择性、高效、高原子经济性、反应条件温和及环境友好的合成方法一直是有机合成化学中最活跃的研究领域之一，尤其是利用多组分一锅反应合成杂环化合物具有重要意义。传统的有机合成方法通常需分步进行，反应步骤多、选择性差、产率低、且操作繁琐。多组分一锅反应通过简单的反应原料构建结构复杂的有机化合物，由于反应可在一瓶内进行，只经一次合成操作即形成多个化学键而无需分离中间产物、改变反应条件或再次添加试剂，可以减少后处理和分离、提纯等步骤，因而可减少废弃物的产生，提高合成效率。同时该反应具有高选择性、高效率、条件温和、操作简便、产物收率高和符合原子经济性原则等优点，在组合化学和药物合成化学方面扮演着越来越重要的角色。

嘧啶核是许多药剂的核心结构，含有该结构的化合物具有广泛的生物活性。而且，吡喃骨架在许多天然产物和光致变色材料中是一个重要的结构片段。吡唑也是有机物中不可或缺的杂环化合物，它在许多医药和农用化学品工业中起着至关重要的作用。当在一个分子中存在两个或更多个不同的杂环结构时，会产生增强的药理活性。

葡甲胺，结构式见图 5-20，是由山梨糖醇衍生而来的氨基糖，它含有氨基、伯羟基和仲羟基，可分别通过氢键和提供的孤对电子激活化学反应中的亲核或亲电试剂。由于其具有非凡的特性，如低的毒性、低廉的价格、生物可降解性以及非腐蚀性质等，葡甲胺在有机合成中可作为有效的催化剂催化有机反应的进行。

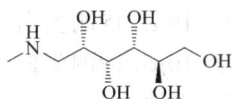

图 5-20　葡甲胺的结构

【实验目的】

1. 了解多组分反应的特性。
2. 学习制备吡唑并嘧啶吡喃化合物。
3. 通过红外和核磁确定化合物的结构。

【反应方程式及机理】

反应方程式及机理如图 5-21 和图 5-22 所示。

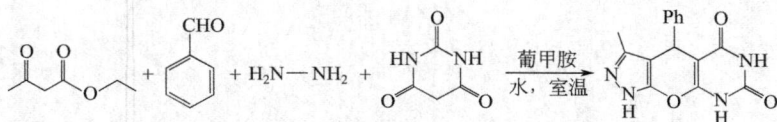

图 5-21　四组分一锅合成吡唑并嘧啶吡喃衍生物

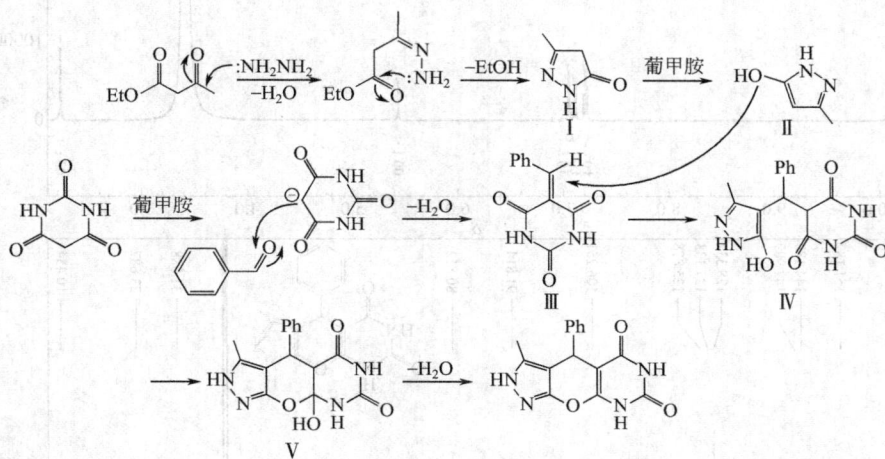

图 5-22　反应机理示意图

【仪器与试剂】

1. 仪器：磁力搅拌器、分析天平、熔点测定仪、圆底烧瓶 2 个（100mL）、量筒（25mL）、长颈漏斗。

2. 试剂：苯甲醛、乙酰乙酸乙酯、水合肼、巴比妥酸、葡甲胺、乙醇。

【实验步骤】

在室温条件下，称取乙酰乙酸乙酯（1.30g）、水合肼（0.49g），加入 100mL 圆底烧瓶中，加入葡甲胺 0.39g，水 40mL，再分别称取巴比妥酸（1.28g）、苯甲醛（1.06g）加入烧瓶中。将烧瓶固定在磁力搅拌器上进行反应，反应时间为 1h。待反应完成后，将析出的固体产品过滤，用乙醇进行重结晶。干燥得到白色固体 2.80g，产率约为 95％。测定其熔点为 218～219℃。

红外谱图：IR（KBr）（cm^{-1}）：3422，3028，1678，1631，1545，1474，1356；

核磁^{1}H NMR（DMSO-d_6，500MHz）：2.23（s，3H，CH$_3$），5.43（s，1H，CH），7.05（d，$J = 7.5$Hz，2H，HAr），7.11（t，$J = 7.5$Hz，1H，HAr），7.21（d，$J = 7.5$Hz，2H，HAr），10.13（s，2H，NH）；

核磁碳谱^{13}C NMR（DMSO-d_6，125MHz）：10.5，31.1，80.8，91.8，106.3，125.9，127.1，128.3，142.9，144.2，151.2，160.8。

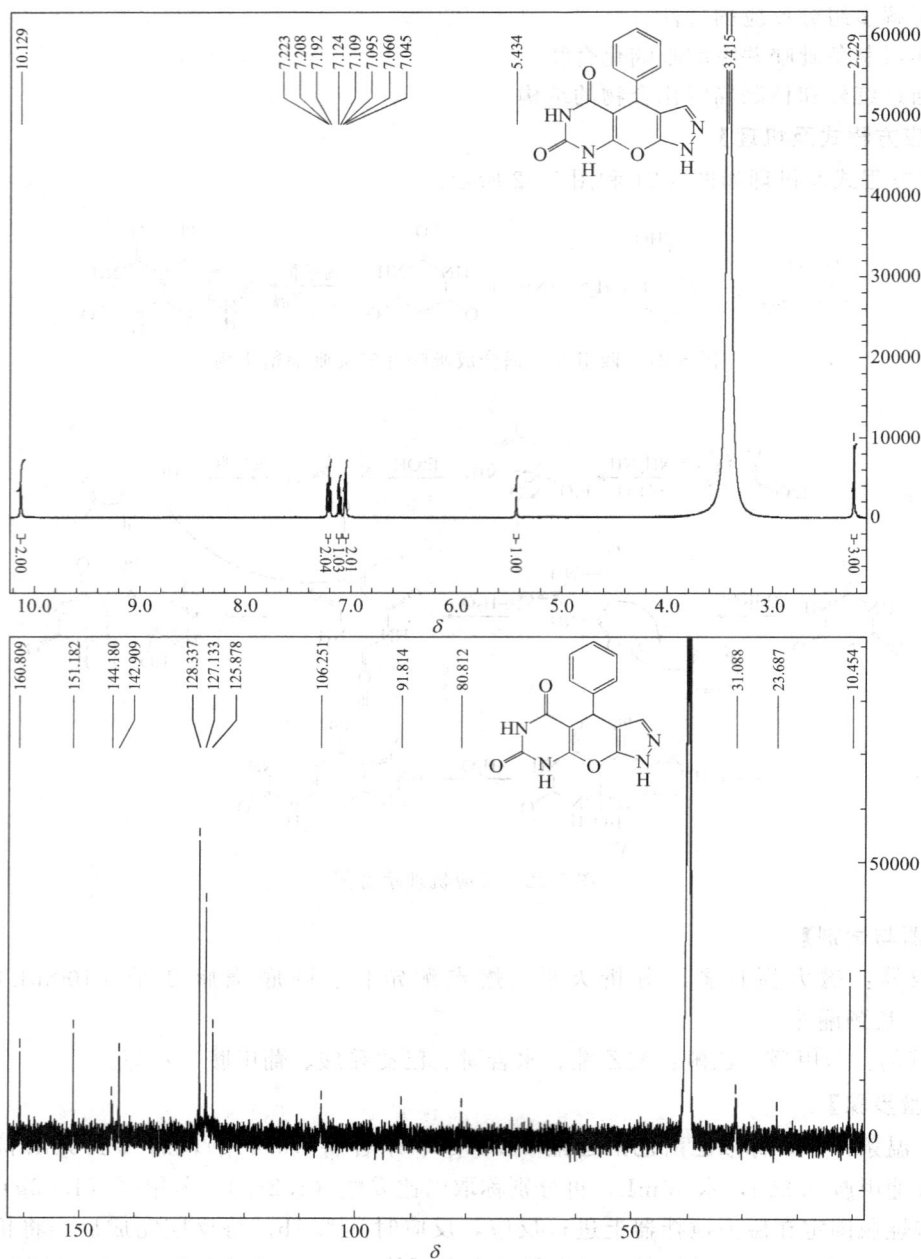

实验 50 降解聚酯瓶制备对苯二甲酸

【实验目的】

1. 了解聚对苯二甲酸乙二醇酯（PET）瓶的降解方法及原理。
2. 掌握乙二醇醇解 PET 瓶的实验方法。
3. 掌握对苯二甲酸的表征及分析方法。

【实验原理】

1. 背景资料

目前，市场上大量碳酸饮料、矿泉水、食用油等产品包装瓶几乎都是用聚对苯二甲酸乙二醇酯（PET，简称聚酯）制作的。据统计，我国年生产和消耗聚酯瓶在 12 亿只以上，折合聚酯废料为 6.3 万吨。世界范围内每年消耗的聚酯量为 1300 万吨，其中用于包装饮料瓶的聚酯量达 15 万吨。废旧聚酯瓶进入环境，不能自发降解，将造成严重的环境污染和资源浪费。因此如何有效地循环利用废旧聚酯瓶是一项非常重要、非常有意义的工作。废 PET 经化学解聚制备 PET 的初始原料为对苯二甲酸（TA）及乙二醇（EG），形成资源的循环利用，既可有效治理污染，又可创造巨大的经济和环境效益，是实现聚酯工业可持续发展战略的重要途径之一。

PET 的回收方法主要分为物理回收、化学回收、物理-化学回收三种。物理回收主要是通过切断、粉碎、加热熔化等工艺对 PET 进行再加工，加工过程没有明显的化学反应；化学回收方法是指 PET 在热和化学试剂的作用下发生解聚反应，转化为中间原料或是直接转化为单体；物理-化学回收是近年来发展的"瓶到瓶"回收新工艺，将清洗后的 PET 瓶片造粒、结晶，并进行固相缩聚增黏，得到可用于生产饮料瓶的 PET 切片。目前，物理回收的比例约占 80%，再生 PET 存在性能低于新材料，杂质不易剔除的问题，不宜制造食品包装材料；"瓶到瓶"的物理-化学回收工艺产品洁净度高，主要用于 PET 饮料瓶的回收，有一定的局限性；采用化学回收方法，可将各种 PET 废料解聚成生产 PET 的单体或用于合成其他化工产品的原料，实现了资源的循环利用，具有广阔的应用前景。

PET 的化学降解主要有 3 种工艺：水解、醇解和氨（胺）解。研究表明，PET 水解需要在强酸强碱条件下进行，易腐蚀设备、污染环境；PET 的甲醇、乙醇降解需要高压设备，反应时间长，转化率低，且产物含有一定的低聚物；PET 氨解法降解速率虽快，但污染较大；有研究报道，用乙二醇降解 PET 为常压反应，在 200℃左右，3h 即可实现 PET 的降解。近年来，在乙二醇醇解的基础上，在反应体系中加入路易斯碱，可催化降解反应。此法工艺相对简单，反应速率快。

由 PET 降解回收得到的对苯二甲酸（TA）及其衍生物是一类重要的化工原料，主要用于制造合聚酯树脂、合成纤维和增塑剂等。在工业上，对苯二甲酸主要由对二甲苯（p-Xylene，简称为 PX）的液相空气氧化得到，其反应条件较苛刻。因此，将废 PET 塑料瓶变废为宝、制备 TA 及其他有用的化工原料是值得探究的课题。

2. 降解聚酯制备对苯二甲酸

本实验以乙二醇为溶剂，以氧化锌为催化剂，在弱碱性条件下加热降解废聚酯塑料，得到的解聚产物经酸化后得到对苯二甲酸。

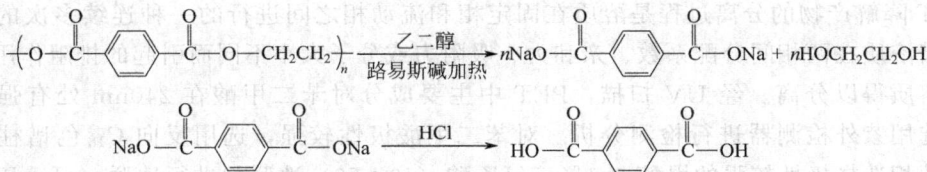

3. 对苯二甲酸的鉴定

对苯二甲酸常温下为白色晶体或粉末，熔点 425℃（分解），300℃以上升华。若在密闭容器中加热，可于 425℃熔化。常温下难溶于水。溶于碱溶液，微溶于热乙醇，不溶于水、乙醚、冰乙酸、乙酸乙酯、二氯甲烷、甲苯、氯仿等大多数有机溶剂，可溶于 DMF、DEF 和 DMSO 等强极性有机溶剂。

对苯二甲酸的红外光谱如图 5-23 所示。在 $3300 \sim 2500$ cm^{-1} 的宽峰为羧酸的—OH 伸缩振动峰；在 1681cm^{-1} 处为羧基（C=O）的伸缩振动峰；在 1458cm^{-1} 处为芳环的骨架振动峰；在 1284cm^{-1}、1112cm^{-1} 处为 C—O 的伸缩振动峰；在 845cm^{-1} 处为苯环的对位取代吸收峰。

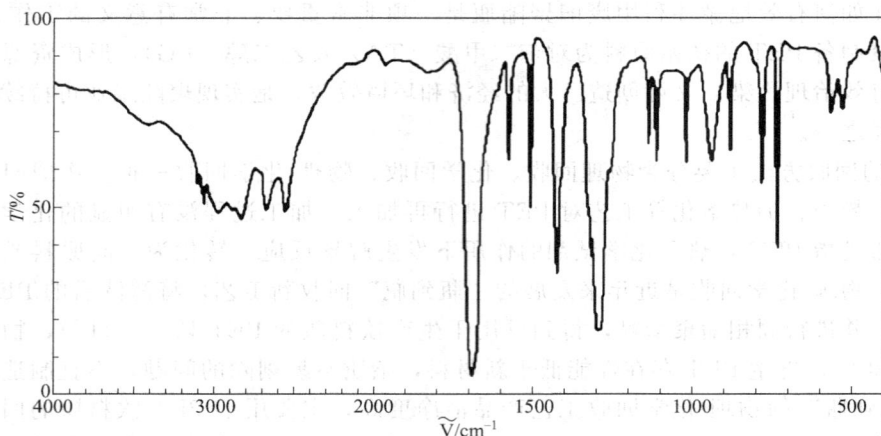

图 5-23　对苯二甲酸的红外光谱图

4. 降解产品中对苯二甲酸含量的测定

（1）酸碱滴定法　对苯二甲酸是有机弱酸，电离常数：$pK_{a1} = 3.51$，$pK_{a2} = 4.82$，可以用酸碱滴定的方法进行定量分析。由于对苯二甲酸不溶于水，酸碱滴定需在 DMF 中进行。

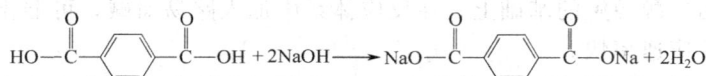

$$\text{HO-C}\overset{O}{\parallel}\text{-}\langle\text{苯环}\rangle\text{-C}\overset{O}{\parallel}\text{-OH} + 2\text{NaOH} \longrightarrow \text{NaO-C}\overset{O}{\parallel}\text{-}\langle\text{苯环}\rangle\text{-C}\overset{O}{\parallel}\text{-ONa} + 2\text{H}_2\text{O}$$

（2）紫外分光光度法　为了测定产品中对苯二甲酸的含量，产品可用稀 NaOH 溶液溶解，对苯二甲酸生成对苯二甲酸二钠盐。该溶液在 240nm 左右有个吸收峰。当溶液的 pH 值在 $7 \sim 9$ 微碱性条件下，溶液的吸光度值比较稳定，吸光度数值变化很小。在该条件下测定稀释成一定浓度的产品 NaOH 水溶液的吸光度值，并用已知浓度的标准品对苯二甲酸的 NaOH 水溶液作一条标准曲线，则可从标准曲线上求产品中对苯二甲酸的浓度，即可计算出产品中对苯二甲酸的含量。

（3）高效液相色谱法　高效液相色谱（HPLC）法是现代应用最为广泛且准确的分析方法，PET 降解产物的分离过程是溶质在固定相和流动相之间进行的一种连续多次的交换过程。它借溶质在两相间分配系数、亲和力、吸附力或分子大小不同而引起的排阻作用的差别使不同溶质得以分离。经 UV 扫描，PET 中主要成分对苯二甲酸在 240nm 处有强紫外吸收，可选用紫外检测器进行检测分析。对苯二甲酸极性较强，选用反向 C$_{18}$ 色谱柱进行分离。流动相选择极性较强的甲醇-0.1% 三氟乙酸（50:50）洗脱剂进行洗脱，可采用面积归一法确定产品纯度。

【仪器与试剂】

1. 球形冷凝管，直形冷凝管，接液管，锥形瓶，三颈瓶（100mL），温度计（300℃），滴管，量筒（10mL，100mL），吸滤装置，容量瓶（100mL，50mL），试剂瓶（500mL），样品瓶（10mL），研钵，碱式滴定管，酸式滴定管，吸量管（10mL），移液管，烧杯（500mL，250mL，100mL），滴定台，洗瓶，表面皿，机械搅拌器，循环水泵，电热套，分析天平，托盘天平，滤纸，pH试纸，红外分光光度计，紫外分光光度计，高效液相色谱仪（配置紫外检测器），色谱柱（C_{18}，250mm × 4.6mm，5μm），注射器（5μL，5mL），0.45μm~13mm针式过滤器有机系滤头，0.45μm~50mm有机相微孔滤膜，0.45μm~50mm水相微孔滤膜。

2. 废饮料瓶碎片（聚对苯二甲酸乙二醇酯，PET），乙二醇（EG，A.R.），氧化锌（A.R.），碳酸氢钠（A.R.），N，N-二甲基甲酰胺（DMF，A.R.），丙酮（A.R.），对苯二甲酸（TA，标准品），氢氧化钠（A.R.），盐酸（A.R.），酚酞指示剂（1‰乙醇溶液），NaOH（1.0mol·L^{-1}），甲醇（色谱纯），三氟乙酸（A.R.），超纯水。

【实验步骤】

1. 废饮料瓶（PET）降解

在100mL三颈瓶上分别安装球形冷凝管、机械搅拌器和温度计。然后依次加入5.00g废饮料瓶碎片、0.05g氧化锌、5g碳酸氢钠和25mL乙二醇。加毕，缓慢搅拌，电热套加热[1]，10min内使反应液温度升到130℃，体系开始激烈反应并有气体逸出。继续升温反应，PET逐步分解，于5min内将温度升至180℃（不超过185℃）。在此温度下反应15min。反应完毕，体系呈白色稠浆状。冷却至160℃左右停止搅拌，将搅拌回流装置改成搅拌蒸馏装置，水泵减压，加热蒸去乙二醇，蒸馏15min后停止加热，稍冷后解除真空，记录乙二醇的沸点及回收体积。

向三颈瓶中加入50mL沸水，搅拌使三颈瓶中的残留物溶解，溶液温度维持在60℃左右（可用水浴保温，加速溶解），5min左右即可溶完（溶液中可能尚有少量白色不溶物及未反应的PET）。拆除装置，将三颈瓶中的混合物用布氏漏斗抽滤除去少量不溶物。滤毕，用25mL热水洗涤三颈瓶和滤纸，记录滤液颜色。将滤液转移至500mL烧杯中，用25mL水荡洗吸滤瓶并倒入烧杯中，再添加水使溶液总体积达200mL，加入2粒沸石，将烧杯置于电热套中加热煮沸。停止加热，取出沸石后趁热边搅拌边用8~10mL（1+1）HCl酸化至pH=5~6[2]。酸化结束，体系呈白色浆糊状。冷至室温后再用冰水冷却。用布氏漏斗抽滤，滤饼用蒸馏水洗涤数次，每次25mL，洗至滤出液pH=6[3]，抽干。将滤饼置于表面皿上摊开，干燥后称重。记录降解产物对苯二甲酸的外观及产量，并计算回收率。

2. 降解产物对苯二甲酸的鉴定

用KBr压片法作降解产物的红外光谱，指出各主要吸收特征峰对应的官能团，并与对苯二甲酸的标准谱图比较。

3. 降解产物对苯二甲酸含量的测定

（1）酸碱滴定法 配制500mL浓度约为0.1mol·L^{-1}的氢氧化钠溶液，然后标定出准确浓度，待用。准确称取0.18~0.23g（准确至0.0001g）降解产物3份于250mL锥形瓶中，分别加入30mL DMF，搅拌溶解，加入10mL蒸馏水（注意冲洗搅拌棒），摇匀后加4滴酚酞指示剂，用0.1mol·L^{-1}氢氧化钠标准溶液滴定至微红色，0.5min内不褪色即为终点。计算降解产物中对苯二甲酸的含量，计算相对平均偏差。

（2）紫外分光光度法

①对苯二甲酸标准原始储备液的配制 准确称取0.1000g对苯二甲酸标准品于100mL烧杯中，加入1.0mol·L^{-1}的氢氧化钠溶液5mL，搅拌溶解，全部转入100mL容量瓶中，

加入蒸馏水至刻度，摇匀，该溶液质量浓度为 $1.000\mathrm{mg \cdot mL^{-1}}$。

② 对苯二甲酸标准使用液的配制　准确移取 10.00mL 对苯二甲酸标准原始储备液于 100mL 容量瓶中，用蒸馏水稀释至刻度，摇匀，该溶液质量浓度为 $0.1000\mathrm{mg \cdot mL^{-1}}$。

③ 工作曲线的绘制　用 10.00mL 吸量管，分别吸取 0.00mL、0.50mL、1.00mL、2.00mL、4.00mL、6.00mL、8.00mL、10.00mL 标准对苯二甲酸使用液于 8 只 50mL 容量瓶中，各加入约 40mL 蒸馏水（不要到刻度线），分别用 $0.1\mathrm{mol \cdot L^{-1}}$ 的氢氧化钠溶液调节所配制溶液的 pH 值为 7～9。蒸馏水稀释至刻度，摇匀，分别标记为 1 号、2 号、3 号、4 号、5 号、6 号、7 号、8 号对苯二甲酸标准溶液，并计算每只瓶中标准溶液的浓度（单位为 $\mu\mathrm{g \cdot mL^{-1}}$）。用紫外分光光度计在 200～300nm 范围内扫描 5 号标准溶液的紫外吸收光谱，记录最大吸收波长 λ_{max}。然后在 λ_{max} 下测定 8 个标准溶液的吸光度 A。将有关实验数据填入表 5-12，以 8 个标准溶液的吸光度 A 为纵坐标，以相应的浓度（$\mu\mathrm{g \cdot mL^{-1}}$）为横坐标绘制标准工作曲线。

表 5-12　对苯二甲酸标准溶液浓度-吸光度数据

水杨酸标准溶液编号	1	2	3	4	5	6	7	8
浓度/$\mu\mathrm{g \cdot mL^{-1}}$								
吸光度 A								

④ 降解产物的检测　准确称取 0.1000g 的降解产品于 50mL 烧杯中，加入 $1.0\mathrm{mol \cdot L^{-1}}$ 的氢氧化钠溶液 5mL，搅拌溶解。将溶液完全转移至 100mL 容量瓶中，用蒸馏水稀释定容，摇匀。再准确移取 1.00mL 上述溶液于 100mL 容量瓶中，加入 80mL 蒸馏水，用 $0.1\mathrm{mol \cdot L^{-1}}$ 的氢氧化钠调节 pH 为 7～9，用蒸馏水稀释至刻度，摇匀。用此稀释液作为未知样，为防止样品中的不溶物质对检测的干扰，样品溶液在检测前用微孔滤膜过滤，对澄清滤液测定紫外吸收光谱，记录 λ_{max} 的吸光度值。

⑤ 降解产品中对苯二甲酸含量的计算　根据降解产物溶液在 λ_{max} 处的吸光度值，从标准工作曲线上查到降解产物溶液中对苯二甲酸的质量浓度（单位 $\mu\mathrm{g \cdot mL^{-1}}$），求出降解产品中对苯二甲酸的含量。

计算公式：
$$对苯二甲酸含量 = \frac{c_0}{c_1} \times 100\%$$

式中，c_0 为由标准工作曲线计算得到的对苯二甲酸的浓度，$\mu\mathrm{g \cdot mL^{-1}}$；$c_1$ 为实际配制样品的浓度，$\mu\mathrm{g \cdot mL^{-1}}$。

(3) 高效液相色谱法

① 色谱条件　C_{18} 色谱柱，$250\mathrm{mm} \times 4.6\mathrm{mm}$，$5\mu\mathrm{m}$；流动相为甲醇-0.1%三氟乙酸（体积比 50∶50）；检测波长 240nm；流速 $1.0\mathrm{mL \cdot min^{-1}}$，柱温 25℃，供试品 1～$2\mathrm{mg \cdot mL^{-1}}$（甲醇-0.1%氢氧化钠体积比 1∶1 溶解），进样量 2～$5\mu\mathrm{L}$。

② 流动相的准备　将色谱纯甲醇过 $0.45\mu\mathrm{m}$ 有机相微孔滤膜，超声脱气，加入到仪器储液瓶 A 中。将 0.1%三氟乙酸水溶液（由 0.5mL 的三氟乙酸＋500mL 的超纯水）过 $0.45\mu\mathrm{m}$ 水相微孔滤膜，超声波脱气，加入到仪器储液瓶 B 中。

③ 开机操作　按照高效液相色谱仪操作说明，检查电路连接、液路连接、色谱柱安装正确以后，开启色谱仪工作站，根据色谱条件设定色谱仪操作参数，流速 $1.0\mathrm{mL \cdot min^{-1}}$，压力上限 10MPa，检测波长 240 nm，调整流动相为甲醇（A）-0.1%三氟乙酸（B）（体积比 50∶50）；保留时间 30min，调节基线到合适位置，利用冲洗色谱柱稳定基线的时间，配制

对苯二甲酸标准品和降解产物测试液。

④ 对苯二甲酸标准品溶液的配制　用分析天平准确称取对苯二甲酸标准品 0.0500～0.1000g，置于 100mL 烧杯中，加甲醇-0.1％氢氧化钠（体积比 1∶1）溶液 10mL，搅拌溶解样品，全部转移至 50mL 容量瓶中，定容，配制成浓度为 1～2 mg·mL^{-1} 的对苯二甲酸标准溶液，经 0.45nm 有机滤膜过滤后，保存在 10mL 样品瓶中待用。

⑤ 降解产物测试液的配制　用分析天平准确称取降解产物 0.0500～0.1000g，置于 100mL 烧杯中，加甲醇-0.1％氢氧化钠体积比 1∶1 溶液 10mL，搅拌溶解样品，全部转移至 50mL 容量瓶中，定容，配制成浓度为 1～2mg·mL^{-1} 的降解产物测试溶液，经 0.45μm 有机滤膜过滤后，保存在 10mL 样品瓶中待用。

⑥ 对苯二甲酸标准样品的检测　录入标准品信息，待基线平稳后，取对苯二甲酸标准品溶液，采取手动进样方式时，将进样阀手柄拨到"Load"的位置，用微量注射器取 5μL 样品注入色谱仪进样口，然后将手柄拨到"Inject"位置，记录色谱图。采取自动进样方式时，将样品注入色谱仪专用待测样品瓶，放入自动进样器，将录入样品信息和自动进样器位置编码对应一致，进样，记录图谱。

⑦ 降解产物的检测　用与对苯二甲酸标准样品测试相似流程测试降解产物，记录图谱。

⑧ 检测结果　用色谱工作站处理图谱，记录色谱峰的保留时间、峰面积、峰高、峰面积百分比、对称因子等参数。

⑨ 采用面积归一化方法时，吸收峰面积百分比对应测试样品的纯度和含量[4]。

【思考题】

1. 本实验中回收乙二醇时，采用减压蒸馏有哪些优点？

2. 减压蒸馏时，为什么一定要达到大致所需的真空度后，才开始加热蒸馏，而不是先加热后减压？在停止蒸馏时，先卸下热浴，冷却后慢慢放气，为何水泵需最后关闭？

【附注】

[1] 也可以用油浴加热，油浴中需挂温度计，控制浴温小于 220℃。

[2] 酸化不可过度，否则增加后面滤饼洗涤操作的次数。

[3] 要保证滤出液洗至 pH＝6，否则用酸碱滴定法分析降解产物含量的结果受到影响。

[4] 本实验也可采用外标法计算降解产物中对苯二甲酸含量，先将对苯二甲酸标准品溶液稀释到不同浓度，并分别进样不同体积，做出标准工作曲线，将降解产物与标准品对比，得出降解产物中对苯二甲酸的含量。

第6章 研究设计性实验

研究设计实验是一门对科学实验研究过程进行初期模拟训练的实验教学课程，其目的是培养学生独立思考，综合运用文献资料、知识和技能的能力；培养学生创新思维和独立开展化学实验科学研究的能力。

研究设计性实验采取自主式、讨论式和答辩式教学方法。自主式是指学生自己选择实验研究项目，查阅文献资料，设计实验方案，实施实验及撰写研究性论文；讨论式是指学生以小组形式就选题的目的和意义、国内外相同或相似研究的进展和现状、文献资料的价值和局限性、实验方案的完整性和可行性进行讨论和交流；答辩式是指以小组形式由每个学生就其个人的实验项目研究的整体情况进行口头自述，教师和组员就设计方案的目的性、科学性、可行性、创新性、实验结果的可靠性、分析讨论的逻辑性提出问题，设计者进行补充阐述和解释。

实验研究论文参照 GB/T 7713—1987《科学技术报告、学位论文和学术论文的编写格式》的要求撰写。

实验51　α-Fe_2O_3 纳米粒子的液相合成及表征

【实验目的】

1. 了解沸腾回流法合成纳米氧化铁微粒的反应原理及实验方法。
2. 学习利用红外光谱、X 射线衍射和激光粒度分布测定仪等手段对产物进行表征。

【实验原理】

氢氧化铁凝胶是制备铁系氧化物常用的前驱物之一，本实验拟采用三价铁盐溶液和氢氧化钠溶液制备氢氧化铁凝胶，并研究氢氧化铁凝胶在常压下水热体系中的液相转化过程，以制备 α-Fe_2O_3 纳米粒子。

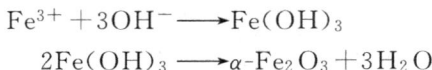

$$Fe^{3+} + 3OH^- \longrightarrow Fe(OH)_3$$
$$2Fe(OH)_3 \longrightarrow \alpha\text{-}Fe_2O_3 + 3H_2O$$

利用红外光谱、X 射线衍射和激光粒度分布仪对产物进行表征。

【仪器与试剂】

1. 锥形瓶（250mL），烧杯（100mL，250mL），滴管，球形冷凝管，洗耳球，移液管（2mL、10mL），容量瓶（250mL，500mL），抽滤瓶及布氏漏斗。

2. pHS-3 数字酸度计和 E-201 型复合电极，普通磁搅拌，真空泵，带磁搅拌的加热套。

3. 日本岛津 FTIR-8900 型红外光谱仪，德国布鲁克公司的 D8 ADVANCE 型 X 射线衍射仪，Malvern Zetasizer 3000HS$_A$ 电位及粒度分布仪，日立 H-600 型透射电镜或 S-570 型扫描电镜。

4. $FeCl_3 \cdot 6H_2O$，NaOH（$6mol \cdot L^{-1}$），浓 HCl，浓 H_2SO_4，浓 H_3PO_4，$K_2Cr_2O_7$，$HgCl_2$，$SnCl_2 \cdot 2H_2O$，二苯胺磺酸钠，无水乙醇。

【实验步骤】

1. $FeCl_3$ 浓度的标定

量取一定量的 Fe(Ⅲ)溶液（约 $2.0mol \cdot L^{-1}$）或反应混合物，加入 10mL（1+1）的盐酸，加热至沸腾，趁热滴加 $SnCl_2$ 溶液，使黄色褪去，再多加两滴，迅速以流水冷却，加入 10mL 饱和 $HgCl_2$ 溶液，放置 $2\sim3min$，加入 20mL 硫磷混酸，以二苯胺磺酸钠为指示剂，用重铬酸钾标准溶液滴定，当溶液呈稳定紫色时即为终点。Fe^{3+} 浓度为：

$$c_{Fe^{3+}} = \frac{6c_2 V_2}{V_1}$$

式中，c_2、V_2 分别为重铬酸钾标准溶液的浓度和体积；V_1 为所取试样的体积。

2. 前驱物的制备

用移液管准确量取计算量的 Fe^{3+} 盐溶液，加入适量去离子水，在磁力搅拌下，首先以 NaOH 溶液调节体系的 pH 至预定范围，充分搅拌约 10min，以稀 NaOH 溶液调节 pH 至预定值并同时定容。如果时间允许，可改变前驱物的制备条件以制备不同微结构的反应前驱物。

3. 沸腾回流转化过程

将制得的反应前驱物 $Fe(OH)_3$ 凝胶移入锥形瓶中，在磁力搅拌下沸腾回流若干时间。反应完全后产物经抽滤，去离子水洗涤数次，滤饼于远红外箱中 $70\sim80℃$ 左右烘干或室温下自然风干。

4. 红外光谱测定

取少量制备的产品与 KBr 混合，研碎后压片，用日本岛津 FTIR-8900 型红外光谱仪测定样品的 IR 光谱，扫描范围 $400\sim4000cm^{-1}$。将所得谱图与标准谱图对照，对产物做物相及纯度鉴定。

5. X 射线衍射测定

取适量制备的产品，在德国布鲁克公司 D8 ADVANCE 型 X 射线衍射仪上测定产物的 XRD 谱图。将所得谱图与标准谱图对照，对产物做物相鉴定。

6. 粒度分布测定

取少量制备的样品，加入适量的无水乙醇，超声分散，在 Malvern Zetasizer 3000HS$_A$ 电位及粒度分布仪上测定产物的平均粒径及粒度分布范围。

7. 结合课题组的实验安排，对产物做 TEM 或 SEM 表征，观测产物的形貌。

【典型的实验设计方案】

1. 设计利用不同原料制备纳米 Fe_2O_3 的方法。

2. Fe_2O_3 都有哪些晶形？设计利用不同方法制备各种晶形 Fe_2O_3 的方法。

3. 设计测定 Fe_2O_3 纯度的分析方法。

实验 52　重金属离子在固/水界面上的吸附作用

【实验目的】

1. 掌握环境化学中常用的研究固/液界面的方法——静态吸附实验（batch method）。
2. 了解影响吸附作用的因素及探究实验方案的设计。
3. 了解吸附实验数据的处理方法和实验结果的描述，以及与结果讨论相关的知识和方法。

【实验原理】

在水介质中，溶质在固体表面浓集的现象称为吸附作用，溶质称为吸附质，固体称为吸附剂。在不同的固/水界面吸附体系中，由于吸附剂和吸附质性质不同，吸附质可以靠静电作用、表面配位作用、离子交换作用、分配作用等机制吸附在吸附剂表面，吸附过程呈现出不同的热力学和动力学行为。因此，需要针对具体的体系设计实验，研究它们的热力学性质、动力学性质及其影响因素，根据研究结果总结规律。

【仪器与试剂】

1. 酸度计，磁力搅拌器，恒温振荡器，简易微孔滤膜过滤器，移液枪，原子吸收光谱仪或极谱仪。

2. $Ni(NO_3)_2$、$Cu(NO_3)_2$、$NaNO_3$、$ZnCl_2$、$CrCl_3$、$HgCl_2$、$NaOH$、HCl、$HClO_4$ 等无机试剂，相应离子的标准溶液。在探究实验中，也可取电镀废水或金属加工废水作处理对象。

3. 吸附剂可采用活性炭、金属氧化物、天然黏土矿物、天然金属氧化物矿物、廉价的天然生物吸附剂等。

【实验步骤】

1. 金属离子储备液配制及浓度标定

用去离子水溶解相应的金属盐，稀释成约 100mg/L 的溶液，最后标定出准确浓度，使用时再稀释到指定的浓度。

2. 吸附剂的准备

可以制备成一定浓度的悬浮液使用，也可制成一定粒度的固体颗粒使用（探究价值主要体现在这里）。

3. 静态吸附实验

准确吸取一定量的含金属离子废水，分别置于一系列 50mL 塑料离心管中，加入一定量的吸附剂，用稀 HNO_3 和 $NaOH$ 溶液将反应体系调节到指定的 pH 值，反应体系的总体积为 30mL。然后，将离心管置于恒温振荡器中，在一定温度下振荡一定的时间，吸附过程中检查和调节几次 pH 值，使之保持恒定。吸附反应结束后，用 $0.22\mu m$ 的微孔滤膜过滤，用原子吸收光谱仪测定滤液中金属离子的浓度。

【典型的实验设计方案】

1. 吸附率-pH 曲线的测定；
2. 吸附等温线的测定；
3. 吸附动力学曲线的测定；
4. 离子强度对吸附作用的影响；
5. 吸附剂投加量对吸附去除效果的影响。

实验 53 人转铁蛋白与铁(Ⅲ)、铝(Ⅲ)结合反应的光谱研究

【实验目的】

1. 认识生物体中重要的铁离子运输载体——转铁蛋白（Tf）的分子结构及其生物学作用机制。熟悉蛋白质荧光光谱及紫外光谱的成因及其影响因素。

2. 熟练掌握荧光光谱法及紫外差谱法探测金属离子与蛋白质结合反应的原理与实验方法。

3. 能较熟练地对实验数据进行分析。

【实验原理】

人转铁蛋白是一种非血红素结合铁的糖蛋白，每个转铁蛋白分子有两个铁离子结合位点，它的主要功能就是结合游离铁，使它们成为可溶解并且可为细胞所摄取的状态。关于转铁蛋白介导的铁吸收方面，科学工作者们已做了大量的研究工作：细胞吸收铁的主要途径是通过与转铁蛋白结合，导致转铁蛋白构象发生变化，从而易与转铁蛋白受体（TfR）结合，形成复合物，然后内吞化形成内吞小体，内吞小体中的酸性环境使得转铁蛋白释放出铁。释放出来的铁可作为血红素蛋白、核糖核苷酸还原酶的辅因子或储存在铁蛋白中。

正常人体血浆中铁浓度为 $10 \sim 30 \mu mol \cdot L^{-1}$（平均为 $20 \mu mol \cdot L^{-1}$），而转铁蛋白的浓度为 $22 \sim 35 \mu mol \cdot L^{-1}$（平均为 $30 \mu mol \cdot L^{-1}$），因为每个转铁蛋白分子可以结合两个 Fe^{3+}，所以正常人体血浆中的转铁蛋白只有 30%（20%～50%）被铁饱和，还有约 70% 的结合位点空着，空着的结合位点可以与人体血液中的其他金属离子结合。

蛋白质能够发出荧光，是因为蛋白质中存在三种芳香族氨基酸残基：Trp、Tyr 和 Phe 残基，由于这些氨基酸残基结构的不同，通常三者的荧光强度比为 100∶9∶0.5。Trp、Tyr 和 Phe 的荧光峰分别位于 348nm、303nm、282nm。由于蛋白质分子内，由 Phe 到 Tyr 或 Trp 的能量转移是非常有效的，因此整个分子的吸收和发射也不是这些单体组分光学性质的简单相加，往往 Trp 残基的荧光占优势地位。当在 270～290nm 激发蛋白质时，不能忽略 Tyr 的贡献；当激发波长大于 290nm 时，可认为荧光都来自 Trp。

铁(Ⅲ)、铝(Ⅲ)与转铁蛋白配位形成络合物后，引起转铁蛋白构象的变化，从而导致转铁蛋白紫外光谱的变化，并猝灭转铁蛋白内源荧光，由于不同金属离子引起转铁蛋白构象的改变程度不同，所以紫外光谱的变化及猝灭转铁蛋白内源荧光的程度也不同。可以利用紫外光谱的变化及荧光猝灭来研究人转铁蛋白与铁离子和铝离子的结合情况。

【仪器与试剂】

1. U-3010 紫外-可见分光光度计，F-4500 荧光分光光度计，pHS-3C 数字酸度计；$20 \mu L$、$100 \mu L$、$1000 \mu L$ 微量进样器。

2. $Fe(NTA)_2$ 溶液：称取 0.01928g $NH_4Fe(SO_4)_2 \cdot 12H_2O$ 和 0.01529g NTA（氨三乙酸）溶于烧杯中，调节 pH 到 5.0，定容到 200mL 的容量瓶中，配成 $0.2mmol \cdot L^{-1}$ $Fe(NTA)_2$ 溶液待用。

3. Al(NTA) 溶液：称取 1.8950g $KAl(SO_4)_2 \cdot 12H_2O$ 于烧杯中溶解，转移至 100mL

容量瓶中，加水定容，配成 $0.04mol \cdot L^{-1}$ 的 $KAl(SO_4)_2$ 溶液待用。称取 0.3834g NTA 于烧杯中溶解，转移至 100mL 容量瓶中，加水定容，配成 $0.02mol \cdot L^{-1}$ 的 NTA 溶液待用。用移液管按 Al^{3+}：NTA $= 1:2$ 的比例分别量取 $0.04mol \cdot L^{-1}$ 的 $KAl(SO_4)_2$ 溶液和 $0.02mol \cdot L^{-1}$ 的 NTA 溶液，以二次蒸馏水定容，配制成 $0.01mol \cdot L^{-1}$ 的 $Al(NTA)$ 溶液。

4. Hepes 缓冲溶液：准确称取 1.1915g Hepes 溶于烧杯中，加入 0.2098g $NaHCO_3$，并用 NaOH 调节 pH 到 7.4，最后定容到 50mL 容量瓶中，配成 $0.1mol \cdot L^{-1}$ 缓冲溶液待用。

5. Tf 溶液：用 pH $= 7.9$、浓度为 $5mmol \cdot L^{-1}$ 的 HCl-Tris 缓冲溶液透析血清转铁蛋白，用 278nm 处吸光度确定 Tf 的准确浓度。

6. NaCl 溶液：准确称取 58.5g NaCl 溶于烧杯中，最后定容到 1000mL 容量瓶中，配成 $1mol \cdot L^{-1}$ 溶液待用。

7. 人转铁蛋白（Sigma 公司），NaCl、$NH_4Fe(SO_4)_2 \cdot 12H_2O$、Hepes、HCl、Tris（三羟甲基氨基甲烷）试剂，均为分析纯，所有溶液均用二次去离子水配制。

【实验步骤】

1. 荧光猝灭法探测转铁蛋白与 Fe^{3+}、Al^{3+} 的结合

向石英荧光池中依次加入 $100\mu L$ $0.1mol \cdot L^{-1}$ Hepes 缓冲溶液，$150\mu L$ $1mol \cdot L^{-1}$ 的 NaCl 溶液维持离子强度，$192\mu L$、$96\mu L$、$48\mu L$、$24\mu L$、$10\mu L$、$5\mu L$ $21\mu mol \cdot L^{-1}$ 的 Tf，最后加入二次蒸馏水，使溶液体积保持 $1000\mu L$，Tf 的浓度分别为 $4\mu mol \cdot L^{-1}$、$2\mu mol \cdot L^{-1}$、$1\mu mol \cdot L^{-1}$、$0.5\mu mol \cdot L^{-1}$、$0.2\mu mol \cdot L^{-1}$、$0.1\mu mol \cdot L^{-1}$。在 F-4500 荧光分光光度计上，把激发和发射狭缝均设为 5nm，激发波长设为 290nm，室温下扫描发射光谱，依次加入不同浓度的 $Fe(NTA)_2$ 溶液，改变铁离子与转铁蛋白浓度比，扫描每次加入 $Fe(NTA)_2$ 后转铁蛋白的发射光谱，得到一系列不同浓度转铁蛋白溶液中加入 $Fe(NTA)_2$ 后的荧光光谱图。

同理测量不同浓度的 Tf 中加入 $Al(NTA)$ 后的荧光光谱图。

2. 紫外差谱探测 Tf 与 Fe^{3+}、Al^{3+} 的结合

取两个相同的石英比色皿，向其中一个加入 $100\mu L$ $0.1mol \cdot L^{-1}$ 的 Hepes 缓冲溶液、$150\mu L$ $1mol \cdot L^{-1}$ 的 NaCl、$350\mu L$ $28.6\mu mol \cdot L^{-1}$ 的 Tf 溶液，再加入二次蒸馏水，使溶液的总体积为 $1000\mu L$。向另一个比色皿中加入 $100\mu L$ $0.1mol \cdot L^{-1}$ 的 Hepes 缓冲溶液、$150\mu L$ $1mol \cdot L^{-1}$ 的 NaCl、$750\mu L$ 的二次蒸馏水，做参比。室温下，在 U-3010 分光光度计上扫描它的紫外吸收光谱；向测量比色皿中加入 $10\mu L$ $0.2mmol \cdot L^{-1}$ 的 $Fe(NTA)_2$ 溶液，做参比的比色皿中加入 $10\mu L$ 二次蒸馏水，混匀后静置 10min，测紫外吸收光谱；重复操作，一直到加入 $Fe(NTA)_2$ 的体积为 $200\mu L$，每次反应时间为 10min。在 Origin7.0 软件中处理数据，得到 Tf 中加入 Fe^{3+} 的紫外差谱图。

同理测量不同浓度的 Tf 中加入 $Al(NTA)$ 后的紫外差谱图。

【结果处理与分析】

1. 转铁蛋白的荧光光谱特点

测量转铁蛋白的荧光光谱如图 6-1，转铁蛋白的最大激发波长为 $\lambda_{ex} = 280nm$，最大发射波长为 $\lambda_{em} = 325nm$，发射峰介于 303nm 和 348nm 之间，可推测出转铁蛋白中含有 Trp 残基，它的荧光主要来自 Trp 残基。

2. Tf 与 Fe 结合的荧光光谱分析

向 $0.5\mu mol \cdot L^{-1}$ 的 Tf 溶液中逐渐加入 $Fe(NTA)_2$ 后，Tf 的荧光光谱逐渐降低，当加入的 $Fe(NTA)_2$ 达到一定量时，其荧光光谱不再变化，如图 6-2 所示。

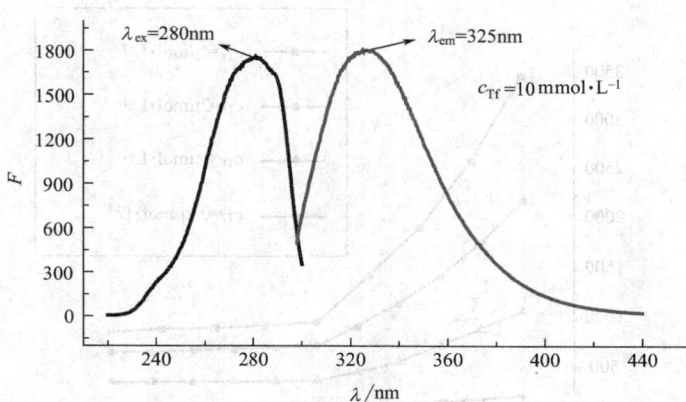

图 6-1 转铁蛋白的荧光光谱

$c_{Hepes} = 0.01 \, mol \cdot L^{-1}$; $c_{Tf} = 10 \mu mol \cdot L^{-1}$; EX Slit=EM Slit=5nm; $\lambda_{em} = 325nm$; $\lambda_{ex} = 280nm$

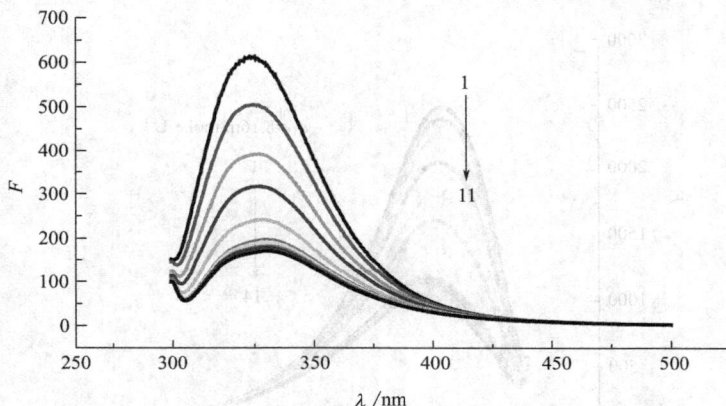

图 6-2 $Fe(NTA)_2$ 对 Tf 荧光光谱的影响

EX Slit=EM Slit=5nm; $\lambda_{ex} = 290nm$; $c_{Tf} = 0.5 \mu mol \cdot L^{-1}$;

$c_{NaCl} = 0.15 mol \cdot L^{-1}$; $c_{Hepes} = 0.01 mol \cdot L^{-1}$

1→11: $c_{Fe^{3+}}/c_{Tf}$=0、0.4、0.8、1.2、1.6、2.0、2.4、2.8、3.2、3.6、4.0

　　然后在一系列不同浓度的 Tf 溶液中加入 $Fe(NTA)_2$，测量其荧光光谱，并进一步绘制荧光光谱峰强度与 $c_{Fe^{3+}}/c_{Tf}$ 的关系曲线（图 6-3），分析曲线转折点处的特点，由此推测 Tf 分子可以结合的 Fe 个数。

　　3. Tf 与 Al 结合的荧光光谱分析

　　在 Tf 溶液中加入 Al(NTA) 后，其变化趋势与 Tf 中加入 $Fe(NTA)_2$ 变化相似，随着加入 Al(NTA) 量的增加，Tf 的荧光光谱逐渐降低，荧光峰略微红移，当加入的Al(NTA)量达到一定时，其荧光光谱不再变化，如图 6-4 所示。进一步绘制 325nm 处荧光强度 F 与 $n(Al^{3+}/Tf)$ 的关系图，如图 6-5 所示。分析曲线转折点处的特点，由此推测 Tf 分子可以结合的 Al 个数。

　　4. Tf 与 Fe^{3+}、Al^{3+} 结合的紫外光谱分析

　　按试验方法测量 Tf 与 Fe^{3+}、Al^{3+} 结合的紫外光谱。Tf 结合 Fe^{3+} 后在 240nm 和 290nm 处出现两个吸收峰，并且在 460nm 附近还出现一个特征吸收峰，该特征吸收峰的出现是配体向金属离子中心电荷转移的谱带（LMCT），摩尔吸光系数在$10^3 L \cdot mol^{-1} \cdot cm^{-1}$以

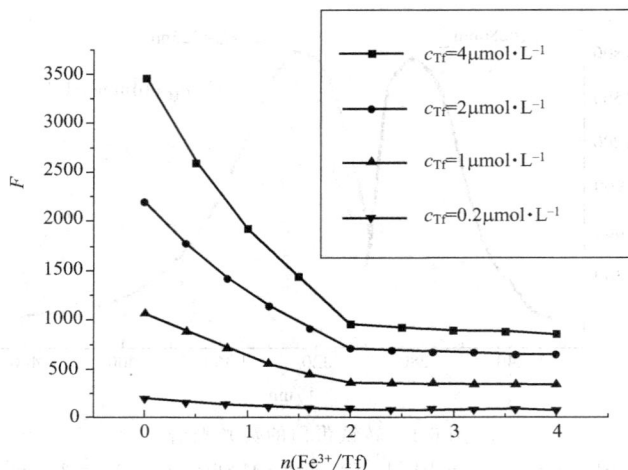

图 6-3　不同浓度 Tf 溶液 325nm 处荧光强度 F 与 Fe^{3+}/Tf 摩尔比的关系

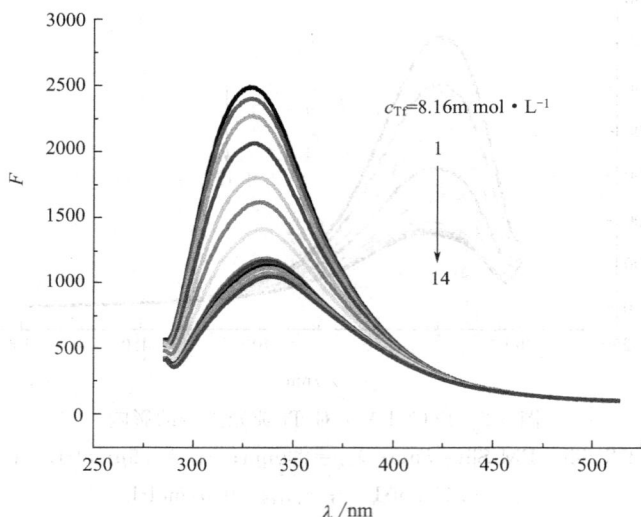

图 6-4　Al(NTA) 对 Tf 荧光光谱的影响

pH $=7.4$；$\lambda_{ex}=280nm$；EX Slit $=$ EM Slit $=10nm$；$c_{Tf}=8.16\mu mol \cdot L^{-1}$；$c_{Hepes}=0.01mol \cdot L^{-1}$；$c_{NaCl}=0.15mol \cdot L^{-1}$

$1 \rightarrow 14$：$c_{Al3+}/c_{Tf}=0$、0.2、0.3、0.6、1.0、1.3、1.6、2.0、2.3、2.6、3.0、3.3、3.6、3.9

上。然后绘制 290nm 处差谱的吸光度与 $n(Fe^{3+}/Tf)$ 的关系图，如图 6-6 所示。分析曲线转折点处的特点，由此推测 Tf 分子可以结合的 Fe^{3+} 的个数。

【思考题】

1. 从 Tf 分子结构变化讨论 Tf 与 Fe^{3+}、Al^{3+} 结合时，Tf 荧光光谱发生变化的原因。

2. 理解 Tf 与 Fe^{3+} 结合时，产生荷移光谱的原理。

3. 通过 Tf 与 Al^{3+} 的结合反应，讨论 Al^{3+} 在生物体系的中毒机理，并分析出可能的解毒方法。

【典型的实验设计方案】

1. 诺氟沙星有强荧光性质，而铜离子能够与诺氟沙星生成络合物，并使其荧光完全猝灭，设计利用铜-诺氟沙星络合物为探针研究铜与转铁蛋白结合的荧光法实验方案。

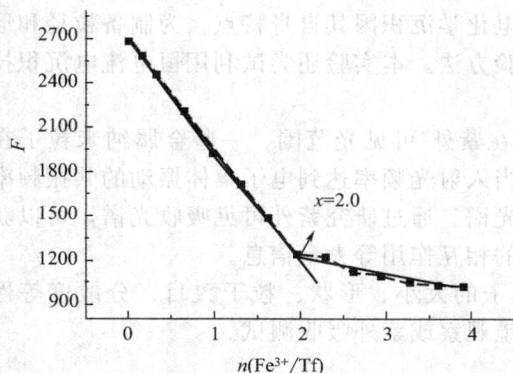

图 6-5　340nm 处荧光强度与 Al^{3+}/Tf 摩尔比的关系

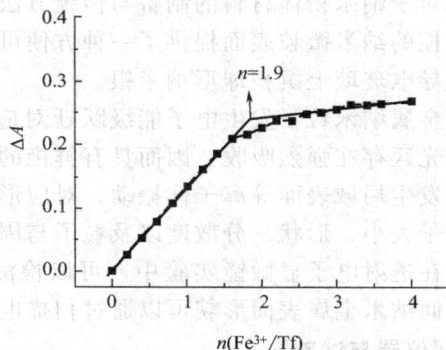

图 6-6　290nm 处的吸光度与 Fe^{3+}/Tf 摩尔比的关系

2. 设计利用极谱法及其离子选择性电极法测定重金属离子如铅、镉等与转铁蛋白结合反应的实验方案。

3. 稀土铈离子有强荧光性质，设计通过荧光猝灭法研究铈离子与转铁蛋白结合反应的实验方案。

实验 54　三种不同性能的银纳米粒子的制备及表征

【实验目的】

1. 了解化学还原法制备金属纳米粒子的原理及纳米粒子的基本性质。
2. 了解相转移技术原理和催化剂对相转移的影响。
3. 了解一种制备纳米金属表面的方法，进一步加深对电镀（电沉积）的认识。

【实验原理】

纳米粒子因其介观尺寸的粒径（1～100nm）而具有不同于体相材料及单个分子离子体系的一系列独特的物理和化学性能。将其组装和排列成二维与三维功能结构，是一种制备具有新型性能的化学、光学和磁、电器件的潜在途径，在电子学、光学、信息储存、电极材料和生命科学等领域展现出诱人的应用前景。

纳米粒子的制备方法很多，其中物理法操作复杂，对仪器和设备要求较高，而化学法具有简单易行和安全性高等特点，被大量采用。特别是水相制备纳米粒子实验结果重复性好，通过改变实验条件可以调控粒子的浓度、形状及粒径分布。

近年来，由于油溶性金属纳米粒子可作为有机反应催化剂，借助 LB 技术形成自组装单层膜等用途而被广泛关注。因为水溶性纳米粒子的水相制备技术较为成熟，所以人们通常采用相转移方法把金属纳米粒子从水相中提取到有机相中，从而得到油溶性纳米粒子。

本实验采用液相法低温制备银纳米粒子，以阴离子表面活性剂油酸钠作为保护剂，用 $NaBH_4$ 还原 $AgNO_3$，其实验原理如下：

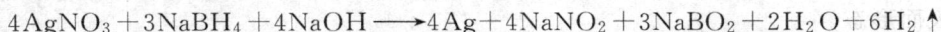

$$4AgNO_3 + 3NaBH_4 + 4NaOH \longrightarrow 4Ag + 4NaNO_2 + 3NaBO_2 + 2H_2O + 6H_2 \uparrow$$

相转移法制备油溶性银纳米粒子是通过调节乳化剂浓度、无机盐种类及浓度，把油酸钠包覆的银纳米粒子从水相转移到异辛烷、环己烷和甲苯等有机溶液中。

对于纳米粉体材料的制备与传统方法相比，电化学沉积因其自身特点，为制备粒径和形状可控的纳米微粒表面提供了一种方便可行的实验方法。本实验还尝试利用恒电流电沉积技术在导电玻璃上沉积球形纳米银。

金属纳米粒子发生电子能级跃迁对应的能量在紫外-可见光范围，一些金属纳米粒子在可见光区存在强烈吸收，因而具有鲜艳的颜色。当入射光频率达到电子集体振动的共振频率时，发生局域表面等离子体振动，对应形成吸收光谱。通过研究紫外可见吸收光谱，可以获取粒子大小、形状、分散度以及粒子与周围介质的相互作用等大量信息。

在透射电子显微镜实验中，可以检测纳米粒子的大小、形状、粒子数目、分散度等性质。而纳米金属表面形貌可以通过扫描电子显微镜观察或紫外吸收测试。

【仪器与试剂】

1. 透射电子显微镜，紫外可见分光光度计，电子天平，离心机，恒温鼓风干燥箱，电磁加热搅拌器，超声清洗器，棕色酸式滴定管，带塞的磨口三角瓶，表面皿，培养皿，烧杯，移液管，铁架台，试管刷，石英比色皿，Formva 膜铜网，碳膜铜网，直流稳压电流，电流表，电阻箱，工作电极（导电玻璃），辅助电极（铂片电极），扫描电子显微镜 SEM。

2. 硝酸银（A.R.），氢氧化钠（A.R.），硼氢化钠（A.R.），油酸（A.R.），油酸钠（A.R.），异辛烷（A.R.），环己醇（A.R.），$NaH_2PO_4 \cdot 2H_2O$（A.R.），$NaCl$（A.R.），KCl（A.R.），$MgCl_2 \cdot 6H_2O$（A.R.），$AlCl_3$（A.R.），$CaCl_2$（粗盐），高纯水，EDTA。

【实验步骤】

1. 实验准备

先将 $0.1mol \cdot L^{-1}$ 氢氧化钠溶液按照 2:1 的物质的量之比加入到 $1 \times 10^{-3} mol \cdot L^{-1}$ 油酸溶液中，配制成 500mL $1 \times 10^{-3} mol \cdot L^{-1}$ 的油酸钠溶液，40℃保存待用。

分别配制 $2 \times 10^{-3} mol \cdot L^{-1} AgNO_3$ 和 $1.6 \times 10^{-2} mol \cdot L^{-1} NaBH_4$ 溶液。

将等体积的油酸钠溶液和 $NaBH_4$ 水溶液混合，制备 25mL 含 $5 \times 10^{-4} mol \cdot L^{-1}$ 油酸钠（低于油酸钠的临界胶束浓度）的 $8 \times 10^{-3} mol \cdot L^{-1} NaBH_4$ 水溶液。

用分析纯油酸钠配成 $1.25 \times 10^{-3} mol \cdot L^{-1}$ 溶液。

2. 实验过程

（1）水溶性银纳米粒子的制备　在剧烈搅拌下于冰盐浴中将 25mL $2 \times 10^{-3} mol \cdot L^{-1}$ $AgNO_3$ 溶液滴加到 25mL $5 \times 10^{-4} mol \cdot L^{-1}$ 油酸钠（低于油酸钠的临界胶束浓度）的 $8 \times 10^{-3} mol \cdot L^{-1} NaBH_4$ 水溶液中，滴加时间控制在 30min 之内。随 $AgNO_3$ 的加入，还原剂水溶液颜色逐渐由无色变为浅黄色，最后变为棕黄色，即得到银纳米粒子水溶胶。滴加结束后，保持体系在冰浴中继续搅拌 3~5h，放置。

（2）油溶性银纳米粒子的制备　首先将分析纯油酸钠配成 $1.25 \times 10^{-3} mol \cdot L^{-1}$ 溶液。然后将 5mL 纳米粒子水溶胶和有机溶剂按照 1:1 混合，并加入一定体积新制的油酸钠溶液，剧烈搅拌 1h，形成乳化体系。再向体系中加入一定量（2g 左右）的无机盐（$NaH_2PO_4 \cdot 2H_2O$/$NaCl$/KCl/$MgCl_2 \cdot 6H_2O$/$AlCl_3$）诱导纳米粒子进行相转移。继续搅拌 2~3h，混合物自动分层，上层为金黄色油溶性银纳米粒子，下层为无色水溶液。用分液漏斗分离出有机溶胶，并保存在带塞的磨口三角瓶中，室温放置。

（3）采用两电极的电化学装置，铂电极做阳极，导电玻璃做阴极，以无支持电解质的 $AgNO_3$ 溶液为电解液，首先在较大电流（$0.05mA \cdot cm^{-2}$）条件下沉积，20min，观察所制备样品表面形态。

（4）在较小电流（$0.02mA \cdot cm^{-2}$）下沉积 10min，保存所制的样品，留待进行 SEM 表面形貌观察、紫外吸收测试。

实验结束后，调电压为零，关电源，清洗玻璃仪器。

（5）紫外光谱观察　将纳米粒子溶胶用对应溶剂定量稀释 6 倍，然后在石英比色皿中用紫外可见分光光度计检测。

（6）粒子形貌表征（根据实验条件选做）　将纳米粒子水溶胶和有机溶胶分别转移到 Formva 膜覆盖的铜网和碳膜铜网上，然后用透射电子显微镜观察、拍照，记录照片放大倍数。用 SEM 观察导电玻璃上沉积银的表面形貌。

【结果处理】

1. 紫外可见吸收光谱

以波长为横坐标，吸光度为纵坐标，用点线图将多个曲线累加在一个谱图中（如图6-7所示）。由紫外光谱讨论制得粒子的形状、分散度以及相应信息的来源（比如吸收峰形状、个数、对称性等），与同组采用不同的相转移催化剂的同学的结果进行比较，说明不同无机盐对相转移效能的影响。

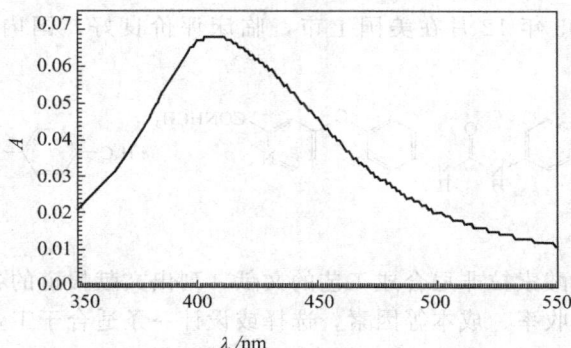

图 6-7　氯化钠做诱导剂的银纳米粒子油溶胶紫外-可见吸收光谱

2. 粒子形貌表征

采用透射电子显微镜观察水溶性和油溶性银纳米粒子的形貌，可与同组并行的实验结果进行比较，说明不同合成条件下产物的形貌有何变化。在电镜照片上加注标尺，并统计超过100 个纳米粒子的粒径，在 Origin 软件中做出直方图。

采用扫描电子显微镜观察导电玻璃上沉积银的表面形貌，估计粒子半径范围。图 6-8 为 SEM 观察导电玻璃上沉积银的表面形貌示例。

3. 假设电流效率为 95%，估算较大电流条件下沉积银的量。

【思考题】

1. 不同温度、不同浓度以及搅拌速度对产品形貌的影响及原因。

2. 不同无机盐作相转移催化剂对产品产率的影响及原因。

3. 导电玻璃上的沉积层银为什么是黑色的？

【典型的实验设计方案】

1. 不同还原剂制备银纳米粒子的形貌研究。

2. 化学修饰银纳米粒子的稳定性研究。

3. 银纳米粒子对有机反应的催化性能研究。

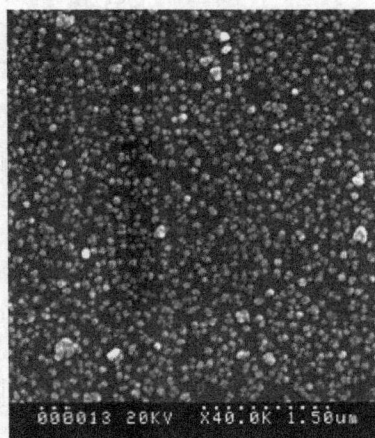

图 6-8　球形 Ag 纳米粒子电沉积在导电玻璃上的 SEM 图片

实验55　抗癌药对甲苯磺酸索拉非尼的合成工艺研究

【抗癌药对甲苯磺酸索拉非尼简介】

对甲苯磺酸索拉非尼是 Bayer 公司和 Onyx 公司联合开发的一个用于治疗晚期肾癌的抗肿瘤药物，化学名为 4-(4-{3-[4-氯-3-(三氟甲基)苯基]脲基}苯氧基) N'-甲基吡啶-2-酰胺-4-对甲基苯磺酸盐，分子式 $C_{21}H_{16}ClF_3N_4O_3 \cdot C_7H_8O_3S$，相对分子质量 637.10。作为一个多靶向激酶抑制剂，索拉非尼具有双重的抗肿瘤作用机制：既可阻断由 RAF/MEK/ERK 介导的细胞信号传导通路而直接抑制肿瘤细胞的增殖，又可作用于 VEGFR，抑制新生血管的形成和切断肿瘤细胞的营养供应，从而达到遏制肿瘤生长的目的。对甲苯磺酸索拉非尼于 2005 年 12 月在美国上市，临床评价良好，国内对其合成工艺的研究是一个热点。

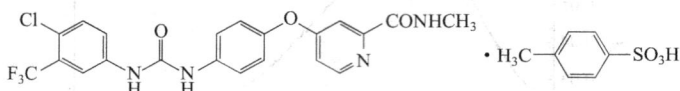

【实验设计要求】

检索有关对甲苯磺酸索拉非尼合成工艺的文献，列出文献报道的各条合成路线，并综合考虑它们的合成难易、收率、成本等因素，选择或设计一条适合于工业化大生产的合成工艺路线，最后将其合成出来。

【实验研究内容】

1. 文献检索

利用图书馆数字资源中的中国知网检索对甲苯磺酸索拉非尼合成工艺相关文献进行检索，总结文献报道的各条合成路线。

路线一：

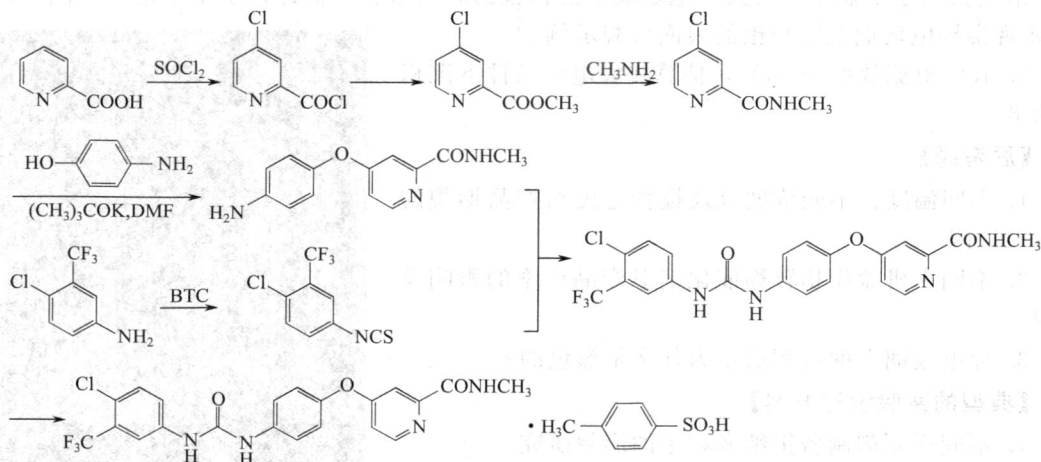

以吡啶-2-甲酸为起始原料，经氯代、醇解、氨解、醚化生成关键中间体 N-甲基-4-(4-

氨基苯氧基) 吡啶-2-甲酰胺；4-氯-3-三氟甲基苯胺与固体光气缩合形成 4-氯-3-三氟甲基苯基异氰酸酯，再与中间体 N-甲基-4-(4-氨基苯氧基) 吡啶-2-甲酰胺缩合生成索拉非尼，最后与对甲苯磺酸成盐得到终产品对甲苯磺酸索拉非尼。

路线二：

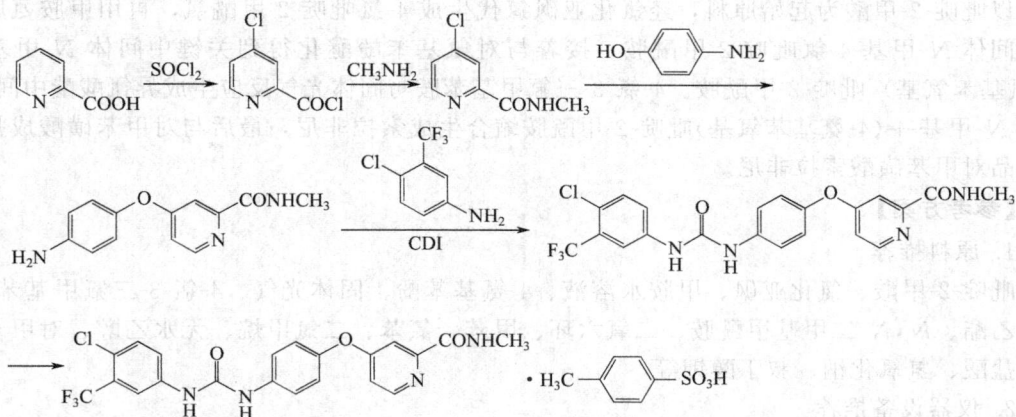

以吡啶-2-甲酸为起始原料，经氯代、氨解、醚化生成关键中间体 N-甲基-4-(4-氨基苯氧基) 吡啶-2-甲酰胺，直接与 4-氯-3-三氟甲基苯胺和 CDI（羰基二咪唑）缩合生成索拉非尼，最后与对甲苯磺酸成盐得到终产品对甲苯磺酸索拉非尼。

路线三：

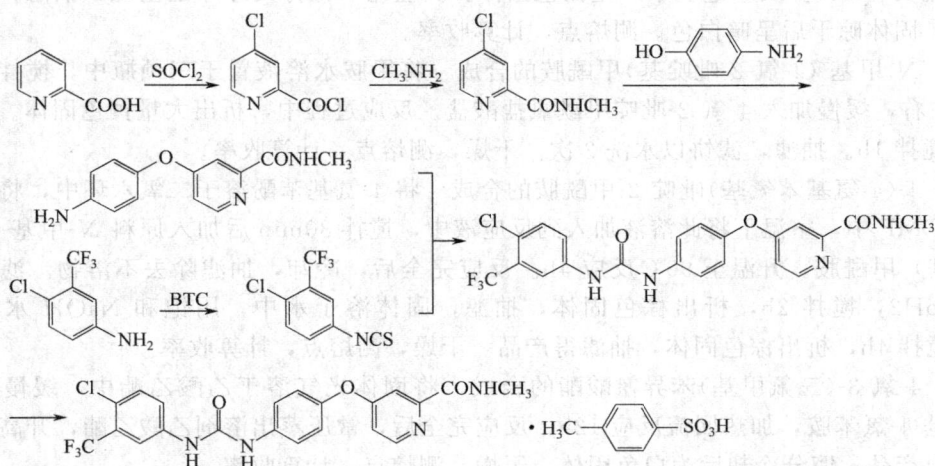

以吡啶-2-甲酸为起始原料，经氯代、氨解、醚化生成关键中间体 N-甲基-4-(4-氨基苯氧基) 吡啶-2-甲酰胺，4-氯-3-三氟甲基苯胺与固体光气缩合形成 4-氯-3-三氟甲基苯基异氰酸酯，再与中间体 N-甲基-4-(4-氨基苯氧基) 吡啶-2-甲酰胺缩合生成索拉非尼，最后与对甲苯磺酸成盐得到终产品对甲苯磺酸索拉非尼。

2. 合成路线选择

路线一中以吡啶-2-甲酸为起始原料，经氯代生成 4-氯吡啶-2-甲酰氯后，先进行醇解成酯，再氨解形成酰胺，步骤较长；路线二中间体 N-甲基-4-(4-氨基苯氧基)吡啶-2-甲酰胺直接与 4-氯-3-三氟甲基苯胺和 CDI（羰基二咪唑）缩合生成索拉非尼，步骤虽短，但 CDI 价格较昂贵，工业应用成本较高；路线三先将 4-氯-3-三氟甲基苯胺与固体光气缩合形成 4-氯-

3-三氟甲基苯基异氰酸酯，再与中间体 N-甲基-4-(4-氨基苯氧基)吡啶-2-甲酰胺缩合生成索拉非尼，虽多一步反应，但固体光气便宜，且此步反应操作简单，收率较高，综合评价，选择路线三为对甲苯磺酸索拉非尼的最终合成路线。

3. 按照选定的合成路线合成对甲苯磺酸索拉非尼

以吡啶-2-甲酸为起始原料，经氯化亚砜氯代生成 4-氯吡啶-2-甲酰氯，再用甲胺氨解得到中间体 N-甲基-4-氯吡啶-2-甲酰胺，接着与对氨基苯酚醚化得到关键中间体 N-甲基-4-(4-氨基苯氧基) 吡啶-2-甲酰胺。4-氯-3-三氟甲基苯胺与固体光气反应生成异氰酸酯中间体，再与 N-甲基-4-(4-氨基苯氧基)吡啶-2-甲酰胺缩合生成索拉非尼，最后与对甲苯磺酸成盐得终产品对甲苯磺酸索拉非尼。

【参考方案】

1. 原料推荐

吡啶-2-甲酸、氯化亚砜、甲胺水溶液、4-氨基苯酚、固体光气、4-氯-3-三氟甲基苯胺、乙酸乙酯、N,N-二甲基甲酰胺、二氧六环、甲苯、氯苯、二氯甲烷、无水乙醇、对甲苯磺酸、盐酸、氢氧化钠、叔丁醇钾等。

2. 仪器设备推荐

集热式加热磁力搅拌器、减压蒸馏装置、常压蒸馏装置、多功能循环水泵、其他玻璃仪器若干。

3. 合成步骤示例

（1）4-氯-2-吡啶甲酰氯的合成 将 2-吡啶甲酸悬浮于氯苯中，搅拌，加入二氯亚砜，加热回流反应 12h。反应过程中产生白色固体。反应完毕，将其冷却至室温，抽滤，固体以乙醚洗。固体晾干后呈暗白色。测熔点，计算收率。

（2）N-甲基-(4-氯-2-吡啶基)甲酰胺的合成 将甲胺水溶液置于三颈瓶中，搅拌，冷却至 0℃左右，缓慢加入 4-氯-2-吡啶甲酰氯盐酸盐。反应过程中，析出大量黄色固体。在室温下继续搅拌 1h。抽滤，滤饼以水洗 3 次。干燥，测熔点，计算收率。

（3）4-(4-氨基苯氧基)吡啶-2-甲酰胺的合成 将 4-氨基苯酚溶于二氧六环中，将叔丁醇钾溶于 DMF 中，室温下将此溶液加入到反应液中，搅拌 30min 后加入原料 N-甲基-(4-氯-2-吡啶基) 甲酰胺。升温至 90℃反应 4h。反应完全后，冷却，抽滤除去不溶物。滤液以浓盐酸调 pH2，搅拌 2h，析出棕色固体，抽滤，固体溶于水中，用饱和 NaOH 水溶液调 pH9，搅拌 4h，析出棕色固体，抽滤得产品。干燥，测熔点，计算收率。

（4）4-氯-3-(三氟甲基)苯异氰酸酯的合成 将固体光气溶于乙酸乙酯中，缓慢加入 3-三氟甲基-4-氯苯胺，加热回流反应 12h。反应完全后，常压蒸出溶剂乙酸乙酯，升高温度减压蒸馏出产品。馏分冷却后为白色固体。干燥，测熔点，计算收率。

（5）4-{4-[3-(4-氯-3-三氟甲基苯基)酰脲]苯氧基}吡啶-2-甲酰胺的合成 将 4-(4-氨基苯氧基) 吡啶-2-甲酰胺溶于乙酸乙酯中，加入 4-氯-3-(三氟甲基) 苯异氰酸酯，室温反应 1h，析出白色固体。抽滤，固体以乙酸乙酯洗涤得产品。干燥，测熔点，计算收率。

（6）4-{4-[3-(4-氯-3-三氟甲基苯基)酰脲]苯氧基}吡啶-2-甲酰胺对甲苯磺酸盐的合成 将 4-{4-[3-(4-氯-3-三氟甲基苯基)酰脲]苯氧基}吡啶-2-甲酰胺悬浮于 95% 乙醇中，加入对甲苯磺酸，升温回流至完全溶解，30min 后加入活性炭（产品理论质量的 5%），继续回流反应 30min 后，热抽滤，滤液冰浴下冷却 2h，析出固体，抽滤，干燥，测熔点，计算收率。

4. 产品表征内容

各步产物熔点（熔点测定仪）、纯度（HPLC）、关键中间体 N-甲基-4-（4-氨基苯氧基）吡啶-2-甲酰胺的核磁氢谱、终产品对甲苯磺酸索拉非尼的核磁氢谱和质谱。

【思考题】

1. 关键中间体 N-甲基-4-(4-氨基苯氧基)吡啶-2-甲酰胺的合成反应原理是什么？你认为这步反应成功的关键是什么？

2. 工艺过程中，为何要用调酸调碱的方法纯化产品？你知道的产品纯化方法有哪些？

实验56　绿色阻燃剂的合成与性能评价

【阻燃剂的品种、性能及化学成分简介】

目前阻燃剂的种类繁多，按化学组成可分为无机阻燃剂和有机阻燃剂；按照有无含卤素，又可分为卤系阻燃剂和无卤阻燃剂。

卤系阻燃剂是目前世界上产量最大的有机阻燃剂之一，因其添加量少，阻燃效果显著而在阻燃领域占有重要地位。主要产品有十溴二苯醚、四溴双酚A、四溴邻苯二甲酸酐、五溴甲苯和六溴环十二烷等。该系列阻燃剂的阻燃机理：有机卤化物在气相中产生活性卤素基团，它再与热分解产物反应生成卤化氢 HX，阻燃剂释放的 HX 能与聚合物降解产生的 H· 和 OH· 相互作用，使自由基浓度下降，从而延缓和终止燃烧的链反应。

无卤阻燃剂包括磷系阻燃剂、金属氢氧化物阻燃剂、膨胀型阻燃剂、有机硅阻燃剂和纳米阻燃剂。

磷系阻燃剂受热时分解生成热稳定性强的聚偏磷酸，在燃烧物表面形成隔离层。另外，聚偏磷酸具有脱水作用，促进炭化，使表面形成炭化膜，从而起到阻燃作用。磷系阻燃聚合物燃烧时，对环境污染小，阻燃剂含量较少就能达到好的阻燃效果，且对聚合物材料的各种性能影响小，现已得到广泛的应用。

氢氧化铝和氢氧化镁是无机阻燃剂的主要品种，它无毒、低烟、腐蚀小、价格低、热稳定性好，被誉为无公害阻燃剂。无机阻燃剂是亲水性物质，而高分子材料基体则是亲油性的，两者互不相溶，从而限制了无机阻燃剂的填充量，降低了其分散性。因此，无机阻燃剂在添加之前，必须先经过表面改性，改性效果的差异对分散性能有很大影响，进而影响到材料的性能。

膨胀型阻燃剂是以磷、氮、碳为主要核心成分的阻燃剂，含这类阻燃剂的高聚物受热时，其表面将形成一层均匀的炭质泡沫层。该炭质层具有阻隔热量及氧气的传递和抑烟的作用，并能防止燃烧过程产生熔滴，具有良好的阻燃性能，且低烟、低毒、无腐蚀性气体产生。

有机硅系阻燃剂是近年来开发的一种新型高效、低毒、防熔滴、环境友好的无卤阻燃剂，也是一种成炭型抑烟剂，它在赋予高聚物优异阻燃抑烟性的同时，还能改善材料的加工性能及提高材料的机械强度，特别是低温冲击强度。

纳米无机阻燃剂既可以单独添加到高聚物材料中去，也可与传统的阻燃材料复配使用，而且无卤、无毒、低烟、廉价，是一类环保型的阻燃剂。尤其是添加纳米复合物后，材料的热稳定性和阻燃性能有很大提高，此外，由于添加量比传统的无机材料少得多，因而对材料的力学和物理性能影响较小，是一类极具应用前景的新型阻燃材料。

【实验设计要求】

依据现有的实验条件，设计制备一种绿色阻燃剂表面活性剂的实验方案。

【实验研究内容】

磷酸酯阻燃剂是一类应用广泛的有机磷系阻燃剂，RDP（四苯基间苯二酚双聚磷酸酯）是一种双磷酸酯和缩聚磷酸酯的混合物。由于其具有适当的分子量，同时兼有蒸气压低、迁移性小、耐久性好、毒性低、无色、无臭、耐水解等优点，因而广泛用于 PU、PC、ABS、PET 等材料的阻燃。

【参考方案】

第一步三氯氧磷和间苯二酚的缩合反应是三官能团化合物和双官能团化合物的反应，可生成间苯二酚双磷酰二氯（化合物 1）和聚合型中间体（化合物 2）；第二步化合物 1 与苯酚经酯化反应而得到间苯二酚双（二苯基磷酸酯）（化合物 3，单体），同时化合物 2 与苯酚反应生成多聚体（化合物 4），阻燃剂 RDP 实质是单体和多聚体的混合物。主要反应机理如下：

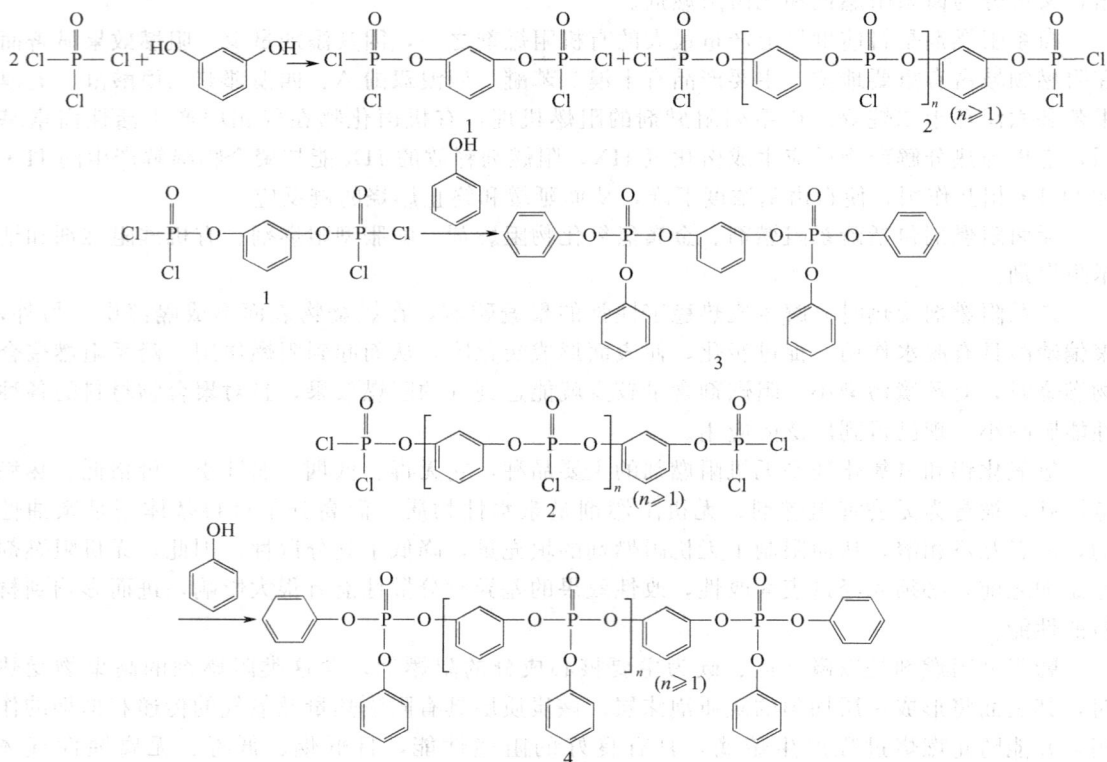

1. 原料推荐

三氯氧磷（C.P.）、苯酚（A.R.）、间苯二酚（A.R.）、无水氯化镁（A.R.）、甲苯（A.R.）、草酸（A.R.）、氢氧化钠（A.R.）。

2. 仪器设备推荐

电热套、强力电动搅拌器、旋转蒸发仪、四口瓶、冷凝器、分液漏斗。

3. 合成步骤示例

缩合反应：在装有温度计、搅拌器、冷凝器的 100mL 四口烧瓶中依次加入无水氯化镁 0.22g、三氯氧磷 55.08g、间苯二酚 8.80g，搅拌下加热至 85～90℃反应 5h；常压蒸馏，待温度升至150℃不出馏分后，进行减压蒸馏，真空度为0.095MPa，回收三氯氧磷，得到浅黄色透明黏稠液体。

酯化反应：待缩合反应中间体降温至约60℃时，加入熔融苯酚27.83g，升温至120～125℃，反应8h。

粗品的后处理：将上述粗品用80g甲苯溶解，然后用质量分数为1%的草酸溶液40g洗涤，分层；有机相用质量分数为2%的氢氧化钠溶液20g洗涤两次，分层；有机相用蒸馏水洗涤至中性，分层；将有机相经常压蒸馏出甲苯，待温度达到160℃且馏分很少时，进行减压蒸馏，真空度大于0.095MPa，减压蒸馏至气相温度低于40℃时停止，降温，得到无色或浅黄色液体产品。

4. 产品表征内容

进行SEM测试：将试样断面喷金处理后，在日立S-4800场发射扫描电镜上观察。

5. 产品阻燃性能考察

将RDP阻燃剂，分别加入到PET（聚对苯二甲酸乙二酯）、PP（聚丙烯）、ABS（丙烯腈-丁二烯-苯乙烯共聚物）塑料中，测试它们的阻燃性能、力学性能、着色性及气体的发生状况。

【分析讨论】

1. 物料配比对反应的影响。
2. 温度对反应的影响。
3. 催化剂对反应的影响。

实验57　表面活性剂的合成与性能

【表面活性剂简介】

表面活性剂是指具有固定的亲水亲油基团，在溶液的表面能定向排列，并能使表面张力显著下降的物质。同时还具有增溶、乳化、润湿、去污、杀菌、消泡、起泡等性质。一般认为按照表面活性剂的化学结构进行分类比较合适。即当表面活性剂溶解于水后，根据是否生成离子及其电性，可将表面活性剂分为离子型表面活性剂和非离子型表面活性剂。

阴离子表面活性剂起表面活性作用的部分是阴离子。主要包括肥皂类、硫酸化物、磺酸化物。肥皂类为高级脂肪酸盐，分子结构通式为（RCOO）$_n^-$ M^{n+}；硫酸化物主要是硫酸化油和高级脂肪醇的硫酸酯类，分子结构通式为 $ROSO_3^-$ M^+；磺酸化物主要有脂肪族磺酸化物、磺基芳基磺酸化物、磺基萘磺酸化物等，分子结构通式为 RSO_3^- M^+。其水溶性和耐钙、镁盐的能力虽比硫酸化物稍差，但不易水解，在酸性水溶液中较稳定。

阳离子表面活性剂起表面活性作用的部分是阳离子，其分子结构中含有一个五价的氮原子，又称为季铵化物。

两性离子表面活性剂的分子结构中，与疏水基相连的是电性相反的两个基团。在碱性溶液中呈阴离子型表面活性剂的性质，具有很好的起泡性和去污力；在酸性介质中呈阳离子型表面活性剂的性质，具有很好的杀菌力。

非离子表面活性剂在水中不解离，其分子结构中亲水基团主要是聚氧乙烯基和多元醇的羟基，亲油基团主要是长链脂肪酸或长链脂肪醇以及烷基或者芳基等，它们以酯键或醚键相结合。能与大多数药物配伍应用，毒性和溶血作用较小，可供外用和内服。

【实验设计要求】

依据现有的实验条件，设计制备一种表面活性剂的实验方案。

【实验研究内容】

十二烷基硫酸钠（SDS），别名为月桂醇硫酸钠，是阴离子表面活性剂的典型代表，由于它具有良好的乳化性、起泡性、可生物降解、耐碱、耐硬水，并且在较宽的 pH 值的水溶液中稳定等特点，广泛应用于化工、纺织、印染、化妆品和洗涤用品制造、制药、造纸、石油、金属加工等各行业。

【参考方案】

1. 原料推荐

月桂醇（A.R.）、氯磺酸（A.R.）、氢氧化钠（A.R.）、正丁醇（A.R.）。

2. 仪器设备推荐

电动搅拌器、滴液漏斗、温度计、三口烧瓶、气体吸收装置。

3. 合成步骤示例

在装有氯化氢吸收装置、温度计和电动搅拌器和滴液漏斗的 125mL 四口烧瓶中加入 31g 月桂醇，控温 25℃，在充分搅拌下用滴液漏斗于 30min 内缓慢滴加 12mL 氯磺酸，滴加时，温度不要超过 30℃，注意起泡沫，勿使物料溢出。加完氯磺酸后，于 30℃反应 2 h。反应中产生的氯化氢气体用 5％NaOH 溶液吸收。

反应结束后，将反应混合物缓慢倒入 150mL 盛有 50 g 碎冰的烧杯中，并充分搅拌。然后，在搅拌下滴加质量分数为 30％NaOH 溶液中和至 pH 为 7.0～8.5。再用 100mL 正丁醇分三次萃取，蒸馏浓缩，得到十二烷基硫酸钠粉末。

4. 产品表征内容

（1）用红外及核磁表征产物结构。

（2）配制系列浓度的表面活性剂，用表面张力仪测定其表面张力，并作图求出其临界胶束浓度。

【分析讨论】

1. 滴加氯磺酸时，温度为什么控制在 30℃以下？

2. 产品的 pH 值为什么控制在 7.0～8.5？

3. 简述采用氨基磺酸进行磺化反应的优点。

实验 58 复配缓蚀剂对铜的缓蚀作用研究

【复配缓蚀剂简介】

缓蚀剂复配一直是腐蚀防护领域研究的热点问题。利用缓蚀剂复配的协同作用，可以充分发挥各种缓蚀组分的作用，降低缓蚀剂的使用成本，扩大其使用范围并解决单组分难以克服的困难，从而增强缓蚀性能。

协同效应的作用机理主要有三种解释，一是活性离子与金属形成的偶极的负端朝向溶液的架桥作用，有利于有机阳离子的吸附；二是缓蚀物质在金属表面形成吸附层，吸附物相互促进提高吸附层的稳定性和覆盖率；三是物质间相同的吸附机理通过加合作用产生协同效应。近几年来，缓蚀剂协同效应的研究已取得了很大进展，对铜缓蚀剂复配的研究主要集中在对苯并三氮唑（BTA）的复配上。

【实验设计要求】

1. 不同复配比率的复配缓蚀剂在相同介质中对铜的缓蚀作用。
2. 不同复配缓蚀剂在相同介质中对铜的缓蚀作用。
3. 同一复配缓蚀剂在不同介质中对铜的缓蚀作用。

【实验研究内容】

利用电化学和 SEM 等技术，研究 3-氨基-1，2，4-三氮唑（3-ATA）（分子结构如图 6-9 所示）及其与聚天冬氨酸（PASP）（分子结构如图 6-10 所示）复配在盐酸中对铜的缓蚀作用。

图 6-9 3-ATA 分子结构图

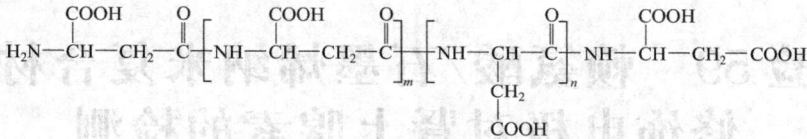

图 6-10 聚天冬氨酸（PASP）的分子结构

【参考方案】

1. 原料推荐

3-氨基-1,2,4-三氮唑（ATA）（A. R.）、聚天冬氨酸（A. R.）、丙酮（A. R.）、氯化钠（A. R.）。

2. 仪器设备及研究方法推荐

数显恒温水浴锅、扫描电镜（SEM）[1]、电化学工作站、电极[2]、电子天平、分析天平。

（1）分别配制含 $30mg \cdot L^{-1}$ ATA、$10mg \cdot L^{-1}$ ATA 和 $20mg \cdot L^{-1}$ PASP、$15mg \cdot L^{-1}$ ATA 和 $15mg \cdot L^{-1}$ PASP、$20mg \cdot L^{-1}$ ATA 和 $10mg \cdot L^{-1}$ PASP 以及不含 ATA 的 3.5% NaCl 溶液作为介质。

（2）先将铜分别浸入上述 6 种溶液中，恒温 $30℃$，经浸泡 1h 后，采用 $5mV$ 的扫描速率，从 $-0.6V$ 到 $0.2V$ 扫描测量极化曲线，比较在不同复配比率下腐蚀电流密度强度。

（3）在开路电位下测量阻抗谱。外加干扰为 $5mV$，测定频率范围为 $100000 \sim 0.05Hz$，从高频到低频扫描。

3. 缓蚀作用机理研究示例

ATA 通过四唑环上的 N 原子和氨基上的 N 原子吸附在铜表面，形成保护膜，从而抑制了 HCl 对铜表面的腐蚀，降低了抛光后的表面粗糙度，改善了表面质量。

ATA 在铜电极上与一价铜可以形成较为致密的络合物膜。在含有 ATA 的氯化物溶液中，能够在金属氧化物-单体铜表面形成 Cu-ATA 保护层。机理如方程所示：

$$Cu + ATA \longrightarrow (Cu\text{-}ATA)_{ads}$$

$$nCuCl_2^- + nATA \longrightarrow (Cu\text{-}ATA)_n + nH^+ + 2nCl^-$$

$$(Cu\text{-}ATA)_{ads} + (Cu\text{-}ATA)_n \longrightarrow [(Cu\text{-}ATA)\text{-}(Cu\text{-}ATA)_n]_{ads}$$

ATA 在金属表面的化学吸附，在金属表面形成了保护层，阻止大气中的 O_2 接触铜表面，改变了铜表面 Cu_2O 膜的化学计量比而达到缓蚀作用，并且这种吸附过程是不可逆的。

【分析讨论】

1. 简述 ATA 缓蚀剂的作用机理。

2. 分析讨论不同复配比率的复配缓蚀剂在相同介质中对铜的缓蚀作用。

【附注】

［1］扫描电子显微镜表面分析所用试样尺寸为：50mm×20mm×1mm，用 180～2000@ 不同型号的水砂纸在预磨机上打磨，再在抛光机上抛光，然后用去离子水清洗、丙酮擦拭其表面，再用去离子水冲洗后分别放入含有缓蚀剂的溶液中浸泡 12h 后烘干，在扫描电镜下观察。

［2］电化学研究体系采用三电极体系，工作电极为铜（工作部分是直径为 0.5cm 的圆片），其余工作电极部分用环氧树脂封装。测量前，工作电极的表面分别用 180～2000@ 不同型号的水砂纸在预磨机上打磨，再在抛光机上抛光，用去离子水清洗、丙酮擦拭其表面，再用去离子水冲洗后将其移入电解池。辅助电极采用铂电极，参比电极采用饱和甘汞电极（SCE）。

实验59　赖氨酸/石墨烯纳米复合材料修饰电极对肾上腺素的检测

【实验目的】

1. 掌握电化学工作站的原理和操作。

2. 学习石墨烯修饰电极的构建方法。

3. 学习各类电化学传感器的制备与表征，并探讨它们在实际检测中的应用。

【实验原理】

肾上腺素是一种儿茶酚胺类神经递质，其代谢的紊乱可导致某些疾病的发生，研究其测定方法在临床医学、生物化学等方面具有重要意义。电化学方法因具有检测快速、成本低廉和操作简便等优点，使其在检测肾上腺素及其他儿茶酚胺类物质研究中发展迅速。然而肾上腺素在常规电极上易发生电极表面吸附，使电极钝化，肾上腺素的电子转移速率减慢，同时大量抗坏血酸与肾上腺素共存且在固体电极上的氧化电位和肾上腺素接近，严重影响肾上腺素的测定。利用修饰电极可改善电化学响应，消除抗坏血酸的干扰，有利于进行肾上腺素的电化学检测。

电化学传感器的工作示意图如图 6-11 所示。

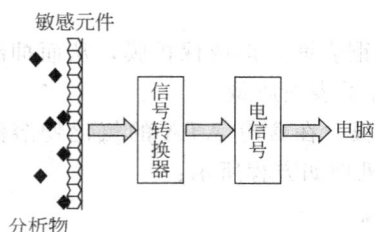

图 6-11　电化学传感器工作示意图

基于石墨烯复合材料的电化学传感器的基本结构单元由修饰材料和信号转换器（基础电极）组成。在本实验中，意图研究 L-赖氨酸石墨烯复合材料修饰电极，以实现高灵敏性识别被检测物质肾上腺素，产生化学信号，基础电极将化学信号转变为电信号，从而达到检测的目的。下面具体阐述一下电极的构建和电化学工作站工作原理。

（1）电化学传感界面（基于石墨烯修饰电极）的构

建 石墨烯是一种 sp^2 杂化碳组成的新型二维纳米材料。凭借它超高的比表面积、优良的热稳定性、快速的电子传输能力以及良好的可修饰性等诸多独特性质，而展现出作为一种优秀的电极修饰材料的潜质。因此功能化石墨烯纳米复合材料广泛用于修饰电极，使传感器具备研究者所期望的特殊性质。利用氧化石墨烯的含氧基团（如羟基、羧基、环氧基团等）合成功能化石墨烯纳米复合材料已成为当前的研究热点。该实验首先制备 L-赖氨酸石墨烯复合材料，采用滴涂法制备修饰电极，自然晾干备用。

（2）电化学行为测试　电化学测试方法常用的有循环伏安法（CV）、差分脉冲伏安法（DPV）、电化学交流阻抗技术（EIS）等。循环伏安法通常采用三电极系统，一支工作电极（被研究物质起反应的电极），一支参比电极，一支辅助（对）电极。外加电压加在工作电极与辅助电极之间，反应电流通过工作电极与辅助电极，记录工作电极上得到的电流与施加电压的关系曲线。首先将工作电极打磨抛光，用蒸馏水冲洗后用超声水浴清洗备用。将配制的系列铁氰化钾溶液逐一转移至电解池中，插入干净的电极系统。进行循环伏安设定：起始电位为 -0.2 V；电压 0.6V；扫描速度为 $50mV \cdot s^{-1}$；灵敏度为 $1e^{-4}A \cdot V^{-1}$，开始循环伏安扫描。实验室条件下所得循环伏安图中的峰电位差在 80mV 以下，并尽可能接近 64mV，电极方可使用，否则要重新处理电极，直到符合要求。

在室温下，以修饰电极为工作电极，饱和甘汞电极（SCE）为参比电极，铂电极为对电极，在含适量肾上腺素的磷酸盐缓冲溶液（PBS）(pH＝4.0) 中，进行循环伏安和差分脉冲伏安测定。

【实验仪器与试剂】

1. 上海辰华仪器公司 CHI 650E 电化学工作站，其中玻碳电极为工作电极，铂电极为辅助电极，甘汞电极为参比电极。扫描电子显微镜（SEM），傅里叶变换红外分光光度计（KBr 压片制样），分析天平，离心机，恒温干燥箱，电磁加热搅拌器，超声清洗器。烧杯（10mL，25mL），烧瓶，球形冷凝管，铁架台，微量进样器，容量瓶（100mL），所有测试均在室温下进行（25℃±0.5℃）。

2. 肾上腺素，L-赖氨酸（A.R.，＞99％），氢氧化钾，硼氢化钠，硫酸，$K_3[Fe(CN)_6]$，$K_4[Fe(CN)_6]$，Na_2HPO_4、KH_2PO_4、KCl 均为分析纯试剂，PBS 缓冲溶液（pH＝7.4），石墨烯氧化物，所配溶液均用二次蒸馏水。

【实验步骤】

1. 材料制备

石墨烯氧化物可直接购买，也可通过 Hummers 法对本体石墨进行氧化处理制得石墨烯氧化物。将 14 mg 石墨烯氧化物溶解在 70mL 浓度为 $1mg \cdot mL^{-1}$ 的 KOH 水溶液中，然后加入 6 mg 的 L-赖氨酸，在 75℃ 下磁力搅拌加热 24h。反应完全后加入 7.0mL 浓度为 $0.2mol \cdot L^{-1}$ 的硼氢化钠溶液，75℃ 下继续搅拌反应 2h。冷却至室温后，去离子水洗涤数次，离心提纯得到黑色产物，放入真空烘箱 65℃ 下干燥。

2. 电极处理

首先将玻碳电极（直径 4.0mm）分别用粒径为 1.0mm、0.3mm、0.05mm 的氧化铝粉未进行打磨处理，直到电极表面呈现镜面效果；其次将打磨好的电极分别用水、无水乙醇、水超声，各自超声约 3min，用于去除电极表面可能存在的杂质，并在室温下自然晾干。最后取 $10\mu L$ 上述溶液（$1g \cdot mL^{-1}$）滴到电极表面制成 Lys-GO 修饰电极。修饰电极置于室温下干燥，使用前用清水清洗。作为对比，在相同条件下制备石墨烯修饰的电极和赖氨酸修饰的电极。

3. 谷氨酸石墨烯纳米复合材料的红外特性研究

红外光谱（FTIR）用于表征物质结构。分别进行石墨烯氧化物、L-赖氨酸、L-赖氨酸-石墨烯（LGO）的红外光谱测定。取少量样品与KBr混合，研细后压片，用傅里叶变换红外分光光度计（GX，Perkin Elmer Co.，美国）测定样品的IR光谱，扫描范围在$500\sim4000cm^{-1}$。L-赖氨酸-石墨烯（LGO）的红外光谱与石墨烯氧化物、L-赖氨酸的谱图进行对比，做物相鉴定。

4. 谷氨酸石墨烯纳米复合材料的形貌表征

扫描电子显微镜（SEM）表征修饰电极表面的形貌特征。将L-赖氨酸-石墨烯滴涂在导电玻璃上，用扫描电子显微镜观察、拍照，记录其表面形貌。可以观察到L-赖氨酸-石墨烯显示了纳米级尺寸薄纱片层形状，如图6-12所示。

5. 修饰电极的循环伏安（CV）表征

以$5mmol \cdot L^{-1}$ $[Fe(CN)_6]^{3-/4-}$作为氧化还原探针，在扫速为$100mV \cdot s^{-1}$、电位范围在$-0.2\sim0.6V$条件下测定裸GCE电极和修饰电极的循环伏安曲线（见图6-13）。

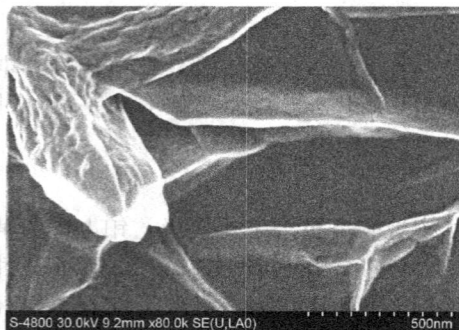

图6-12 L-赖氨酸-石墨烯的SEM图

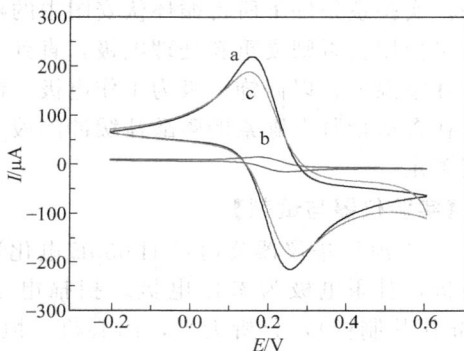

图6-13 裸GCE电极和修饰电极的循环伏安曲线

6. 肾上腺素在修饰电极上的电化学行为

采用三电极体系，工作电极为L-赖氨酸-石墨烯复合材料修饰电极，饱和甘汞电极（SCE）为参比电极，铂丝电极为辅助电极。将待检测的肾上腺素溶解于$0.1mol \cdot L^{-1}$的PBS缓冲液（pH＝4.0）中，得到$0.25mmol \cdot L^{-1}$肾上腺素溶液。选择电位扫速为$100mV \cdot s^{-1}$，在$-0.4\sim0.6V$的范围内进行循环伏安（CV）扫描并记录其曲线。与裸玻碳电极以及石墨烯氧化物修饰电极对肾上腺素的CV曲线进行对比。差分脉冲伏安法用于研究肾上腺素氧化峰电流与其浓度的关系。分别记录$1.0\times10^{-7}mol \cdot L^{-1}$、$5.0\times10^{-7}mol \cdot L^{-1}$、$5.0\times10^{-6}mol \cdot L^{-1}$、$1.0\times10^{-5}mol \cdot L^{-1}$、$5.0\times10^{-5}mol \cdot L^{-1}$、$2.5\times10^{-4}mol \cdot L^{-1}$、$5.0\times10^{-4}mol \cdot L^{-1}$、$1.0\times10^{-3}mol \cdot L^{-1}$浓度下的肾上腺素的DPV曲线，通过origin 8.0绘图软件绘制峰电流与浓度的线性关系，并计算其检出限。

【典型实验设计题目】

1. 设计实验室制备石墨烯的方法和条件优化实验。

2. 根据峰电流的变化探究酸度对肾上腺素催化效果的影响。

3. 查阅文献，比较本教材实验方法与文献中其他电化学修饰电极检测肾上腺素的方法的优缺点。

4. 设计制备用于检测肾上腺素的其他复合材料修饰电极的实验方案。

5. 研究电化学测量时抗坏血酸对肾上腺素的干扰情况。

实验60　生物可降解高分子药用辅料乙交酯丙交酯共聚物（PLGA）的合成与性能评价

【生物可降解高分子药用辅料的品种、性能及化学成分概述】

生物可降解高分子材料是一类用于生物机体的药物载体材料，具有在体生物自动降解、较低免疫原性、生物相容性良好等特点，是化学领域用于生物机体研究最热点的材料之一，用于药物的载体递药系统的构建，具有广阔的前景。常用的此类材料包括羟基乙酸共聚物（PGA）、聚乳酸（PLA）、聚乙交酯-丙交酯共聚物（PLGA）、聚己内酯、聚赖氨酸、聚乙烯亚胺（PEI）等材料，其中聚乳酸（PLA）、聚乙交酯-丙交酯共聚物（PLGA）为美国食品药品监督管理局（FDA）批准唯一可用于人体的生物可降解材料。

【实验设计内容】

本实验以 PLGA 为合成目标化合物，由乙交酯、丙交酯二聚体为反应物，甲基醚聚乙二醇（或乳酸、十八醇等）为链终止剂，辛酸亚锡为催化剂，在 $140 \sim 160℃$ 的无水、无氧条件下进行反应，需要 12h 即可反应完全。其中辛酸亚锡的配制溶剂（无水）、反应温度、反应时间需要适当选择。

评价：对反应物进行溶解、纯化、干燥等步骤处理后，通过凝胶色谱测定其分子量与分子量分布跨度。通过核磁共振氢谱、核磁共振碳谱测定结构式。将材料制成一定规格的植入剂，置于模拟体液试管中，观测外观变化，经凝胶色谱法测定分子量的变化。也可植入大鼠皮下观测其免疫原性、生物可降解性。

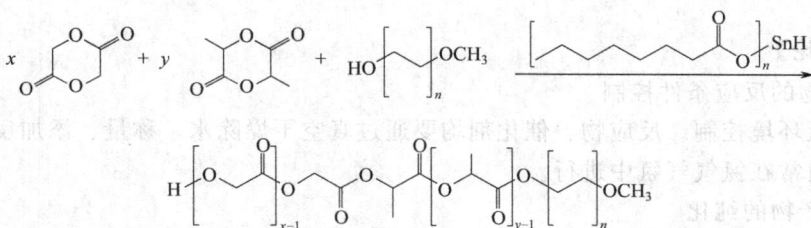

【实验研究内容】

1. 研究反应的最佳条件。包括反应物的比例、时间、温度、催化剂的浓度、终止剂的用量比例等因素。

2. 评价：结构的表征、分子量的测定、分子量分布的测定。

【参考方案】

1. 原料推荐

采用乙交酯、丙交酯二聚体为起始原料，辛酸亚锡采用分析纯级，其他材料均为分析纯。

2. 仪器设备推荐

油浴锅、三颈瓶、磁力搅拌器、回流冷凝管、真空泵、双排管、氮气瓶、U 形密封单向管。

3. 合成步骤内容

反应方程见图 6-14。由丙交酯、乙交酯为起始反应物，催化剂为辛酸亚锡、终止剂为甲基醚聚乙二醇（或乳酸、十八醇）。先将上述物质脱水干燥（60℃，真空干燥 24h），按反应物摩尔比为 1：1 称量后投入三颈瓶（干燥），抽真空，保持 1h。催化剂经无水正己烷溶解，取约万分之五的比例投入三颈瓶中，磁力搅拌，关闭真空，充入氮气，将整个装置处于与外界隔绝的状态，只允许体系内氮气排出。通过油浴锅加热至 140～160℃，搅拌，直至反应结束。反应约 20min 后，可形成液体状态，约 2h 后形成黏稠态。可得到黄棕色的固体黏于瓶底。用二氯甲烷溶解三颈瓶中反应产物，后经甲醇沉淀析出黏稠白色固体物质，得到纯化后的产物，经丙酮溶解，真空干燥 24h，即得白色韧性固体物质。

4. 产品表征内容

取约 5mg 产物溶于四氢呋喃 10mL，溶解后经高效液相-凝胶色谱系统测定其分子量及分子量分布。再取少许产物经核磁共振谱（氢谱）确定其结构特征官能团。

5. 产品特性考察

（1）生物降解特性考察　将产物用丙酮软化制备成长条状，直径 1mm，长度 1cm。精密称量少许上述产物多份，分别置于 pH1.2、pH4.5、pH7.4、水的介质中，每种介质中放 5 份样品（分别标记），在 37℃下，恒温振荡，于不同时间（5d、10d、20d）取出，吸干水分，测定质量，经显微镜观测外观变化（与原产物比较）。凝胶色谱仪测定其分子量的变化。也可通过测定介质中降解产物乳酸的含量来计算降解速率。

（2）生物免疫原性考察　将生物降解项中制备的条状物，置于大鼠背部皮下，于 1d、5d、10d 观测皮肤外观有无红肿热痛现象。

（3）微粒载体的形成考察　将产物溶于丙酮，水中溶解泊洛沙姆（1%），将有机相经注射器缓慢加入水相，期间不断搅拌，可形成淡蓝色纳米级微粒体系，该体系可作为药物的纳米载体。

【分析讨论】

1. 反应物的反应条件控制

无水无氧环境控制。反应物、催化剂均要通过真空干燥除水，称量、添加反应物过程要注意防水，通常在氮气气氛中进行。

2. 反应产物的纯化

产物经二氯甲烷溶解后，经甲醇溶解未反应的反应物及催化剂，沉淀产物。此方法可得到纯度较高的产物。

3. 生物降解特性的考察

不同介质中该材料降解速率不同，一般在酸性较大的介质中，降解速率较快。可通过测定反应产物的质量或介质中乳酸的含量来推算降解速率。

4. 生物免疫原性考察

生物免疫原性是机体对外界刺激物的对抗表现。表现为接触部位皮肤红肿热痛的现象产生。若将材料置入皮下，无明显免疫反应，可认为材料对机体无免疫原性，即说明机体对材料是生物相容的。

参考文献

[1] Kang H Z. Jin Y, Han Q. Electrochemical Detection of Epinephrine Using an L-Glutamic Acid Functionalized Graphene Modified Electrode. Analytical Letters, 2014, 47: 1552-1563.

[2] 李艳萍. 大学物理实验教程. 北京: 机械工业出版社, 2012.

[3] 袁有臣. 误差理论与测试信号处理. 北京: 化学工业出版社, 2011.

[4] 梁彦天, 陆志. 普通物理学实验. 南京: 南京大学出版社, 2011.

[5] 耿维明. 测量误差与不确定度评定. 北京: 中国计量出版社, 2011.

[6] 董超, 李建平. 物理化学实验. 北京: 化学工业出版社, 2011.

[7] 杨韧. 大学物理实验. 北京: 北京理工大学出版社, 2011.

[8] 朱明霞, 杨北平, 郝文博. 物理化学实验. 哈尔滨: 哈尔滨工程大学出版社, 2011.

[9] 刘景旺. 大学物理实验. 北京: 中国水利水电出版社, 2010.

[10] 徐光宪, 黎乐民, 王德民. 量子化学——基本原理和从头计算法. 第2版. 北京: 科学出版社, 2009.

[11] 孙尔康, 张剑荣. 物理化学实验. 南京: 南京大学出版社, 2009.

[12] Shan C S, Yang H F, Han D X, Zhang Q X, Ivaska A, Niu L. Water-soluble graphene covalently functionalized by biocompatible Poly-L-lysine. Langmuir, 2009, 25 (20): 12030-12033.

[13] Carl W Garland, Joseph W Nibler, David P Shoemaker. Experiments in Physical Chemistry. Eighth Edition. New York: McGraw-Hill Companies, 2009.

[14] 向建敏. 物理化学实验. 北京: 化学工业出版社, 2008.08.

[15] 尹波, 黄桂萍, 曹利民. 恒温槽调节与温度控制实验条件的探讨. 江西化工, 2008, (2): 120-121.

[16] 孙红梅. 液体试样燃烧热的测定. 牡丹江大学学报, 2008, 17 (5): 95-96, 110.

[17] 蒋海燕, 朱方, 顾浩. 关于二元合金相图实验教材中若干问题的商榷. 科技信息 (科学教研), 2008, (8): 173, 182.

[18] 李咏梅, 李人宇, 夏海涛. 燃烧热测定实验的绿色化研究. 甘肃科技, 2008, 24 (17): 52-53.

[19] 奚新国. 表面张力测定方法的现状与进展. 盐城工学院学报 (自然科学版), 2008, 21 (3): 1-4.

[20] 张相匀. "测定电源的电动势和内阻" 实验的误差分析. 贵州教育学院学报 (自然科学版), 2008, 19 (3): 74-78.

[21] 钟红梅, 侯德顺. 电池电动势的测定及应用实验设计的改进. 辽宁化工, 2008, 37 (10): 664-665, 676.

[22] 覃吉贤, 刘淑兰. 电极的极化和极化曲线 (Ⅱ)-极化曲线. 电镀与精饰, 2008, 30 (7): 29-34.

[23] 李奇, 黄元河, 陈光巨. 结构化学. 北京: 北京师范大学出版社. 2008

[24] 曾艳丽, 李晓艳, 孟令鹏, 郑世钧. 第2周期双原子分子及其离子共价键结构比较. 大学化学, 2008, 23 (1), 58-60.

[25] 梁雪, 王一波. 用 Gaussian/GaussView 辅助结构化学实验教学. 贵州大学学报 (自然科学版), 2008, 25 (3), 328-330.

[26] 桑雪梅, 尚宏利, 王敏. 蔗糖水解反应实验教学的改革. 重庆工学院学报 (自然科学版), 2008, 22 (7): 178-180.

[27] 罗刚. 不确定度 A 类评定及不确定度 B 类评定的探讨. 计量与测试技术, 2007, 34 (12): 42-43.

[28] 钱萍, 申江. 物理实验数据的计算机处理. 北京: 化学工业出版社, 2007.03.

[29] 郭沈辉, 戚晓红, 王林虎. 恒温槽的校准及不确定度的评定. 中国测试技术, 2007, 33 (6): 86-89.

[30] 王学文, 陈启元, 张平民. 改进的凝固点降低法测定摩尔质量实验装置. 实验室研究与探索, 2007, 26 (4): 40-42.

[31] 尹东霞, 马沛生, 夏淑倩. 液体表面张力测定方法的研究进展. 科技通报, 2007, 23 (3): 424-429, 433.

[32] 张鹏辉, 杨仕豪, 莫丽儿. 铁和碳钢在浓碱溶液中的阳极极化曲线. 广州化工, 2007, 35 (5): 43-45.

[33] 马子川, 王颖莉, 贾俊英等. 草酸法改性锰矿吸附水中 Cu (NH$_3$)$_4^{2+}$. 金属矿山, 2007, (2): 72-74, 96.

[34] 马子川, 王颖莉, 李燕等. 草酸法改性锰矿改性条件的优化. 金属矿山, 2007, (4): 78-80.

[35] 赵影, 王俊敏, 唐然肖, 高书涛, 刘书静, 冯涛. Gaussian98 和 Gaussview 在结构化学教学中的应用. 河北农业大学学报 (农林教育版), 2007, 9 (4), 104-105, 115.

[36] 童丹丽, 唐小祥. 双液系的气-液平衡相图装置的改进. 高校理科研究, 2006, (11): 81.

[37] 黄桂萍, 肖红, 尹波. 双液体系气-液平衡相图测定方法的探讨. 赣南师范学院学报, 2006, (6): 82-84.

[38] 夏海涛. 物理化学实验. 南京: 南京大学出版社, 2006.10.

[39] 朱思俐, 何佑秋, 古启蓉. 凝固点降低法测定摩尔质量实验的改进. 大学化学, 2006, 21 (1): 49-50.

[40] 玉占君, 张文伟, 任庆云. 电导法测定乙酸乙酯皂化反应速率常数的一种数据处理方法. 辽宁师范大学学报 (自

然科学版），2006，29（4）：511-512.

[41] 谢祖芳，黎中良，黄中强．乙酸乙酯皂化反应实验数据的非线性处理．实验科学与技术，2006，12（6）：1-4.

[42] 张树永，贝逸翎，王洪鉴．综合化学实验［M］．北京：化学工业出版社，2006：75.

[43] 刘马林，麻英．丙酮碘化实验改进的思考．实验技术与管理，2006，23（4）：36-37，55.

[44] 凌锦龙，张建梅．盐效应对丙酮碘化反应动力学参数的影响．化学研究与应用，2006，18（7）：844-847.

[45] 武丽艳，尚贞锋，赵鸿喜．电导法测定水溶性表面活性剂临界胶束浓度实验的改进．实验技术与管理，2006，23（2）：29-30.

[46] 马子川，王颖莉，贾密英等．提高天然锰矿吸附水中重金属离子能力的方法．金属矿山，2006，（9）：78-80，83.

[47] 刘晓东，胡宗球．Gaussv iew 在化学教学中的一些应用．大学化学，2006，21（5），34-36.

[48] 张友兰．有机精细化学品合成及应用实验．北京：化学工业出版社，2005.

[49] 张莉．中和热的测定实验装置改进．实验教学与仪器，2005，（1）：17.

[50] 曲景年，莫运春，刘梦琴．旋光法测蔗糖水解反应速率常数实验的改进．大学化学，2005，20（1）：48-49，20.

[51] 李晓艳，曾艳丽，孟令鹏，郑世钧．$CH_2XH \rightarrow CH_3X$（X＝O，S，Se）异构化的量子拓扑研究．化学学报，2005，63（5）：352-357.

[52] ZENG，Yan-Li；MENG，Ling-Peng；ZHENG，Shi-Jun. AIM Study on Reaction $HNCX \rightarrow HXCN$（X＝O，S and Se）. Chinese Journal of Chemistry，2005，23（9）：1187-1192.

[53] 曾艳丽，李晓艳，孟令鹏，郑世钧．同核双原子分子及其阳离子的共价键结构比较．大学化学，2005，20（3），56.

[54] 贾梦秋，杨文胜．应用电化学．北京：高等教育出版社，2004.

[55] 张杰．中和热的测定实验改进．中小学实验与装备，2004，14（72）：15.

[56] 庄继华．物理化学实验．第3版．北京：高等教育出版社，2004：145-148

[57] 于庆水，潘春晖．金属相图实验的改进．沧州师范专科学校学报，2004，20（1）：55.

[58] 复旦大学．物理化学实验．第3版．北京：高等教育出版社，2004.

[59] Frisch M J，Trucks G W，Schlegel H B，et al. Gaussian 03，Revision D. 01. Wallingford CT：Gaussian Inc.，2004.

[60] 邓崇海．Chemwindow 在多媒体教学 CAI 制作中的应用．化学教育，2003，（9）：32-33.

[61] 何卫东．高分子化学实验．合肥：中国科学技术大学出版社，2003.

[62] 周开学，李书光．误差与数据处理理论．东营：石油大学出版社，2002.

[63] 周公度，段连运．结构化学基础．第3版．北京：北京大学出版社．2002

[64] Koch W，Holthausen M C. A Chemist's Guide to Density Functional Theory. Wiley-VCH，2001

[65] 麦松威，周公度，李伟基．高等无机结构化学．北京：北京大学出版社；香港：香港中文大学出版社，2001.

[66] Levine I N. Quantum Chemistry. Prentice Hall，2000.

[67] Biegler-König，F. AIM 2000，version 1. 0；University of Applied Science：Bielefeld，Germany，2000.

[68] 蔡干，曾汉维，钟振声．有机精细化学品实验．北京：化学工业出版社，1997.

[69] 赵文元，王亦军．功能高分子材料化学．北京：化学工业出版社，1996.

[70] 明胶生产工艺及设备编写组编．明胶生产工艺及设备．北京：中国轻工业出版社，1996.

[71] 吴乃爵．大学物理实验教程．杭州：杭州大学出版社，1996.

[72] 薛峰，吴锦屏．计算机辅助教学对传统普化教学方式的影响．大学化学．1996，11（1）：36-38.

[73] 潘道皑，赵成大，郑载兴．物质结构．北京：高等教育出版社，1995.

[74] 沈兴．差热，热重分析与非等温固相反应动力学．北京：冶金出版社，1995：61.

[75] Zheng S J，Cai X H，Meng L P. QCPE Bull. 1995，15（2），25.

[76] 吴仲儿，黄稍华，李志达等．食品化学实验．广州：暨南大学出版社，1994.

[77] 刁国旺，阚锦晴，刘天晴．物理化学实验．北京：兵器工业出版社，1993：61.

[78] 复旦大学．物理化学实验．第2版．北京：高等教育出版社，1993：39.

[79] 梁敬魁．相图与相结构．北京：科学出版社，1993.

[80] Teisseire M，Chanh N B，Cuevas-Diarte M H，et al. Calorimetry and X-ray investigation of the binary system neo-pentylglycol-pentaerythritol［J］. Thermochimica. Acta. 1992，181：1.

[81] 刘全宝．计量保证与管理．北京：中国计量出版社，1991.09.

[82] 刘振海．热分析导论．北京：北京工业出版社，1991：99.

[83] 罗澄源．物理化学实验．第3版．北京：高等教育出版社，1991：46.

[84] 清华大学化学系物理化学教研室．物理化学实验．北京：清华大学出版社，1991：38.

[85] Bader R F W. A quantum theory of molecular structure and its applications. Chem Rev. 1991，91（5）：893.

[86] Bader R F W. Atoms in Molecules：A Quantum Theory. Oxford，U. K. Oxford University Press：1990.

[87] 潘道皑，赵成大，郑载兴．物质结构．第 2 版．北京：高等教育出版社，1989.

[88] Parr R G，Yang W. Density-Functional Theory of Atoms and Molecules. Oxford University Press，1989.

[89] Szabo A，Ostlund N. S. Modern Quantum Chemistry. Dover，1989.

[90] R. Courchinoux，N. B. Chanh，Y. Haget. Use of the "shape factor" as an empiricalmethod to determine the actual characteristic temperatures of binary phase diagrams by differential scanning calorimetry. Thermochimica. Acta，1988，128：45.

[91] 周公度．结构化学基础．北京：北京大学出版社，1987.

[92] Schleyer P V R，Radom L，Hehre W J，et al. Ab Initio Molecular Orbital Theory. John Wiley & Sons，1986.

[93] 徐光宪，王祥云．物质结构．第 2 版．北京：高等教育出版社，1987.

[94] 唐敖庆，杨忠志，李前树．量子化学．北京：科学出版社，1982.

[95] 陈龙武，沈鹤柏．挥发性液体样品燃烧热的测定方法．化学教育，1982，(6)：44-45.

[96] Braun D. 著，黄葆同译．聚合物合成和表征技术．北京：科学技术出版社，1981.

[97] Carsdy P，Urban M. Ab Initio Calculation：Methods and Applications in Chemistry ［M］．Berlin：Springer-Verlag，1980.

[98] 谢有畅，邵美成．结构化学．北京：高等教育出版社，1979.

[99] White J M. Physical Chemistry Laboratory Experiments. New Jersey：Preetice-Hall Inc.，1975.

[100] Slater J C. Quantum Theory of Molecular and Solids. Vol. 4：The Self-Consistent Field for Molecular and Solids，McGraw-Hill：New York，1974.

[101] Daniels et al. Experimental Physical Chemistry. 6th. New York：McGraw-Hill，1962.

[102] Slater J C. Quantum Theory of Atomic Structure. New York：McGraw-Hill，1960.

[103] Reilly J，Rae W N. Physico-Chemistry Methods. 5th. London：Methuen & Co. Ltd.，1954：317.